# Eurocode 5 设计指南：房屋建筑木结构设计

## EN 1995-1-1

[英]杰克·波蒂厄斯
[英]彼得·罗斯

欧洲结构设计标准译审委员会　**组织翻译**

杨会峰　凌志彬　**译**

郭　伟　黄　爽　**一审**

吕　丁　王　春　**二审**

人民交通出版社股份有限公司

北　京

Translation from the English language original, by arrangement with Thomas Telford Ltd.

**图书在版编目(CIP)数据**

Eurocode 5 设计指南. 房屋建筑木结构设计 EN 1995-1-1/(英)杰克·波蒂厄斯,(英)彼得·罗斯著;杨会峰,凌志彬译. — 北京:人民交通出版社股份有限公司, 2020.4

ISBN 978-7-114-16214-5

Ⅰ. ①E… Ⅱ. ①杰… ②彼… ③杨… ④凌… Ⅲ. ①建筑结构—结构设计—建筑规范—欧洲 Ⅳ. ①TU318

中国版本图书馆 CIP 数据核字(2019)第 295770 号

著作权登记号:图字 01-2019-7827

Eurocode 5 Sheji Zhinan:Fangwu Jianzhu Mu Jiegou Sheji EN 1995-1-1

**书　　名**: **Eurocode 5 设计指南:房屋建筑木结构设计　EN 1995-1-1**
**著 作 者**: [英]杰克·波蒂厄斯　[英]彼得·罗斯
**译　　者**: 杨会峰　凌志彬
**总 策 划**: 朱伽林　韩　敏　孙　玺
**责任编辑**: 司昌静　李　瑞
**责任校对**: 刘　芹
**责任印制**: 张　凯
**出版发行**: 人民交通出版社股份有限公司
**地　　址**: (100011)北京市朝阳区安定门外外馆斜街 3 号
**网　　址**: http://www.ccpress.com.cn
**销售电话**: (010)59757973
**总 经 销**: 人民交通出版社股份有限公司发行部
**经　　销**: 各地新华书店
**印　　刷**: 北京虎彩文化传播有限公司
**开　　本**: 880×1230　1/16
**印　　张**: 13.75
**字　　数**: 369 千
**版　　次**: 2020 年 4 月　第 1 版
**印　　次**: 2020 年 6 月　第 2 次印刷
**书　　号**: ISBN 978-7-114-16214-5
**定　　价**: 1000.00 元
(有印刷、装订质量问题的图书,由本公司负责调换)

# 出 版 说 明

包括本设计指南在内的欧洲结构设计标准(Eurocodes)及其英国附件、法国附件和配套设计指南的中文版,是2018年国家出版基金项目"土木工程欧洲规范翻译与比较研究出版工程(一期)"的成果。

在对欧洲结构设计标准及其相关文本组织翻译出版过程中,考虑到设计指南的特殊性、用户基础和应用程度,我们在力求翻译准确性的基础上,还遵循了一致性和有限性原则。在此,特就有关事项作如下说明:

1. 本指南中文版根据托马斯·特尔福德有限公司(Thomas Telford Ltd.)提供的英文版进行翻译,仅供参考之用,如有异议,请以原版为准。

2. 中文版的排版规则原则上遵照外文原版。

3. Eurocode(s)是个组合再造词。本设计指南内,Eurocodes特指一系列共10部欧洲标准(EN 1990 ~ EN 1999),旨在为房屋建筑和构筑物及建筑产品的设计提供通用方法;Eurocode与某一数字连用时,特指EN 1990 ~ EN 1999中的某一部,例如,Eurocode 8指EN 1998结构抗震设计。经专家组研究,确定Eurocode(s)宜翻译为"欧洲结构设计标准",但为了表意明确并兼顾专业技术人员用语习惯,在正文翻译中保留Eurocode(s)不译。

4. 书中所有的插图、表格、公式的编排以及与正文的对应关系等与外文原版保持一致。

5. 书中所有的条款序号、括号、函数符号、单位等用法,如无明显错误,与外文原版保持一致。

6. 在不影响阅读的情况下书中涉及的插图均使用英文原版插图,仅对图中文字进行必要的翻译和处理;对部分影响使用的英文原版插图进行重绘。

7. 书中涉及的人名、地名、组织机构名称以及参考文献等均保留外文原文。

**特别致谢**

本设计指南的译审由以下单位和人员完成。南京工业大学的杨会峰、苏州科技大学的凌志彬承担了主译工作,中国建筑标准设计研究院有限公司的郭伟、黄爽和长安大学的吕丁、王春承担了主审工作。他(她)们分别为本设计指南的翻译工作付出了大量精力。在此谨向上述单位和人员表示感谢!

# 欧洲结构设计标准译审委员会

# 欧洲结构设计标准译审委员会总体组

组　　长：余顺新（中交第二公路勘察设计研究院有限公司）

成　　员：（按姓氏笔画排序）

王敬烨（中国铁建国际集团有限公司）
车　轶（大连理工大学）
卢树盛［长江岩土工程总公司（武汉）］
吕大刚（哈尔滨工业大学）
任青阳（重庆交通大学）
刘　宁（中交第一公路勘察设计研究院有限公司）
宋　婕（中国建筑标准设计研究院）
李　顺（天津水泥工业设计研究院有限公司）
李亚东（西南交通大学）
李志明（中冶建筑研究总院有限公司）
李雪峰［上海市城市建设设计研究总院（集团）有限公司］
张　寒（中国建筑科学研究院有限公司）
张春华（中交第二公路勘察设计研究院有限公司）
狄　谨（重庆大学）
胡大琳（长安大学）
姚海冬（中国路桥工程有限责任公司）
徐晓明（航天建筑设计研究院有限公司）
郭　伟（中国建筑标准设计研究院）
郭余庆（中国天辰工程有限公司）
黄　侨（东南大学）
谢亚宁（中设设计集团股份有限公司）

秘　　书：李　喆（人民交通出版社股份有限公司）

卢俊丽（人民交通出版社股份有限公司）

## Eurocode 设计指南系列

Eurocode 设计指南:结构设计基础 EN 1990(第 2 版). H. 古尔班尼西亚,J. -A. 卡尔加罗, M. 霍利基. 彭君义,郭骞,译. ISBN 978-7-114-16202-2. 2020 年 4 月出版.

Eurocode 1 设计指南:桥梁上的作用 EN 1991-2,EN 1991-1-1、-1-3 至 -1-7 和 EN 1990 附录 A2. J. -A. 卡尔加罗, M. 楚米,H. 古尔班尼西亚. 任青阳,刘浪,译. ISBN 978-7-114-16210-7. 2020 年 4 月出版.

EN 1991-1-4 设计指南 Eurocode 1:结构上的作用 第 1-4 部分:一般作用——风荷载. N. 库克. 管青海,都浩,译. ISBN 978-7-114-16203-9. 2020 年 4 月出版.

EN 1992-1-1 和 EN 1992-1-2 设计指南 Eurocode 2:混凝土结构设计 一般规定、房屋建筑规定和结构防火设计. A. W. 毕比,R. S. 纳拉亚南. 李元松,孙莉,刘波,译. ISBN 978-7-114-16211-4. 2020 年 4 月出版.

EN 1992-2 设计指南 Eurocode 2:混凝土结构设计 第 2 部分:混凝土桥梁. C. R. 亨迪, D. A. 史密斯. 徐腾飞,胡志坚,冀伟,勾红叶,译. ISBN 978-7-114-16212-1. 2020 年 4 月出版.

Eurocode 3 设计指南:房屋建筑钢结构设计 EN 1993-1-1,-1-3 和 -1-8(第 2 版). L. 加德纳, D. A. 内瑟科特. 王敬烨,黄羿,译. ISBN 978-7-114-16213-8. 2020 年 4 月出版.

EN 1993-2 设计指南 Eurocode 3:钢结构设计 第 2 部分:钢结构桥梁. C. R. 亨迪, C. J. 墨菲. 常江,贺君,蒋垠龙,译. ISBN 978-7-114-16204-6. 2020 年 4 月出版.

Eurocode 4 设计指南:钢与混凝土组合结构设计 EN 1994-1-1(第 2 版). 罗杰 · P. 约翰逊. 赵灿晖,占玉林,译. ISBN 978-7-114-16205-3. 2020 年 4 月出版.

EN 1994-2 设计指南 Eurocode 4:钢与混凝土组合结构设计 第 2 部分:一般规定和桥梁规定. C. R. 亨迪,罗杰 · P. 约翰逊. 狄谨,秦凤江,徐骁青,译. ISBN 978-7-114-16206-0. 2020 年 4 月出版.

Eurocode 5 设计指南:房屋建筑木结构设计 EN 1995-1-1. 杰克 · 波蒂厄斯,彼得 · 罗斯. 杨会峰,凌志彬,译. ISBN 978-7-114-16214-5. 2020 年 4 月出版.

EN 1997-1 设计指南 Eurocode 7:岩土工程设计 第 1 部分:一般规定. R. 费兰克, C. 鲍德温,R. 德里斯科尔, M. 卡瓦达斯, N. 克富布斯 · 奥维森, T. 奥尔, B. 舒伯纳. 张寒,等,译. ISBN 978-7-114-16215-2. 2020 年 4 月出版.

Eurocode 8 设计指南:桥梁抗震设计 EN 1998-2. 巴兹尔 · 科里亚斯,麦克 · N. 法迪斯,阿兰 · 派克. 卫璞,王巍, 徐良晋,译. ISBN 978-7-114-16217-6. 2020 年 4 月出版.

EN 1998-1 和 EN 1998-5 设计指南 Eurocode 8:结构抗震设计:一般规定、地震作用、房屋建筑规定、基础和支挡结构. 麦克 · 法迪斯, E. 卡瓦略, A. 尔纳斯海, E. 费西奥利, P. 平托, A. 普鲁米尔. 沈文爱,译. ISBN 978-7-114-16216-9. 2020 年 4 月出版.

# 前言

EN 1995 是关于木材和木基材料设计的 Eurocode,分为通用设计标准 EN 1995-1,以及桥梁设计标准 EN 1995-2。EN 1995-1 又可分为两部分:

■《Eurocode 5:木结构设计　第 1-1 部分:一般规定——通用规定和房屋建筑规定》(EN 1995-1-1:2004 + A1:2008)。

■《Eurocode 5:木结构设计　第 1-2 部分:一般规定——结构防火设计》(EN 1995-1-2)。

《Eurocode 5:木结构设计　第 1-1 部分:一般规定——通用规定和房屋建筑规定》(EN 1995-1-1:2004 + A1:2008)是用于阐述在建(构)筑物中木材和木基材料设计原则的标准,本指南基本上涵盖了标准的内容。在本指南中,标准表示为 EN 1995-1-1。如果要进行结构防火设计,第 12 章给出了基于 EN 1995-1-2 的原则、要求和规定。

## 总则

本指南内容涵盖了 EN 1995-1-1 的主要设计要求,并且在适当的情况下考虑了背景信息,用以阐述其应用,并给出了特定设计规定的使用限制。EN 1995-1-1 中许多设计规定以经验为基础,并强调了规定中特定公式使用单位的重要性。对于由国家自行选择的事项,其要求是在 EN 1995-1-1 的英国国家附件中给出的,在本指南中给出了相关参考资料。在 EN 1995-1-1 中未涵盖的非矛盾性补充信息和指南发表在 PD 6693-1:2012 中勘误表第一行,针对《Eurocode 5:木结构设计　第 1-1 部分:一般规定——通用规定和房屋建筑规定》的木结构设计建议。这个文件最近已经发布,本指南所涉及 EN 1995-1-1 相关规定的重要内容,均给出相关引用。为了解释标准中的要求,本指南给出了设计问题要素的示例,当采用设计荷载时,这些荷载从 EN 1990 和 EN 1991 的相关规定的应用中导出。

负责与标准相关技术问题的欧洲标准化委员会(CEN/TC 250)已经确定了标准中的一些错误以及其他需要说明和澄清的地方。一些仍有待委员会充分讨论的观点,一旦达成一致,将会在 2015 年之后下一次全面修订标准之前,在勘误说明中发布。

一些被认为对设计有重要意义并可能纳入修订案的事项,在附录 A 中简要提及,并酌情在本书相关章节中提及。

## 本指南的布局

本指南第 1 章 ~ 第 11 章所用标题遵循 EN 1995-1-1 中的章节标题,且标准中的交叉引用、文本再现、来自标准的图片、表格和公式已并入本指南的内容中,这些信息以斜体字显示。作者提出的表达式,其编号带有前缀 D(针对设计指南),例如,第 6 章的公式(D6.7)。

第 12 章涉及 EN 1995-1-2 中的主题以及与该标准的特定主题相关的标题。相关时,采用与上述相同的方法。

## 致谢

特别感谢熟悉 EN 1995-1-1 发展背景,并就本指南中涉及的主题提出宝贵意见的每位成员。

杰克·波蒂厄斯

彼得·罗斯

# 引言

本引言中涉及的内容借鉴了欧洲标准《Eurocode 5：木结构设计　第1-1部分：一般规定——通用规定和房屋建筑规定》(EN 1995-1-1:2004 + A1:2008)的前言，并使用了与标准中相同的标题。

## Eurocode 计划的编制背景

1975年，为了消除行业的技术壁垒，并统一欧盟各成员国之间的技术标准，欧洲共同体委员会决定制定一套统一的建筑和土木工程设计技术规定。因此欧洲结构设计标准项目包含许多部分设计标准，含以下10个文件：

EN 1990 Eurocode：结构设计基础

EN 1991 Eurocode 1：结构上的作用

EN 1992 Eurocode 2：混凝土结构设计

EN 1993 Eurocode 3：钢结构设计

EN 1994 Eurocode 4：钢与混凝土组合结构设计

EN 1995 Eurocode 5：木结构设计

EN 1996 Eurocode 6：砌体结构设计

EN 1997 Eurocode 7：岩土工程设计

EN 1998 Eurocode 8：结构抗震设计

EN 1999 Eurocode 9：铝结构设计

这些文件旨在与国家标准协调一致，就英国的木结构设计而言，英国国家设计标准已废止，由EN 1995替代。

## Eurocodes 的地位和应用领域

Eurocodes作为参考性文件，涵盖了多个用途。它们提供了结构设计规定，与合同规范相关的信息，并为制定统一技术规则提供了框架。

结构设计规定涵盖了常用建筑产品、结构部件和结构整体的设计要求。对于非常规建筑或设计规定中不包括的特殊设计工况，则必须采用专家的建议(专家论证)。

## 执行 Eurocodes 的国家标准

在英国，国家标准由英国标准化协会(BSI)发布，Eurocodes作为国家标准时，需包含欧洲标准化委员会(CEN)发布的Eurocode全部文本，且不允许有任何变更，包括所有的附录。国家标准可能还包含国家标题页和Eurocode正文前的国家前言，另可配套国家附件。

Eurocode 中留待各国自行选择的参数称为国家定义参数(NDPs),只有这些参数以及关于 Eurocode 资料性附录使用的指南,才能在国家附件中提及。

国家附件还可包括非矛盾性补充信息(NCCI)的参考文献,以协助用户使用 Eurocode 的规定。

## Eurocodes 和产品统一技术规则(ENs 和 ETAs)之间的联系

Eurocodes 中的技术规定与建筑产品的统一技术规则之间必须保持一致。此外,对于参考了 Eurocodes 的建筑产品,其 CE 标志中所有信息,凡考虑了国家定义参数(NDPs)的均应明确提及。

## EN 1995-1-1 的补充规定

EN 1995 是极限状态概念的标准,对于新建结构的设计,EN 1995 必须与 EN 1990:2002 和 EN 1991 的相关内容配合使用。

它与 EN 1990 中提到的分项系数法配合使用,通过使用分项系数和其他可靠性参数的推荐值,可以达到其合理的可靠度水平。

与 EN 1995-1-1 的使用相关的 EN 1990 和 EN 1991 的主要要求的概述在本指南的相应章节中给出。

CEN/TC 250 负责与 EN 1995-1-1 相关的技术问题,已经发现了标准中的一些错误以及需要解释说明的事项。这些要点仍有待委员会内部充分讨论,并且一旦达成共识,预计将在 2015 年之后下一次全面修订 EN 1995-1-1 之前,在勘误说明中发布。

一些被认为对设计具有重要意义并可能纳入修订案的事项在附录 A 中列出,并当需要时,在本指南中提及。

## EN 1995-1-1 的国家附件

允许各国自行选择的 EN 1995-1-1 中的条款在 BS EN 1995-1-1:2004 + A1:2008 的(包含 2 号国家修订版)英国国家附件中给出,具体如下:

| 条　款 | 备　注 |
|---|---|
| *2.3.1.2(2)P* | 按荷载持续作用等级指定荷载分类 |
| *2.3.1.3(1)P* | 按服役等级指定木结构 |
| *2.4.1(1)P* | 材料性能分项系数 |
| *6.1.7(2)* | 裂缝对于抗剪强度的影响 |
| *6.4.3(8)* | 双坡梁、弧形梁和双坡拱梁的横纹拉应力 |
| *7.2(2)* | 梁的挠度限值 |
| *7.3.3(2)* | 住宅楼盖的振动 |
| *8.3.1.2(4)* | 木纹端头处钉的侧向承载能力 |
| *8.3.1.2(7)* | 在钉节点处对劈裂敏感的树种 |
| *9.2.4.1(7)* | 墙体横隔的抗侧承载力 |
| *9.2.5.3(1)* | 支撑体系的修正系数 |
| *10.9.2(3)* | 桁架的安装公差:最大翘曲 |
| *10.9.2.(4)* | 桁架的安装公差:竖向对齐的最大偏差 |

本指南还给出了关于 Eurocode 资料性*附录*,即*附录A*,*附录B* 和*附录C* 的使用说明。

## 非矛盾性补充信息

NCCI 以及 EN 1995-1-1 未涵盖内容的指南在 PD 6693-1:2012 中发布,纳入 1 号勘误,“针对木结构设计　第 1-1 部分:一般规定——通用规定和房屋建筑规定的建议”。

如果该文件的内容对本指南所涵盖的 EN 1995-1-1 中的应用性规定具有重要意义,本指南已对其进行了参考。

# 目录

# 第1章 绪论

本章涉及《Eurocode 5:木结构设计 第1-1部分:一般规定——通用规定和房屋建筑规定》(EN 1995-1-1)的通用部分,见*第1章*。条款如下:

- 适用范围 *条款1.1*
- 规范性引用文件 *条款1.2*
- 假定 *条款1.3*
- 原则性规定与应用性规定的区别 *条款1.4*
- 术语与定义 *条款1.5*
- 符号 *条款1.6*

同时提供了以下标准中采用的构件轴的约定指南:

- 构件轴的约定

## 1.1 适用范围

EN 1995适用于使用木材或者木基板材建造的建筑物和构筑物的设计,上述木基板材使用胶黏剂或机械紧固件进行组装。在标准中,木材是指锯材、板材或柱状锯材、层板胶合木或木基结构制品等[例如,旋切板胶合木(LVL)]。EN 1995包括两部分:

EN 1995-1“一般规定”

EN 1995-2“桥梁”

EN 1995-1细分为两部分:

EN 1995-1-1“一般规定——通用规定和房屋建筑规定”

EN 1995-1-2“一般规定——结构防火设计”

木结构设计的基本规定在EN 1995-1-1中给出,关于木桥的设计在EN 1995-2中给出,除非有特别说明,否则第1-1部分中的规定也适用于EN 1995-2。第1-1部分的设计规定仅适用于结构或构件不长时间暴露在温度超过60℃的情况,因为高于此温度,蠕变性能的规定将不再适用。对于暴火的建筑结构,规定是不同的,在EN 1995-1-2中说明。本指南主要涵盖了EN 1995-1-1中的规定,但第12章概述了火灾条件下木构件的设计方法。

木结构的设计还需要参考EN 1990(特别是荷载组合)、EN 1991中的荷载,标准的国家附件,非矛盾性补充信息和规范性引用文件。

## 1.2 规范性引用文件

EN 1995-1-1 参考了其他标准(规范性引用文件),这些均列于 EN 1995-1-1 中。

如果本指南引用的标准在正文中标注了日期,则必须采用该标准注明日期的版本。否则,其最新版将适用于本指南。

## 1.3 假定

EN 1995-1-1 中的假定与 EN 1990:2002 中给出的假定相同,总结如下:

1. 结构必须由具有相应资格和经验的人员设计。
2. 由具有相应技能和经验的人员进行施工。
3. 必须在项目的所有阶段提供充分的监督和质量控制措施。
4. 材料和产品必须完全符合规定的要求。
5. 结构在设计期限内应按照设计使用并进行充分的维护。

必须使建筑物的所有者/使用者充分了解他/她在第 5 项中应负的责任。

木材和木制品的附加要求也在 EN 1995-1-1 的*第10章*中给出。

## 1.4 原则性规定与应用性规定的区别

原则性规定与应用性规定之间的区别在 EN 1990:2002 条款 1.4 中定义,并适用于所有标准。条款号后面有字母"P"的是原则性规定,没有字母"P"的是应用性规定。设计人员必须遵循标有"P"条款的全部要求,但可以选择不遵循应用性规定。但是,如果不遵循应用性规定,设计人员有责任证明其备选方法中的设计完全符合原则性规定,并使设计在适用性、结构完整性和耐久性方面相当。需要着重强调的是,在此情况下,不能声明此设计完全符合 Eurocode 的要求,当产品的设计或证明要求有 CE 标识时,这可能是个问题。

## 1.5 术语与定义

*条款1.5.2*

除了在 EN 1990:2002 条款 1.5 中列出的术语外,木材设计的专用术语列于*条款1.5.2* 中。

## 1.6 符号

*条款1.6*

EN 1995-1-1 中使用的符号列于*条款1.6*。

在英国,传统上使用句号来表示数字中的小数点,但在 Eurocodes 中,则遵循 ISO 3898(ISO,1997)中用逗号表示数字中小数点的要求。本指南使用传统的英国定义数字的方法(例如:"3 个半 mm"将写成 3.5mm,而不是 3,5mm)。

## 1.7 构件轴的约定

英国的设计惯例是将 *z-z* 轴作为构件的纵轴，*x-x* 为强轴，*y-y* 轴为横截面的弱轴。Eurocode 5 中使用的约定是 *x-x* 轴为纵轴，*y-y* 轴是强轴，*z-z* 轴是横截面的弱轴。本指南中遵循了 Eurocode 5 的约定。

基于此约定，木材设计中使用的一些常见截面主轴见图 1.1，除非另有说明，$I_y \geq I_z$。

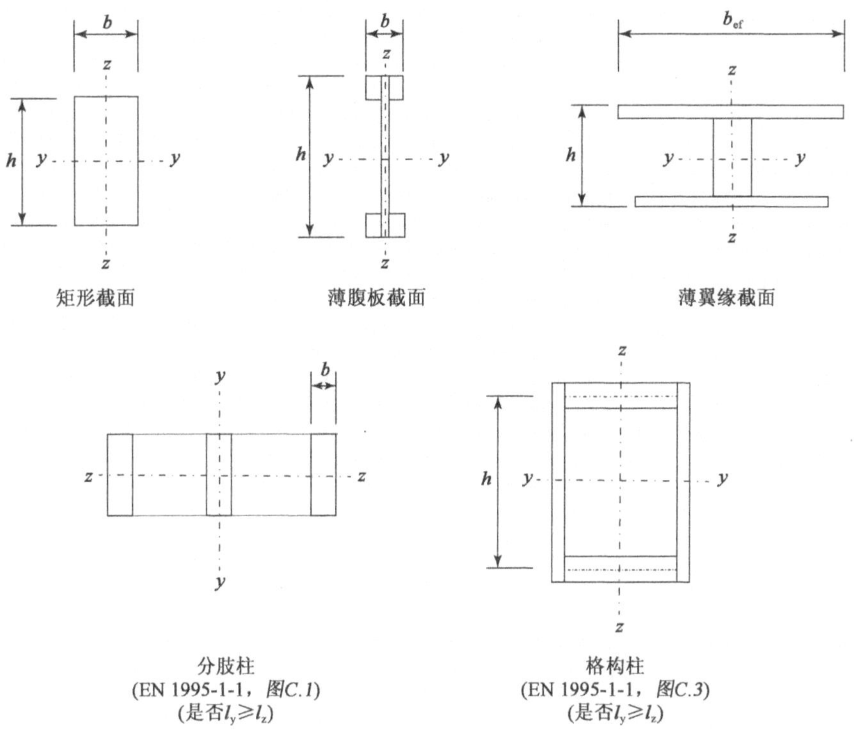


图 1.1　一些常见木材截面的轴线[图片转载自 EN 1995-1-1，经英国标准化协会(BSI)许可，2004 年]

## 参考文献

ISO (1997) ISO 3898:1997. Basis of design for structures—Notation—General symbols. International Organization for Standardization, Geneva.

# 第 2 章 设计基础

本章论述了 EN 1995-1-1 第 2 章涵盖的设计基础,并借鉴了 EN 1990:2002 第 2 章的相关内容。条款如下:

■ 规定 *条款2.1*

■ 极限状态设计原理 *条款2.2*

■ 基本变量 *条款2.3*

■ 基于分项系数法的验算 *条款2.4*

需重点强调的是,EN 1990 是主要的 Eurocode,其制定了框架,使用任何材料进行的设计都必须在该框架内完成,使用木材(或任何其他建筑材料)进行设计,除了 EN 1995-1-1 第2 章的要求外,同时建议研究 EN 1990 的规定。

## 2.1 规定

EN 1990 要求所有设计要完全遵守本指南 1.3 节中总结的基本假定,在设计过程中运用应有的技能,因势利导,并且全面考虑由于耐久性影响而导致的性能下降。在此基础上,为了符合 EN 1995-1-1 的要求,结构应在其设计使用年限内进行设计、建造和维护,使其具有适当的可靠度和经济性:

■ 有足够的强度和稳定性。

■ 满足所有正常使用要求。

■ 有足够的耐久性。

■ 在规定的耐火极限内,对火灾的影响有足够的结构抗力。

■ 对已考虑的任何偶然作用,具有足够的鲁棒性。

有关上述各个要求的详细考虑,读者可参阅《Eurocode 设计指南:结构设计基础 EN 1990》中 2.1 节给出的解释(Gulvanessian 等,2012)。木材设计时必须满足 EN 1990 的要求,并且还应考虑 EN 1995-1-1 第2 章给出的补充规定。

在 EN 1995 中,设计方法是基于可靠性的,并使用极限状态设计方法,这从根本上区别于英国木结构设计的传统方法——容许应力设计法。

利用极限状态设计概念,为结构定义了极限状态(例如,受弯、承压和受剪等强度状态),并且在每个极限状态下进行设计验算来说明结构设计是否满足要求。如果超过任何极限状态,则设计是不满足要求且失败的。在此方法中,与容许应力法中使用的设计过程相反,在与所考虑的极限状态相关的加载条件下检查抗力和性能下的应力状态。英国一直希望用极限状态设计标准替换容许应力法，现通过采用 EN 1995 作为英国木材设计标准已实现这一目的。

Eurocode 1990 要求在以下极限状态下对结构及其构件进行验算：

承载能力极限状态：■与结构失效/倒塌和考虑的平衡（例如，强度破坏、屈曲失稳和倾覆失稳）相关的极限状态。

正常使用极限状态：■与结构在正常使用条件下的性能有关（例如，挠度、振动和外观）的极限状态。

基本要求是证明各极限状态下，当结构承受该设计荷载条件时，不会超过该状态下的设计抗力。例如，在受弯极限状态下，当木梁受弯时，木梁中的最大弯曲应力小于抗弯强度设计值。这可以通过使用概率设计法来完成，但是对于一般设计，使用*条款 2.4* 中提到的"*分项系数法*"，这是本指南中提到过的方法。本指南 2.4 节中给出了分项系数法的解释，2.3 节和 2.4 节涵盖了作用设计值和强度设计值。 *条款 2.4*

在设计开始之前，设计人员和用户必须就结构的设计使用年限达成一致意见，EN 1990（条款 2.3，表 2.1）中给出了不同类别结构的持续作用参考值。木结构建筑通常属于表中的第 4 类，规定设计使用年限为 50 年。

## 2.2　极限状态设计原理

EN 1995-1-1 的*条款 2.2* 基本上阐述了木结构分析中刚度的重要性以及在承载能力极限状态和正常使用极限状态下用于刚度特性的值。 *条款 2.2*

由于木材的刚度性能受蠕变和荷载持续作用的影响，除了考虑正常因素外，在不同极限状态下用于分析的设计模型还必须考虑这些因素的影响。

### 2.2.1　一般规定

*条款 2.2.1* 说明了在极限状态下设计模型中必须考虑的因素。 *条款 2.2.1*

### 2.2.2　承载能力极限状态

在承载能力极限状态下，结构分析的主要目的是确定在设计荷载工况下结构构件中力的分布情况。

由于木结构有发生脆性破坏的风险，如*条款 2.2.2(1)P* 所述，分析这些状态时使用线弹性模型，其可以是一阶也可以是二阶。一阶分析忽略了失稳和偏心效应，二阶分析考虑了这些效应及其他效应。使用一阶分析的前提是内力分布不受刚度分布的影响（例如，所有构件具有相同的蠕变特性），则蠕变的影响将不相关，分析时应使用刚度性能的平均值。当内力分布受刚度分布影响时（例如，由具有不同蠕变特性的构件制成的组合构件），蠕变和荷载持续作用效应将产生影响，可通过调整引起最大应力-强度比荷载分量的最终平均刚度值来考虑，见*条款 2.3.2.2(2)*。如果使用二阶分析，则*条款 2.4.1(2)P* 所述的刚度特性设计值适用。本指南的第 5 章考虑了在这些状态下木结构分析时所需的荷载和刚度性能。 *条款 2.2.2(1)P* *条款 2.3.2.2(2)* *条款 2.4.1(2)P*

### 2.2.3　正常使用极限状态

在正常使用极限状态下,分析的主要目的是计算结构及其构件的变形,并且如本指南第 7 章所述,有两种类型的变形必须确定。首先是瞬时变形 $u_{inst}$,即当承受设计荷载条件时产生的弹性变形,对于此类分析,应使用刚度性能的平均值。然后是最终变形 $u_{fin}$,它是瞬时变形 $u_{inst}$ 和蠕变变形 $u_{creep}$ 的组合,并且用于此分析的刚度取决于由构件或部件组成的结构是否具有相同或不同的蠕变性能。如果整个结构的蠕变性能相同,则使用与计算 $u_{inst}$ 相同的刚度计算 $u_{creep}$,但设计荷载条件将使用本指南第 2.3.1 节提到的准永久荷载组合,并且对于瞬时变形,使用荷载标准组合。当整个结构的蠕变性能不同时,*条款2.2.3(3)* 和*条款 2.2.3(4)* 的要求不清楚,将按本指南附录 A 中的规定进行修订。根据修订,$u_{creep}$ 应使用准永久荷载组合计算,其刚度特性基于*条款2.3.2.2(1)* 中定义的最终平均刚度值。并且,$u_{inst}$ 基于平均刚度值,将使用荷载标准组合和准永久荷载组合之间的差异来计算。本指南针对此条件建议的更简单的备选项是,在这种情况下,基于刚度性能最终平均值分析结构,但在荷载标准组合的作用下,最终变形值将直接从该单个分析中导出。这是一种比修订后的标准过程更快捷的方法,但通常会导致变形值更大。

*条款2.2.3(3)*
*条款2.2.3(4)*
*条款2.3.2.2(1)*

在本指南的第 5 章中,考虑了在这些状态下用于分析木结构所需的荷载和刚度特性。

进行振动分析时,应使用刚度的平均值。

## 2.3　基本变量

**一般规定**

EN 1990 要求考虑所有相关的设计状况,其分类如下:

■ 持久设计状况——正常使用条件(如,自重和施加荷载,包括风、雪)。

■ 短暂设计状况——临时条件(如,在施工或维护期间)。

■ 偶然设计状况——特殊条件(如,爆炸或撞击)。

■ 地震设计状况——发生地震的条件。

在英国,对于普通的木结构,设计时不需要考虑地震条件,并且本指南中不涉及此情况。

在相关设计状况的承载能力和正常使用极限状态下必须进行设计检查,对于承载能力极限状态,EN 1990 要求在相关的情况下满足以下设计条件:

■ 平衡(EQU)——确保维持稳定性。

■ 强度(STR)——确认不会出现强度破坏和/或屈曲失稳。在影响结构强度或稳定性的地方,必须考虑位移的影响。

■ 岩土工程(GEO)——确认基础将提供结构所需的强度和刚度。

■ 疲劳(FAT)——确认不会因疲劳效应而失效。

对于按照 EN 1995-1-1 设计的木结构,通过确保设计符合 EN 1995-1-1 中的规定,可以将疲劳效应包含在内。

## 2.3.1 作用与环境影响

### 2.3.1.1 一般规定

**作用**

设计中的作用（即荷载）是从 EN 1991 的相关部分获得的,并按时间分类如下:

■ 永久作用(G)——不随时间变化(如自重和由收缩和/或沉降效应引起的间接作用)。

■ 可变作用(Q)——随时间变化(如外加的荷载、风荷载和雪荷载)。

■ 偶然作用(A)——通常持续时间短且幅度大(如撞击或爆炸,还包括火灾)。

EN 1991 中针对这些作用给出的值是标准值,用下标 k 定义(如:$G_k$,$Q_k$和$A_k$),这些实际上相当于英国标准中给出的荷载值。

除了可变作用标准值 $Q_k$外,设计中使用的其他可变作用代表值为:

■ 组合值($\psi_0 Q_k$)——在任何荷载组合中同时出现可变作用标准值的概率很低,并且基于概率的 $\psi_0$值将伴随可变作用的标准值转换为最大值,即考虑将与主导变量标准值同时出现的最大值。它用于不可逆正常使用极限状态和承载能力极限状态的标准组合。

■ 频遇值($\psi_1 Q_k$)——可变作用在本质上是循环的,并且系数 $\psi_1$将伴随可变作用的标准值转换为在设计年限的 1% 时间段内出现的最大值。它用于可逆正常使用极限状态的频遇组合,以及用于验算包括偶然作用的承载能力极限状态。

■ 准永久值($\psi_2 Q_k$)——系数 $\psi_2$将可变作用转换为建筑物在设计使用年限内所需承担的等效永久作用。它用于验算正常使用极限状态的偶然和长期效应,以及承载能力极限状态下偶然组合中可变作用的代表值。对于木材设计,它用于计算结构上的蠕变荷载。

**作用设计值**

作用设计值是设计中使用的值,通过作用值乘以分项系数 $\gamma$ 得到。对于永久作用和可变作用,其作用设计值的定义如下:

永久作用设计值:$G_d = \gamma_G G_k$

可变作用设计值:$Q_d = \gamma_Q Q_k$和/或 $\gamma_Q \psi_i Q_k$

式中,下标 d 指作用设计值;$\gamma_G$用于永久作用,$\gamma_Q$用于可变作用,并且在合适的设计条件下,$\gamma_G$和 $\gamma_Q$的值可从 EN 1990:2002 + A1:2005 国家附件的表 NA. A1.2(A)、表 NA. A1.2(B)、表 NA. A1.2(C)和表 NA. A1.3 中得到。

当结构承受设计作用时,会产生内力(如,力矩、轴力、应力或应变)和结构变形(如,挠度和转角),称为“作用效应”。如果作用效应由可变作用和永久作用共同作用产生时,为了获得作用设计值,必须把永久作用分为有利作用或不利作用。

当永久作用与可变作用相反,产生有利作用时,永久作用应视为有利;反之,当永久作用与可变作用一起,产生不利作用时,永久作用应视为不利,并且更大的 $\gamma_G$ 值用于不利的分类。

**作用组合**

为了得到最大的设计效应,EN 1990 定义了在承载能力和正常使用极限状态下用于设计的永久作用和可变作用设计值的组合。用于承载能力极限状态的组合在 EN 1990 的国家附件中给出,而本指南中引用了正常使用极限状态的组合。以下章节给出的组合不包括由于预应力引起的作用,因为这通常与英国的木结构设计无关。出于同样的原因,没有提到用于抗震设计的作用组合。

**承载能力极限状态下的作用组合**

在承载能力极限状态下,对于每种设计状况,持久设计状况和短暂设计状况的组合(在 EN 1990 中称为**基本组合**)如下:

$$\sum_{j\geq 1}\gamma_{G,j}G_{k,j}\text{‘}+\text{’}\gamma_{Q,1}Q_{k,1}\text{‘}+\text{’}\sum_{j>1}\gamma_{Q,i}\psi_{Q,i}Q_{k,i}\quad(\text{EN 1990:6.10})\qquad(\text{D2.1})$$

或者,作为备选,在 STR 和 GEO 极限状态下可考虑以下组合表达式中较为不利者:

$$\sum_{j\geq 1}\gamma_{G,j}G_{k,j}\text{‘}+\text{’}\gamma_{Q,1}\psi_{0,1}Q_{k,1}\text{‘}+\text{’}\sum_{j>1}\gamma_{Q,i}\psi_{0,i}Q_{k,i}\quad(\text{EN 1990:6.10a})\qquad(\text{D2.2a})$$

$$\sum_{j\geq 1}\xi_j\gamma_{G,j}G_{k,j}\text{‘}+\text{’}\gamma_{Q,1}Q_{k,1}\text{‘}+\text{’}\sum_{i>1}\gamma_{Q,i}\psi_{0,i}Q_{k,i}\quad(\text{EN 1990:6.10b})\qquad(\text{D2.2b})$$

式中,函数与先前定义的一样且‘+’表示“与……相加”;∑表示“组合效应”;$\xi$ 是不利永久作用的折减系数(所用值的说明见 EN 1990 的国家附件);$Q_{k,1}$ 为起控制作用的可变作用;$Q_{k,i}$ 为可变作用的伴随值。

这些备选方法连同相关的分项系数见 EN 1990 的国家附件[表 NA. A1.2(A)和表 NA. A1.2(B)],并选用了基本组合的方程式,以确定将产生最大作用效应(即设计加载条件)的作用组合,每个可变作用必须轮流成为起控制作用的变量。此外,对于木结构设计,由于荷载持续作用和含水率(由本指南第 2.3.2 节中提到的系数 $k_{mod}$ 计算)会影响设计强度,因此必须考虑 $k_{mod}$。这可以通过考虑一般情况得出,即一个作用在木结构上的设计作用 $F_{d,i}$ 在临界应力位置处产生设计应力 $f(g)F_{d,i}$,其中 $f(g)$ 表示荷载组合和横截面几何形状的函数。如果荷载工况的修正系数为 $k_{mod,i}$,强度设计值为 $f_{x,d}$,则设计验算关系式为:

$$f(g)F_{d,i}\leq k_{mod,i}f_{x,d}\qquad(\text{D2.3a})$$

*条款3.1.3*

依据*条款3.1.3* 的要求,$k_{mod}$ 值是荷载组合中最短持续作用以及木材含水率的函数,并且为了确定设计条件,式(D2.3a)必须按以下方式调整:

$$f(g)F_{d,i}/k_{mod,i}\leq f_{x,d}\qquad(\text{D2.3b})$$

设计荷载条件将是导致 $F_d/k_{mod}$ 具有最大值的荷载布置 $i$,并且由于与永久作

用相关的 $k_{mod}$ 值较低,因此作用组合中仅考虑永久作用。

除了强度分析外,还要求进行静力平衡分析,根据验算是否涉及结构构件抗力来确定备选组合。如果分别进行平衡分析和强度分析,平衡分析应基于与式(D2.1)相反的荷载组合并使用表 NA. A1.2(A)给出的分项系数,强度分析使用表 NA. A1.2(B)中的合适组合。如果静力平衡的验算将涉及结构构件的抗力,如表 NA. A1.2(A)所述,作为使用两个单独验算的备选方法,基于表 NA. A1.2(A)给出的作用设计值,组合验算使用该节中列出的分项系数。

当考虑偶然作用(不含地震作用)时,组合应包括偶然作用的设计值 $A_d$(用于火灾或冲击),或者发生偶然事件后 $A_d = 0$ 时的情况。所使用的组合在 EN 1990 和 EN 1990 的国家附件中给出,即:

$$\sum_{j\geq 1} G_{k,j} \text{ ` + ' } A_d \text{ ` + ' } (\psi_{1,1} \text{或} \psi_{2,1}) Q_{k,1} \text{ ` + ' } \sum_{i>1} \psi_{2,i} Q_{k,i} \qquad \text{(EN 1990:6.11b)}$$

(D2.4)

式中函数是先前定义的,$A_d$ 为起控制作用的作用。

本指南在承载能力极限状态下以强度为例对设计值进行了计算,使用了 EN 1990中公式(6.10)给出的基本组合。

**正常使用极限状态下的作用组合**

在这些状态下,荷载组合将关系到结构的性能及其在正常使用条件下对用户的影响,并且首要考虑的情况是振动和变形形为。

对于振动特性,设计荷载要求包含在 EN 1995-1-1 *条款7.3* 和 EN 1995-1-1 国家附件的设计验算程序中,本指南的 7.3 节有提及。 *条款7.3*

对于变形,EN 1990 中给出了必须考虑的三种荷载组合,如下所示:

- 标准组合——用于不可逆极限状态。
- 频遇组合——用于可逆极限状态。
- 准永久组合——用于蠕变位移。

不可逆极限状态是指在作用卸除后,超出规定服役要求的某些后果将保留不可恢复的状态(如,表面开裂);可逆极限状态是指卸载后不会有超出此类要求后果的状态。

标准组合主要用于超过极限状态准则的情况,将对结构或构件产生显著的损坏和无法接受的不可逆变形。这是 EN 1995-1-1 中用于计算瞬时挠度的条件,作用组合的设计值可由下式得出:

$$\sum_{j\geq 1} G_{k,j} \text{ ` + ' } Q_{k,1} \text{ ` + ' } \sum_{i>1} \psi_{0,i} Q_{k,i} \qquad \text{(EN 1990:6.14b)} \qquad \text{(D2.5)}$$

频遇组合主要用于当作用卸除时不会出现超出规定服役要求的后果的情况。这在 EN 1995-1-1 中没有提及,但在 EN 1990 中是允许的,并且可在设计人员和用户达成一致意见的情况下使用。对于这种情况,组合作用的设计值可由下式得出:

$$\sum_{j\geq 1} G_{k,j} \text{ ` + ' } \psi_{1,1} Q_{k,1} \text{ ` + ' } \sum_{i>1} \psi_{2,i} Q_{k,i} \qquad \text{(EN 1990:6.15b)} \qquad \text{(D2.6)}$$

当确定长期变形(即蠕变变形)时,采用准永久荷载组合,并且作用组合的设计值可由下式得出:

$$\sum_{j\geqslant 1} G_{k,j} \text{ ‘ + ’ } \sum_{i>1} \psi_{2,i} Q_{k,i} \qquad (\text{EN 1990:6.16b}) \qquad (\text{D2.7})$$

这个关系式适用于蠕变构件变形的可逆和不可逆正常使用极限状态。对于整个结构的蠕变变形不是恒定的情况,荷载要求如本指南第 2.2.3 节和第 5 章中所述。

2.3.1.2 荷载持续作用等级

木材和木制品的强度依赖于荷载作用的持续时间。荷载持续作用时间越长,强度降低越大。为了能在木材设计中考虑这种影响,EN 1995-1-1 定义了 5 个荷载持续作用等级,这与 BS 5268 第 2 部分(BSI,2002)中使用的荷载持续作用分类略有不同,5 个荷载持续作用等级划分见 EN 1995-1-1 国家附件中的表 *NA. 1*。所有荷载需对应于表中给出的其中一个荷载持续作用等级,并且通过使用修正系数 $k_{mod}$ 来考虑其对设计强度的影响,本章后面有说明。

*条款2. 3. 1. 2* 对于刚度计算,*条款2. 3. 1. 2* 还要求荷载按荷载持续作用等级分类。这涉及用于变形计算的设计荷载的推导,因为除了用于蠕变变形的刚度特性外,EN 1995-1-1 中给出的刚度特性不是荷载持续作用等级的函数。

2.3.1.3 服役等级

随着材料含水率增加,木材和木基制品的强度会降低,并且为了在设计中体现这种影响,这些材料必须要指定一个“服役等级”。由于木材和木基制品具有吸湿性,它们的含水率是周围空气相对湿度和空气温度的函数,并且为了对设计中可预期的不同环境条件进行分类,采用了三种服役条件。在 EN 1995-1-1(*条款2. 3. 1. 3*)中给出:

*条款2. 3. 1. 3* *服役等级1——以温度为20℃,周围空气的相对湿度在一年中超过65% 的时间仅有数周的材料含水率为特征。*

***注:****在服役等级1 中,大多数针叶材的平均含水率不超过12% 。*

*服役等级2——以温度为20℃,周围空气的相对湿度在一年中超过85%的时间仅有数周的材料含水率为特征。*

***注:****在服役等级2 中,大多数针叶材的平均含水率不超过20% 。*

*服役等级3——以气候条件导致材料含水率高于服役等级2 中含水率为特征。*

在英国,设计中用于通用设计条件的服役等级在 EN 1995-1-1 国家附件的表 *NA. 2* 中给出,通过修正系数 $k_{mod}$ 来考虑设计中含水率对木材或木基制品的影响,$k_{mod}$ 见表 *3. 1*。

### 2.3.2 材料和产品性能

2.3.2.1 荷载持续作用和水分对强度的影响

如本指南第 2.3.1.2 节和第 2.3.1.3 节所述,强度性能受荷载持续作用和含水率(服役等级)影响,并且在设计中通过使用修正系数 $k_{\text{mod}}$ 来考虑这些因素。此系数将在指定测试条件下推导出的强度性能值转换为设计条件下在不同荷载持续作用等级和服役等级下应用的值,见本指南第 2.4.1 节的说明。

EN 1995-1-1(*表3.1*)给出了在不同荷载持续作用等级和服役等级下的修正系数值。

木材或木基制品的强度由其标准值(通常取其 5% 的值)定义,通过测试推导出,且由在服役等级 1 条件(sc1)下在相对短的时间段内[例如,根据 EN 408(BSI, 2010)的要求进行强度测试的时间为 7min]进行的测试确定。虽然在 EN 1995-1-1 中没有说明,但这种情况下 $k_{\text{mod}}$ 的值为 1。如果设计状况仅涉及永久作用,则 $k_{\text{mod}}$ 的值是表中"永久作用"一列中给出的值;如果荷载组合中包含属于不同荷载持续作用等级的作用,则 $k_{\text{mod}}$ 值将与组合中荷载持续作用最短的荷载相关。

从*表3.1* 中可以看出,荷载持续作用时间越长,强度越低,并且随着含水率的增加,强度一般也会降低。对于瞬时等级(例如风荷载和冲击荷载)的荷载持续作用,强度将会有所增加。

$k_{\text{mod}}$ 值还依赖于所用材料的类型,以及由具有不同 $k_{\text{mod}}$ 值(例如 $k_{\text{mod1}}$ 和 $k_{\text{mod2}}$)的两个木质构件形成的连接,设计中使用的值应为:

$$k_{\text{mod}} = \sqrt{k_{\text{mod1}} k_{\text{mod2}}}$$

2.3.2.2　荷载持续作用和水分对变形的影响

当结构发生蠕变时,刚度性能将受到影响,并且取决于所考虑的结构类型,特别是在构件或部件具有不同蠕变性能的情况下,在最终变形和应力分布分析中应使用最终刚度平均值而不是刚度平均值。这些性能的值在*条款2.3.2.2(1)*和*条款2.3.2.2(2)*中给出。 *条款2.3.2.2(1)* *条款2.3.2.2(2)*

蠕变发生在瞬时变形之后,并且是当结构在一段时间内承受其荷载时产生的变形。在木材或木基制品中,由于温度、荷载持续作用、含水率和应力水平的组合效应而产生蠕变。随着结构中温度和/或应力水平的增加,蠕变速率也会增加,但在温度低于 60℃ 和应力达到正常使用极限状态水平下,出于设计目的可以假设蠕变速率将在设计使用年限内降至零,并且将产生所有蠕变变形。材料、含水率和荷载持续作用都会影响蠕变变形值,在 EN 1995-1-1 中,这些都是通过使用*条款3.1.4*和本指南中第 3.1 节中提到的变形系数 $k_{\text{def}}$ 来考虑的。$k_{\text{def}}$ 值是从木材和木基制品的测试中得到的,其中木材和木基制品在服役等级 1、2 和 3 条件下经受长期作用,在这些条件下测量得到瞬时变形 $u_{\text{inst}}$ 和蠕变挠度 $u_{\text{creep}}$,$k_{\text{def}}$ 可通过下式得出: *条款3.1.4*

$$k_{\text{def}} = \frac{u_{\text{creep}}}{u_{\text{inst}}} \tag{D2.8}$$

如本指南第 3.1 节所述,木材和木基材料的 $k_{\text{def}}$ 值可从*表3.2* 得到,当木材安装在其纤维饱和点处或附近并且可能在荷载条件下干燥时,其应按照*条款3.2(4)*的规定进行修改。当涉及连接时,必须根据*条款2.3.2.2(3)*和*条款2.3.2.2(4)*的要求将值翻倍。 *条款3.2(4)* *条款2.3.2.2(3)* *条款2.3.2.2(4)*

*条款2.3.2.2(1)*　　条款*2.3.2.2(1)*提到的结构类型由具有不同蠕变值的构件或部件组成，并且在这些条件下 $u_{creep}$ 的计算是很复杂的。EN 1995-1-1 对这种情况的要求尚不清楚，并且如本指南第 2.2.3 节所述，为了更好地下定义，条款*2.2.3(3)*和条款*2.2.3(4)*以及条款*2.3.2.2(1)*中的表述按附录 A 中详述的那样修改，要求根据荷载准永久组合计算 $u_{creep}$，其中每个部件和连接的刚度为从式(*2.7*)、式(*2.8*)和式(*2.9*)，即 $k_{def}$的定义函数中获得的最终平均值。这些结构类型的瞬时变形 $u_{inst}$ 将基于刚度平均值，使用作用标准组合和准永久组合之间的差值来计算。如第 2.2.3 节所述，本指南中建议的更简单的备选方法，用于计算此类结构的最终变形，以根据最终刚度平均值在荷载标准组合作用下分析结构，然后直接从分析中得出最终变形值。这是一种更快捷的方法，但通常得到的值会大于使用修正法得到的值。

*条款2.2.3(3)*

*条款2.2.3(4)*

*条款2.3.2.2(1)*

对于承载能力极限状态，构件力和力矩的分布受到结构刚度的影响(如，具有不同蠕变性能的材料制成的组合构件)，必须考虑蠕变性能，这可以通过使用式(*2.10*)、式(*2.11*)以及式(*2.12*)中定义的最终平均值进行考虑。这些值也是系数 $k_{def}$的函数，但也通过系数 $\psi_2$修正为作用的准永久值，此作用导致相对于强度的最大应力。系数 $\psi_2$在本指南第 2.3.1.1 节以及 EN 1990 的国家附件中涉及。

*条款2.3.2.2*　　读者还可以参考本指南第 5 章，了解条款*2.3.2.2* 的内容在结构分析中的应用。

## 2.4　基于分项系数法的验算

设计必须在正常使用极限状态和承载能力极限状态下进行验算，EN 1990 允许使用确定性或概率性方法进行验算。在本指南中，遵循确定性方法，使用 EN 1990 第 6 章提到的分项系数法。

*条款2.4*　　在分项系数法中，作用设计值 $E_{fd}$在各极限状态下得出，如 EN 1995-1-1 条款*2.4* 中的子条款所述，本指南在相关章节介绍了这部分内容。对于承载能力极限状态，抗力设计值 $R_d$是由材料强度除以分项系数计算的，而对于正常使用极限状态，$R_d$通常是 EN 1995-1-1 或 EN 1995-1-1 的国家附件中给出的变形或振动限值。然后在相关状态下进行验算，以证明 $E_{fd}$不会超过 $R_d$，即：

$$E_{fd} \leqslant R_d \tag{D2.9}$$

### 2.4.1　材料性能的设计值

**强度性能**

木材或木基制品强度性能的设计值 $X_d$通过式(*2.14*)计算：

$$X_d = k_{mod}\frac{X_k}{\gamma_M} \tag{2.14}$$

式中：$k_{mod}$——修正系数；

$X_k$——强度性能 $X$ 的标准值；

$\gamma_M$——材料性能的分项系数。

$k_{mod}$的函数考虑了荷载持续作用和含水率的影响，本指南第 2.3.1 节和相关章节中有说明。

强度标准值 $X_k$可从产品标准中获得［例如 EN 338（BSI，2009）］，EN 1995-1-1 中没有给出此类信息。产品标准的要求是强度在**服役等级 1** 条件下推导出的，并且荷载测试的持续作用应在相对较短的时间段内进行，如本指南第 2.3.2.1 节所述。

材料性能系数 $\gamma_M$的目的是弥补强度的不利偏差，此系数的值在 EN 1995-1-1 国家附件的表 *NA.3* 中给出。

式（*2.14*）中未提及的其他系数也会影响设计值（失稳系数、尺寸系数、结构体系系数等），EN 1995-1-1 中的规定和本指南相关章节中给出的指导原则说明了如何将这些系数考虑在内。

**刚度特性**

木材或木基制品的构件刚度特性设计值 $E_d$或 $G_d$通过式（*2.15*）和式（*2.16*）计算得出：

$$E_d = \frac{E_{mean}}{\gamma_M} \tag{2.15}$$

$$G_d = \frac{G_{mean}}{\gamma_M} \tag{2.16}$$

式中：$E_{mean}$——弹性模量的平均值；

$G_{mean}$——剪切模量的平均值；

$\gamma_M$——材料性能的分项系数。

与强度性能一样，$E_{mean}$ 和 $G_{mean}$ 均可从欧洲标准和/或产品标准中获得，EN 1995-1-1中并未给出。

对于正常使用极限状态的分析，刚度特性是由 $\gamma_M = 1$ 导出的，并且当进行结构的二阶分析时，$\gamma_M$为 EN 1995-1-1 国家附件中表 *NA.3* 给出的值。

### 2.4.2　几何尺寸的设计值

几何尺寸的设计值 $a_d$用于木材或木基制品结构尺寸的分析和设计，定义为：

$$a_d = a_{nom} \tag{D2.10}$$

式中：$a_d$——名义参考尺寸；

$a_{nom}$——从产品标准、图纸或规格中给出的名义值。

柱和梁构件的平直度偏差设计值也必须限制在 EN 1995-1-1 *第 10 章*给出的最大允许偏差范围内，并且在 EN 1995-1-1 的相关设计方程中已考虑了这些偏差的影响。

### 2.4.3　抗力设计值

抗力设计值 $R_d$可从式（*2.17*）得出：

$$R_d = k_{mod}\frac{R_k}{\gamma_M} \tag{2.17}$$

式中:$k_{mod}$——修正系数;

$R_k$——承载能力的标准值;

$\gamma_M$——材料性能的分项系数。

*条款2.4.1*

$k_{mod}$的函数与*条款2.4.1*中提到的相同,并在本指南的第2.3.1节及其他相关小节中进行讨论。

在计算抗力时,抗力标准值$R_k$通常根据EN 1995-1-1中给出的设计规定计算。例如,如EN 1995-1-1*图8.1*所示,针叶材的劈裂承载力标准值($F_{90,Rk}$)可通过式(*8.4*)计算:

$$F_{90,Rk} = 14bw\sqrt{\frac{h_e}{1 - h_e/h}} \tag{8.4}$$

*条款8.1.4(3)*

作用如*条款8.1.4(3)*所述。

*条款2.4.1*

系数$\gamma_M$与*条款2.4.1*中提到的作用一样,并且是从EN 1995-1-1国家附件的表*NA.3*给出的值中得到的。

## 参考文献

BSI (2002) BS 5268-2: 2002. Structural use of timber-Part 2: Code of practice for permissiblestress design, materials and workmanship. BSI, London.

BSI (2009) BS EN 338: 2009. Structural timber. Strength classes. BSI, London.

BSI (2010) BS EN 408: 2010. Timber structures-Structural timber and glued laminated timber-Determination of some physical and mechanical properties. BSI, London.

Gulvanessian H, Calgaro J-A and Holicky M (2012) *Designers' Guide to Eurocode: Basis of Structural Design: EN 1990*, 2nd edn. ICE Publishing, London.

# 第3章 材料性能

本章引用了根据 EN 1995-1-1 中的规定设计的各种木材和木基材料的性能。根据木材种类和等级的范围，以及木基材料和紧固件的种类，这些材料的性能在一系列欧洲标准中给出，下面的条款对此进行了说明：

- ■ 一般规定 *条款3.1*
- ■ 实木 *条款3.2*
- ■ 层板胶合木 *条款3.3*
- ■ 旋切板胶合木(LVL) *条款3.4*
- ■ 木基板材 *条款3.5*
- ■ 胶黏剂 *条款3.6*
- ■ 金属紧固件 *条款3.7*

## 3.1 一般规定

■ 强度和刚度参数：强度计算宜基于线性应力-应变关系，尽管非线性关系可能用于部分受压构件。

■ 强度修正系数：如第2.3.1.2节所述，所有木基材料的强度取决于荷载持续作用和材料的含水率。*表3.1* 给出了设计中常用材料的强度修正系数 $k_{mod}$ 的值。

■ 变形系数：木构件在持续荷载作用下的变形随时间增加，但速率随时间降低。这种效应称为蠕变，通过表*3.2* 中给出常用木材的变形系数 $k_{def}$来考虑。请注意，服役等级为3的木材，或者使用湿材(即含水率达到完全饱和)，然后在荷载下干燥[*条款3.2(4)*]，将会承受更大的蠕变挠度。 **条款3.2(4)**

## 3.2 实木

EN 14081(BSI,2006a)包含两种强度分级方法：目测分级和机械分级。对于**目测分级**，也许有人认为欧洲全境内新的规定，将作为整体引入进来，但事实证明这一步跨的太大了。相反，该标准规定了通常形式的分级规定，并列出了各国的分级标准。然后由 EN 1912(BSI,2004a)将各国树种等级划分为不同的强度等级。

强度等级系统主要针对针叶材引入，针叶材具有大致相似的强度分布。因此,有可能开发出基于 EN 338 的表 3.1 中所示的系统,其定义了强度等级 C14 ~ C50[C 表示松柏科(即针叶材),14 是抗弯强度标准值,单位为 $N/mm^2$]。虽然针叶材等级排到了 C50,但很难找到强度足以达到 C35 以上等级的针叶材。

**针对结构用木材强度等级(C14 ~ C35 和 D30 ~ D70)的强度、刚度特性和密度值** 表 3.1

| | | 针叶材树种 | | | | | | | | | 阔叶材树种 | | | | | |
|---|---|---|---|---|---|---|---|---|---|---|---|---|---|---|---|---|
| | | C14 | C16 | C18 | C20 | C22 | C24 | C27 | C30 | C35 | D30 | D35 | D40 | D50 | D60 | D70 |
| **强度性能 ($N/mm^2$)** | | | | | | | | | | | | | | | | |
| 弯曲 | $f_{m,k}$ | 14 | 16 | 18 | 20 | 22 | 24 | 27 | 30 | 35 | 30 | 35 | 40 | 50 | 60 | 70 |
| 顺纹抗拉 | $f_{t,0,k}$ | 8 | 10 | 11 | 12 | 13 | 14 | 16 | 18 | 21 | 18 | 21 | 24 | 30 | 36 | 42 |
| 横纹抗拉 | $f_{t,90,k}$ | 0.4 | 0.4 | 0.4 | 0.4 | 0.4 | 0.4 | 0.4 | 0.4 | 0.4 | 0.6 | 0.6 | 0.6 | 0.6 | 0.6 | 0.6 |
| 顺纹抗压 | $f_{c,0,k}$ | 16 | 17 | 18 | 19 | 20 | 21 | 22 | 23 | 25 | 23 | 25 | 26 | 29 | 32 | 34 |
| 横纹抗压 | $f_{c,90,k}$ | 2.0 | 2.2 | 2.2 | 2.3 | 2.4 | 2.5 | 2.6 | 2.7 | 2.8 | 8.0 | 8.1 | 8.3 | 9.3 | 10.5 | 13.5 |
| 抗剪 | $f_{v,k}$ | 3.0 | 3.2 | 3.4 | 3.6 | 3.8 | 4.0 | 4.0 | 4.0 | 4.0 | 4.0 | 4.0 | 4.0 | 4.0 | 4.5 | 5.0 |
| **刚度特性 ($kN/mm^2$)** | | | | | | | | | | | | | | | | |
| 顺纹弹性模量平均值 | $E_{0,mean}$ | 7 | 8 | 9 | 9.5 | 10 | 11 | 11.5 | 12 | 13 | 11 | 12 | 13 | 14 | 17 | 20 |
| 5% 的顺纹弹性模量 | $E_{0.5}$ | 4.7 | 5.4 | 6.0 | 6.4 | 6.7 | 7.4 | 7.7 | 8.0 | 8.7 | 9.2 | 10.1 | 10.9 | 11.8 | 14.3 | 16.8 |
| 横纹弹性模量平均值 | $E_{90,mean}$ | 0.23 | 0.27 | 0.30 | 0.32 | 0.33 | 0.37 | 0.38 | 0.40 | 0.43 | 0.73 | 0.80 | 0.86 | 0.93 | 1.13 | 1.33 |
| 剪切模量平均值 | $G_{mean}$ | 0.44 | 0.5 | 0.56 | 0.59 | 0.63 | 0.69 | 0.72 | 0.75 | 0.81 | 0.69 | 0.75 | 0.81 | 0.88 | 1.06 | 1.25 |
| **密度 ($kg/m^3$)** | | | | | | | | | | | | | | | | |
| 密度 | $\rho_k$ | 290 | 310 | 320 | 330 | 340 | 350 | 370 | 380 | 400 | 530 | 540 | 550 | 620 | 700 | 900 |
| 密度平均值 | $\rho_{mean}$ | 350 | 370 | 380 | 390 | 410 | 420 | 450 | 460 | 480 | 640 | 650 | 660 | 750 | 840 | 1080 |
| 数据来源于 EN 338:2009(BSI,2009)中表 1 | | | | | | | | | | | | | | | | |

目前大部分商业供应都是按**机械分级**,即木材(厚度约 75mm)在已知力作用下绕弱轴弯曲,并测量挠度的过程。木材强度由树种强度和刚度之间的已知关系确定。该系统允许木材直接按强度等级(并辅以目测分级)分级。

强度等级系统避免了设计人员在供应商已经提供了最好树种情况下进行选择的必要性:例如,饰面覆盖的内部框架可以简单地指定为 C16 等级(根据 EN 14081)结构用针叶材。

还包括强度等级介于 D18 ~ D70 的(落叶)阔叶材,但是阔叶材的分组更具有多样性,并且少数树种在一定程度上被有效地降级,使得其所有性能都符合强度等级。除了强度之外,阔叶材通常基于其他特性(如外观或耐久性)而被选择,并且在材料标准中,通常以具体树种命名,这与强度等级一样。EN 1912 中没有列出 D18 和 D24 的树种。对于欧洲橡木和栗木的强度性能,宜参考 PD 6993-1。

表 3.2 中给出了针叶材常用的可行尺寸,基于 EN 336(BSI,2003)。这些是"目标"尺寸,这些尺寸的公差为:

■ (锯材,T1):尺寸 < 100mm:-1/ +3mm, > 100mm:-2mm/ +4mm。

■ (板材,T2):尺寸 < 100mm:-1/ +1mm, > 100mm:-1.5/ +1.5mm。

**针叶材常用尺寸**　　表 3.2

| 锯材宽度(公差 1 级)(mm) | 机械加工厚度(公差 2 级)(mm) | 锯材宽度(公差 1 级)(mm) | | | | | | | | | |
|---|---|---|---|---|---|---|---|---|---|---|---|
| | | 75 | 100 | 125 | 150 | 175 | 200 | 225 | 250 | 275 | 300 |
| | | 机械加工宽度(公差 2 级)(mm) | | | | | | | | | |
| | | 72 | 97 | 120 | 145 | 170 | 195 | 220 | 245 | 270 | 295 |
| 22 | 19 | | ■ | ■ | ■ | ■ | ■ | ■ | | | |
| 25 | 22 | ■ | ■ | ■ | ■ | ■ | ■ | ■ | | | |
| 38 | 35 | ■ | ■ | ■ | ■ | ■ | ■ | ■ | | | |
| 47 | 44 | ■ | ■ | ■ | ■ | ■ | ■ | ■ | ■ | | × |
| 63 | 60 | | ■ | ■ | ■ | ■ | ■ | ■ | | | ■ |
| 75 | 72 | | ■ | ■ | ■ | ■ | ■ | ■ | ■ | ■ | ■ |
| 100 | 97 | | ■ | | ■ | | ■ | ■ | ■ | | ■ |
| 150 | 145 | | | | ■ | | ■ | | | | |

×适用于锯材宽度或厚度截面。
数据来源于 EN 336(BSI,2003)以及 Porteous 和 kermani(2007)

当然存在 3 ~5mm 由于刨削的损失。目标尺寸通常可用于设计计算而不考虑负误差。

长度通常可以达到 5.5 ~6.0m;超过这个长度,层板须通过端部指接连接,或者对于特定树种进行查询,如花旗松,通常以大构件形式出现。

实木的弯曲高度方向和拉伸宽度方向的等级应力适用于 150mm 的参考尺寸。对于小于此的尺寸,$f_{m,k}$和$f_{t,0,k}$的标准值可以通过高度调整系数 $k_h$来增加,如*条款3.2(3)*所示。需要注意的是胶合木的系数具有不同的参考深度(见下文)。　*条款3.2(3)*

## 3.3　层板胶合木

通过使用胶合木(层板胶合),可以大大增加可用木材供应量的范围。胶合木构件实质上由实木层板组成,沿其长度方向胶合而成。层板通常 4 ~5m 长,35 ~50mm 厚,并依据 EN 385(BSI,2001)通过指接在其长度方向上连接。制造商仅能供应受运输和安装条件限制的部件。胶合木的制造是一种专业工艺,其中生产控制问题主要与胶合剂有关,如本指南第 3.6 节所述。

胶合木可由整个(均质)单层板制成,或在构件(组合)中心附近采用低强度等级的层板制成,这对于大尺寸梁来说具有经济优势。一些标准尺寸范围通常作为数据库,但大多数胶合木构件是按规定生产的。也可以用于制造单坡梁或双坡拱梁(见条款6.4.3)或弧形梁,如拱或门架等。为了使单个层板弯曲并且不发生断裂,BS 5268 建议(条款3.5.3.1)对梁的曲率限制在 150 ~ 180$t$(取决于等级),其中 $t$ 是层板厚度。即将发布的 EN 14080 的修订版建议 200$t$ 作为梁的曲率限值,这是基于公认的指接强度标准值给出的。当然,薄层板会使得成本按一定比例增加。

条款6.4.3
条款3.5.3.1

有关胶合木强度和刚度的设计信息在 EN 1194[英国标准协会(BSI),1999]中给出,用于标准等级 GL24、GL28 和 GL32,并在此处进行了复制,见表 3.3。

**均质和组合胶合木强度等级的性能** 表 3.3

| 胶合木强度等级 | 均质胶合木 | | | 组合胶合木 | | |
|---|---|---|---|---|---|---|
| | GL24h | GL28h | GL32h | GL24c | GL28c | GL32c |
| 抗弯强度 | | | | | | |
| $f_{m,g,k}$ (N/mm²) | 24 | 28 | 32 | 24 | 28 | 32 |
| 抗拉强度 | | | | | | |
| $f_{t,0,g,k}$ (N/mm²) | 16.5 | 19.5 | 22.5 | 14 | 16.5 | 19.5 |
| $f_{t,90,g,k}$ (N/mm²) | 0.4 | 0.46 | 0.5 | 0.35 | 0.4 | 0.45 |
| 抗压强度 | | | | | | |
| $f_{c,0,g,k}$ (N/mm²) | 24 | 26.5 | 29 | 21 | 24 | 26.5 |
| $f_{c,90,g,k}$ (N/mm²) | 2.7 | 3.0 | 3.3 | 2.4 | 2.7 | 3.0 |
| 抗剪强度 | | | | | | |
| $f_{v,g,k}$ (N/mm²) | 2.7 | 3.2 | 3.8 | 2.2 | 2.7 | 3.2 |
| 弹性模量 | | | | | | |
| $E_{0,g,mean}$ (kN/mm²) | 11.6 | 12.6 | 13.7 | 11.6 | 12.6 | 13.7 |
| $E_{0,g,0.5}$ (kN/mm²) | 9.4 | 10.2 | 11.1 | 9.4 | 10.2 | 11.1 |
| $E_{90,g,mean}$ (kN/mm²) | 0.39 | 0.42 | 0.46 | 0.32 | 0.39 | 0.42 |
| 剪切模量 | | | | | | |
| $G_{g,mean}$ (kN/mm²) | 0.72 | 0.78 | 0.85 | 0.59 | 0.72 | 0.78 |
| 密度 | | | | | | |
| $\rho_{g,k}$ (kg/m³) | 380 | 410 | 430 | 350 | 380 | 410 |

数据来源于 EN 1194(BSI,1999)以及 Porteous and Kermani(2007)。
注:对于与强度相关的计算,$G_{g,0.5} = E_{0,g,0.5}/16$。
根据 BS EN 338(BSI,2009),密度平均值为内外层板平均密度的均值

条款3.3(3)

对于实木,在受弯和受拉计算中,构件的尺寸需通过条款3.3(3)中所涉及的系数 $k_h$ 来考虑,此处给出的参考高度为 600mm。

## 3.4 旋切板胶合木(LVL)

LVL 由厚度约 3mm 的针叶材薄片板制成,这种薄片是从原木上剥下,端部嵌入接合,然后胶合在一起,形成厚度介于 25 ~ 90mm 的长条板。欧洲市场主要供应的是芬兰林业公司生产的 Kelto-LVL。

有两种基本的面板类型:Kerto-S,其所有单板的纹理沿长度方向;Kerto-Q,含有一些横纹理方向的单板。Kerto-S 因为所有的单板都起作用,所以比 Kerto-Q 具

有更高的平面内抗弯强度，但是 Kerto-Q 具有更好的横纹向稳定性。该材料是根据 EN 14374(BSI,2004b)生产的，强度和刚度性能见表 3.4。

**Kerto 强度、刚度特性和密度值** 表 3.4

| | 符号 | 单位 | Kerto-S | Kerto-Q |
|---|---|---|---|---|
| **标准值** | | | | |
| 抗弯强度 | | | | |
| 沿侧边方向 | $f_{m,0,edge,k}$ | $N/mm^2$ | 44.0 | 32.0 |
| 尺寸效应参数* | $s$ | $N/mm^2$ | 0.12 | 0.12 |
| 沿平面方向 | $f_{m,0,flat,k}$ | | 50.0 | 36.0 |
| 抗拉强度 | | | | |
| 顺纹方向 | $f_{t,0,k}$ | $N/mm^2$ | 35.0 | 26.0 |
| 横纹方向 | $f_{t,90,k}$ | $N/mm^2$ | 0.8 | 6.0 |
| 抗压强度 | | | | |
| 顺纹方向 | $f_{c,90,k}$ | $N/mm^2$ | 35.0 | 26.0 |
| 横纹沿侧边方向 | $f_{c,90,edge,k}$ | $N/mm^2$ | 6.0 | 9.0 |
| 横纹沿平面方向 | $f_{c,90,flat,k}$ | $N/mm^2$ | 1.8 | 1.8 |
| 抗剪强度 | | | | |
| 沿侧边方向 | $f_{v,90,edge,k}$ | $N/mm^2$ | 4.1 | 4.5 |
| 沿平面方向 | $f_{v,90,flat,k}$ | $N/mm^2$ | 2.3 | 1.3 |
| 弹性模量 | | | | |
| 顺纹方向 | $E_{0,k}$ | $N/mm^2$ | 11600 | 8800 |
| 剪切模量 | | | | |
| 沿侧边方向 | $G_{0,k}$ | $N/mm^2$ | 400 | 400 |
| 密度 | $\rho_k$ | $kg/m^3$ | 480 | 480 |
| **平均值** | | | | |
| 弹性模量 | | | | |
| 顺纹方向 | $E_{0,mean}$ | $N/mm^2$ | 13800 | 10500 |
| 剪切模量 | | | | |
| 沿侧边方向 | $G_{0,mean}$ | $N/mm^2$ | 600 | 600 |
| 密度 | $\rho_{mean}$ | $kg/m^3$ | 510 | 510 |

改编自 Porteous and Kermani(2007)。
* 根据*条款3.4*，$s$ 为尺寸效应指数 *条款3.4*

对于弯曲和拉伸，需考虑构件的尺寸效应[*条款3.4(3)*和*条款3.4(4)*]，建议： *条款3.4(3)*
弯曲高度参考值为 300mm，拉伸长度参考值为 3m。尺寸效应系数 $s$ 由制造商声明。 *条款3.4(4)*

虽然引用了标准尺寸，但该材料实际上被做成 2.4m 宽、26m 长的片材，甚至定做成这个尺寸。

## 3.5 木基板材

在本小节提到的各种板材中，定向刨花板(OSBs)是最常见的用于结构的板材。这些板是由沿长度方向定向排布的外层木片和随机分布的内层木片组成，所有木片都用胶黏剂胶合在一起。对于特定形式的刨花板,该材料的厚度可为 8 ~ 25mm 不等,标准尺寸为 1.2m ×2.4m 的板,还可以做到 2.4m ×4.8m。

EN 300 定义了三个等级(BSI,2006b):

■ OSB1——一般用途板,用于干燥条件下。

■ OSB2——承重板,用于干燥条件下。

■ OSB3——承重板,用于潮湿条件下。

对于木框架结构(参见本指南第 13 章),面板用于保持抗侧稳定性,并安装在靠近外壁腔处,通常指定使用等级 OSB3。表 3.5 列出了等级 OSB2 和 OSB3 的性能。

**OSB2 和 OSB3 的性能**　　表 3.5

| 厚度 $t$ (mm) | 密度 $p$ ($kg/m^3$) | 抗弯强度 ($N/mm^2$) | | 抗拉强度 ($N/mm^2$) | | 抗压强度 ($N/mm^2$) | | 抗剪强度 ($N/mm^2$) | |
|---|---|---|---|---|---|---|---|---|---|
| | | $f_{m,0,k}$ | $f_{m,90,k}$ | $f_{t,0,k}$ | $f_{t,90,k}$ | $f_{c,0,k}$ | $f_{m,90,k}$ | $f_{v,k}$ | $f_{v,rol,k}$ |
| >6 ~ 10 | 550 | 18.0 | 9.0 | 9.9 | 7.2 | 15.9 | 12.9 | 6.8 | 1.0 |
| >10 ~ 18 | 550 | 16.4 | 8.2 | 9.4 | 7.0 | 15.4 | 12.7 | 6.8 | 1.0 |
| >18 ~ 25 | 550 | 14.8 | 7.4 | 9.0 | 6.8 | 14.8 | 12.4 | 6.8 | 1.0 |
| 数据来源于 EN 300(BSI,2006) | | | | | | | | | |

## 3.6 胶黏剂

虽然木构件很容易胶合在一起,但过去用于家具的胶黏剂在潮湿条件下很容易受损坏。20 世纪 30 年代发明的耐水性胶黏剂使得能够制造用于各种服役等级的木结构建筑复合构件,例如胶合木。

最常用的胶黏剂来自酚醛和氨基塑料系列,并根据 EN 301(BSI,2006c)分类使用。类型 I 用于高危害条件(服役等级 3),如外部暴露或内部温暖和潮湿条件。类型Ⅱ只能用于低危害的条件(服役等级 1 和 2)时,免于直接暴晒和雨淋或在可控制的内部环境下。间苯二酚甲醛,是最耐久的 I 类胶黏剂,会产生暗色胶线,而且相对昂贵。作为替代品,苯酚甲醛也是一种 I 类胶黏剂,但颜色较浅。更便宜的胶黏剂,如尿素甲醛,可在低危害条件下使用。

胶合木构件的整个制造过程中需要进行高度控制,包括:

■ 木材的含水率和表面处理。

■ 胶黏剂的适用期及分布。

■ 环境的温度和湿度。

■ 施加的压力和加压时间。

因此,宜由专业人员在受控的工厂环境下进行操作。由于甲醛胶黏剂是热固性胶黏剂,因此,有必要采用薄的胶线(胶层)以防止过度的热聚积而使得最终强度降低,并且虽然它们与木材有很高的黏合力,但它们不与金属黏合。然而,最近引入的树脂胶黏剂系列可将包括钢材在内的多种材料黏合,并且可以适应较厚的的层。比如将螺纹杆黏入木材的预钻孔中,这是一种连接大构件的有效连接方式。

上述所有的胶黏剂都需要木材干燥(即含水率为20%或更低,这取决于胶黏剂),但最近开发的聚氨酯胶黏剂系列是耐湿性的。然而,必须考虑干燥木材的潜在变形对胶合线完整性的影响。

## 3.7 金属紧固件

EN 14592(BSI,2008)具体明确了"销类"紧固件(即将两块木材用销钉连接在一起,并主要考虑受剪)材料、尺寸、强度、刚度和耐久性(即耐腐性能)的要求(和测试方法)。这些要求涉及以下紧固件。

### 3.7.1 钉子

钉子是最容易和最快捷安装的,(对于针叶材)通常是从气动射钉枪的"子弹带"中打出。它们由最小极限抗拉强度为600N/mm$^2$,直径通常介于2.5~6mm的钢丝制成。主要类型是圆形(光滑柄)或环形(环形柄),后者具有更高的抗拔强度(由制造商根据测试声明)。

在针叶材(密度一般小于500kg/m$^3$)中,直径达6mm的钉子不需要预钻孔。当钉子安装在预钻孔中时,EN 1995-1-1给出了更多的侧向承载能力,并允许更小的间距,但这可能不太经济。阔叶材的密度一般大于500kg/m$^3$,因此需要进行预钻孔。

当要求钉耐腐蚀时,可以考虑给钉镀锌或使用奥氏体不锈钢制造(更有限的范围)。

### 3.7.2 螺钉

虽然安装螺钉比钉子劳动强度要大一些,但其具有更大的轴向抗拔强度。它们是用钢或不锈钢制造的,直径介于3~6mm,长度可达150mm。对于方头螺钉,直径和长度分别达18mm和250mm。它们也可以做到退钉时基本无损伤,这可能是一个设计目标(例如,用于最终更换外墙板)。

当计算轧制螺纹螺钉的强度时,宜使用条款*8.7.1(3)*中定义的螺纹($d_1$)内(根部)径的1.1倍作为有效直径$d_{ef}$。EN 14592允许内径为螺纹外径$d$的60%~90%。因此,螺杆承载力的详细计算要么基于来自潜在制造商的信息,要么基于$d_{ef}=2/3d$的保守假定。另外,EN 1995-1-1中没有规定光滑柄的长度,但是长度$l$和$l_g$要由制造商声明。这点很重要,如对于薄钢板-木材螺钉连接的设计。 *条款8.7.1(3)*

### 3.7.3 销钉

在外观上,销钉(与螺栓头相比)相对不那么引人注目。圆钢销钉可以是光滑的或有槽化的(最小凹槽直径为0.95$d$)。由于钻销孔时的允许公差(参见条款*10.4.4*)几乎为零,所以凹槽(以及可能的轻微端部倒角)使得安装更容易。精度问题在大群组销钉连接中很关键,可以通过设置一个临时层作为钻孔模板,并按 *条款10.4.4*

照模板一一钻孔,或者使用现代 CNC 机器钻孔以达到必要的精度。

还可以使用端部切削的销钉,穿透相对较薄的钢组合板,作为空白板放置在适当的位置。

### 3.7.4　螺栓

对于大型组装,从绳索效应的角度而言,螺栓在强度方面优于销钉,对于三角

*条款10.4.3(1)* 形结构,如屋顶桁架,螺栓滑移使得整体挠度增大[由于条款*10.4.3(1)*中允许1mm 的螺栓孔误差所致]是可以接受的。

具体的垫圈(3$d$,其中 $d$ 是螺栓直径)的尺寸有时由于视觉原因而受到反对。对相关紧固件计算公式中的绳索效应的临界进行判别,或者将螺栓作为销栓处理,这可能会允许减少所需垫圈面积。

为了抵抗腐蚀,螺栓可以镀锌,也可以用奥氏体不锈钢制造(对于后者,可使用两端车丝的圆钢并配备螺母和垫圈,这可能更为经济。)

### 3.7.5　齿板紧固件

齿板紧固件(或叫"Gangnail",原专利市场名称)是美国发明的,并于 20 世纪 60 年代传入英国:用它们制造的桁架迅速取代了传统的由椽子和檩条组成的屋顶。据估计,在英国目前大约还有 8000 万个左右的桁架式椽子。其原理很简单:1mm 厚的钢板在冲齿压力作用下冲切出齿键。例如,制作一个桁架,在工作台上将齿板放置在桁架节点处,将预切割的桁架构件放置在齿板上部,然后液压机向下冲压,将齿板压实。现在有几种大致形式相似的专有系统。

齿板的设计通常由生产商使用由系统所有者提供的软件进行。

## 参考文献

BSI (1999) BS EN 1194:1999. Timber structures. Glued laminated timber. Strength classes and determination of characteristic values. BSI, London.

BSI (2001) BS EN 385:2001. Finger jointed structural timber. Performance requirements and minimum production requirements. BSI, London.

BSI (2003) BS EN 336:2003. Structural timber. Sizes, permitted deviations. BSI, London.

BSI (2004a) BS EN 1912:2004 + A4:2010. Structural timber. Strength classes. Assignment of visual grades and species. BSI, London.

BSI (2004b) BS EN 14374:2004. Timber structures-Structural laminated veneer lumber-Requirements. BSI, London.

BSI (2006a) EN 14081-1:2005 + A1:2011. Timber structures. Strength graded structural timber with rectangular cross section. General requirements. BSI, London.

BSI (2006b) BS EN 300:2006. Oriented Strand Boards (OSB). Definitions, classification and specifications. BSI, London.

BSI (2006c) BS EN 301:2006. Adhesives, phenolic and aminoplastic, for load-bearing timber struc-tures. Classification and performance requirements. BSI, London.

BSI (2008) BS EN 14592:2008 + A1:2012. Timber structures. Dowel-type fasteners. Requirements. BSI, London.

BSI (2009) BS EN 338:2009. Structural timber. Strength classes. BSI, London.

Porteous J and Kermani A (2007) *Structural Timber Design to Eurocode 5*. Blackwell, Oxford.

# 第4章 耐久性

本章涉及木材和金属在各种环境条件下的耐久性问题。这两条分别是:

- (木材)抗生物侵蚀能力 *条款4.1*
- (金属)耐腐蚀性 *条款4.2*

## 4.1 抗生物侵蚀能力

*条款4.1(1)*

*条款4.1(1)*给出的基本原则是木材应:

- 在特定危害等级下具有足够的天然耐久性。
- 或,进行防腐处理。

### 4.1.1 危害(或使用)等级

*条款2.3.1.3*

*条款NA.2.2*

在EN 335-1(在2006版中,将其称为使用等级;BSI,2006)中定义了木材的危害等级(真菌或虫害产生的危害),并在表4.1(第1列)中进行了总结。它们可以与*条款2.3.1.3*中给出的和表4.1(第2列)中总结的服役等级进行比较。木材的服役等级是根据周围空气的环境温度和相对湿度来定义的。对于两个低等级,给出木材可达到的平均含水率的限值。各种服役等级下典型的建筑结构形式在EN 1995-1-1国家附件的*条款NA.2.2*中给出,如图4.1所示。由表4.1可知,服役等级1和2中的木材(即建筑物内部,如屋盖、墙壁和楼盖结构)含水率一般不高于20%。建筑物外部或完全暴露于室外条件的木材(服役/使用等级3)通常含水率超过20%,而浸没在水中的木材(使用等级4和5)显然达到非常高的永久含水率。从结构设计的角度,服役等级3的要求涵盖了使用等级4和5。

*条款2.3.1.3*
*条款NA.2.2*

**EN 335-1中的服役等级和使用等级的对比** 表4.1

| 摘录自EN 335-1:2006<br>使用等级的定义 | 摘录自Eurocode 5<br>***条款2.3.1.3***:服役等级 | 英国国家附件,***条款NA.2.2***:木建筑的服役等级 |
|---|---|---|
| 1.木材被遮盖、不受天气和潮湿影响的情况 | 1.以材料中的含水率对应于20℃的温度,并且周围空气的相对湿度仅在一年中几周内超过65%为特征 | 保温屋盖<br>中间楼层<br>木构架墙(外墙和隔墙) |
| 2.木材被遮盖、不受天气影响,但高环境湿度会导致偶然的非永久性潮湿的情况 | 2.以材料中的含水率对应于20℃的温度,并且周围空气的相对湿度仅在一年中几周内超过85%为特性 | 冷屋盖<br>地面<br>木构架外墙<br>外部使用且免于直接受潮 |

续上表

| 摘录自 EN 335-1:2006<br>使用等级的定义 | 摘录自 Eurocode 5<br>***条款2.3.1.3***:服役等级 | 英国国家附件,***条款 NA.2.2***:木建筑的服役等级 |
|---|---|---|
| 3. 木材不受遮盖或直接与地基接触,持续暴露于天气影响中或不受其影响,但受潮湿影响的情况 | 3/4/5 以气候条件导致含水率高于服役等级 2 为特征 | 外部使用,完全暴露但不持续与地基接触 |
| 4. 木材直接与地面或淡水接触,而永久性受潮湿影响的情况 | | 河道结构<br>码头的支撑<br>地面上的栅栏柱<br>(BS 8417,表1) |
| 5. 木材永久性暴露于海水中 | | 海事结构、柱、码头等<br>(BS 8417,表1) |

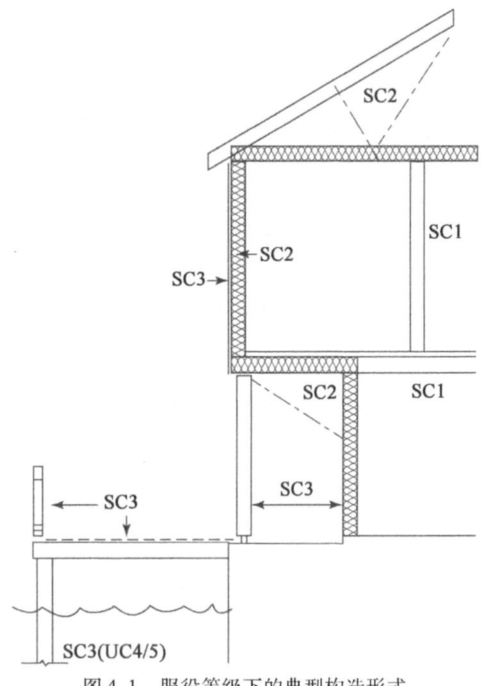


图4.1 服役等级下的典型构造形式

### 4.1.2 木材真菌侵蚀和虫害

有少量的真菌和昆虫会危害木材,将木材作为其食物来源。在空气中有各种腐烂的细小孢子,如果木材表面含水率大于20%,落在其上就会产生真菌。总的来说,木蛀甲虫更喜欢潮湿的木材,尽管在萨里及其周边地区活跃在房屋里的天牛(*Hylotrupes bajulus*)是个例外。并非所有树种都同样容易受到攻击,这取决于树干的核心材中的提取物对真菌生长的天然抵抗程度(图4.2)。EN 350-2(表3)(BSI,1994)给出了重要树种的天然耐久性,其中将每个树种归于五个等级之一。表4.2给出了与真菌腐烂有关的常见树种的小部分提取物以及树种的可处理性和再分类。提高耐久性(如果需要)的方法通常是加压进行化学处理。

### 4.1.3 木材使用/服役等级1和2

从表4.1可以看出,这些等级包括室内条件下的木材。因此,如果围护结构牢固,能够抵抗来自屋盖、墙体和楼盖的水渗透,并且有足够的绝缘或通风,以避免出现明显的冷凝区域,那么内部木材将保持干燥至远低于20%的含水率,并且不会有腐烂或虫害的重大风险(上述提及的地区除外)。树种的选择不考虑其耐久性分类或者是否包括边材区域,并且通常不需要防腐处理。大多数木建筑结构都属于这一类。

虽然这两种服役等级之间的区别不会影响木材的耐久性,但与蠕变条件下的构件刚度显著相关(见表3.2)。

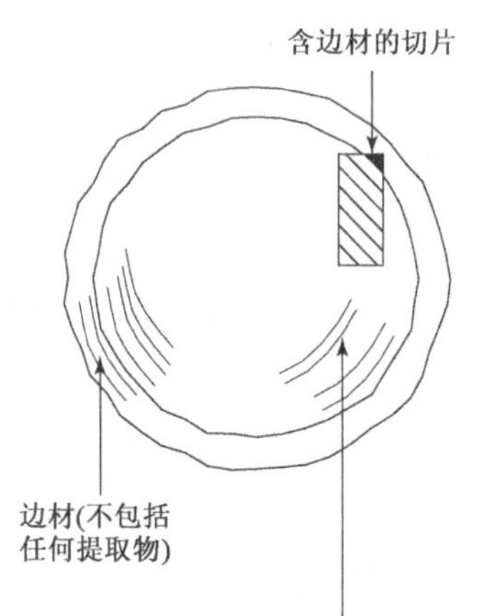

图4.2 树干的心材和边材

**常用树种的耐久性和处理等级** 表4.2

| | 摘录自 EN 350-2 | | | | | | | | |
|---|---|---|---|---|---|---|---|---|---|
| | 耐久性等级 | | | | | 处理等级 | | | |
| | 1 | 2 | 3 | 4 | 5 | 1 | 2 | 3 | 4 |
| | VD | D | MD | SD | ND | E | ME | MD | D |
| **针叶材** | | | | | | | | | |
| 西加云杉 | | | | H | H | | S | SH | |
| 红杉 | | | H | H | | S | | H | H |
| 花旗松(进口) | | | H | | | | | S | H |
| 落叶松(欧洲) | | | H | H | | | S | | H |
| 西洋红杉(北美) | | H | | | | | | SH | H |
| 西洋红杉(英国) | | | H | | | | | SH | H |
| (所有种类) | | | | S | S* | | | | |
| **热带阔叶材** | | | | | | | | | |
| 绿柄桑 | H | H | | | | | | | |
| 重婆罗双(黄色) | | H | | | | | | | |
| 柚木 | H | | | | | | | | |
| 绿心樟 | H | | | | | | | | |
| **温带阔叶材** | | | | | | | | | |
| 橡木 | | H | | | S | | | | |
| 栗木 | | H | | | S | | | | |
| (白蜡树/山毛榉/桦木) | | | | | H | | | | |

* 云杉的边材在视觉上很难与心材区分

注:VD,高耐久;D,耐久;MD,中等耐久;SD,低耐久;ND,不耐久;E,易处理;ME,中等易处理;MD,中等难处理;D,难处理;H,心材;S,边材

### 4.1.4 木材使用/服役等级3

这类木材,例如外墙面或完全外露结构,经常性受潮以至于形成了对真菌和/或虫害有利的条件。遵循第4.1节中的基本原则,有必要考虑是否采用具有足够天然耐久性特定树种,或者是否通过防腐处理来保证耐久性。

当考虑天然耐久性时,必须记住,任何树种边材的耐久性绝不会优于4级或5级(见表4.2),小截面针叶材的供应商不能保证将其排除。BS 8417(表3)(BSI,2011)给出了关于不同使用等级心材设计使用年限的指南。这必须被视为“笼统”建议——这在很大程度上取决于详细说明(以避免漏水)的标准,并且外墙面通常比甲板耐久性更好,因为(除了磨损问题)水会从垂直表面快速流下。还应考虑更换的策略——外墙面和甲板可能比主体结构更容易更换。

**针叶材**

由表4.2可知最常见的树种(云杉木、红木)只有很低的**耐用性**。此外,云杉很难处理。如,大块的进口花旗松(**中等耐用级**)可以购买。唯一耐用的针叶材是西洋红杉。因此,它通常用于外墙面和轻型框架,因为这种木材的强度不是特别高。

**热带阔叶材**

阔叶材树种有很多,而可用于商业用途的木材包含一些最耐用的树种。阔叶材通常以木板形式进口用于小质装修,但也有一些(如绿心樟)可用于大断面构件。

**温带阔叶材**

虽然在欧洲林业的商业范围内有许多树种,但大多数耐久性等级为4级或5级。除橡木和栗木外,其他都很**耐用**。大多数大断面木材都是以“绿树”售卖(参见本指南第3.1节),但也可按照特定的砍伐时间订购,如果需要,还可去除边材。

### 4.1.5 木材使用等级4和5、服役等级3

处在水位以下的木材会变得饱和,并且太湿而不足以支撑地面以上的腐烂菌的生长。因此,许多19世纪的建筑物成功地建造在地下水位以下的木桩上。然而,在开阔水域,木材很容易受到海虫的破坏,包括(4级,淡水)蛀木水虱和(5级,海水)*船蛆*。如果木柱从水中露出来,含水率将随高度下降到空气中的很低的平衡值,在某种程度上达到腐烂生长的最佳值。因此,最有可能的破坏处将刚好高于水面的位置,或者在等同于围栏柱的情况下,刚好高于地面。如果柱子支承在水面或地面之上,避免与水永久接触,使用等级从4级下降到3级。

### 4.1.6 防腐剂

本指南不包括与木材防腐剂的选择和规格相关的内容。BS 8417(BSI,2011)给出了建议,其中考虑了使用等级、破坏的可能性和后果、期望的服役期以及所使用木材的可处理性。宜参考*WPA*手册(木材保护协会,2012)。

显而易见,这些化学药剂通常是有毒的,最近法规已经限制了一些防腐剂的使用,如杂酚油和铜铬砷(CCA)。

## 4.2　抗腐蚀性

本条列举了金属紧固件防腐要求的最小规格,从未经处理到镀锌,再到不锈钢的使用。根据规定,大多数紧固件,如钉和螺钉,都采用奥氏体不锈钢,因为它结合了耐腐蚀性和延展性,分为 A2 级("A"为奥氏体)和 A4 级(以前为 302 和 316 级),但后者更贵,是真正的"不锈钢"。A2 钢在潮湿条件下会有一定程度的污损,但不会损失截面。

*表4.1* 给出了紧固件材料防腐保护的最小规格,如附录 A 所述,建议用附录中给出的修订说明来替换表中的注释。

## 参考文献

BSI (1994) BS EN 350-2:1994, Durability of wood and wood-based products. Natural durability of solid wood. Guide to natural durability and treatability of selected wood species of importance in Europe.

BSI (2006) BS EN 335-1:2006, Durabiltity of wood and wood-based products. Definitions of use classes. General. BSI, London.

BSI (2011) BS 8417:2011, Preservation of wood. Code of practice. BSI, London.

WPA (2012) *WPA Manual: Industrial Wood Preservation-Specification and Practice*, 2nd edn. WPA, Castleford.

# 第5章 结构设计基础

本章涉及结构分析的内容，包括在推导结构内力时如何考虑连接性能的建议。它涵盖了 EN 1995-1-1 *第5章*中的材料，并包括下列条款：

- 一般规定 *条款5.1*
- 构件 *条款5.2*
- 连接 *条款5.3*
- 组件 *条款5.4*

## 5.1 一般规定

木结构宜基于线弹性方法采用合适的设计模型进行分析，通常涉及静力学，以确定构件的内力和力矩。构件的验算可通过遵循 EN 1995-1-1 中关于设计构件类型的相关强度规定（例如，柱、梁和抗侧的规定）进行。

*第5章*中有关结构分析的指导与木结构的要求有关，这些木结构起侧向刚性或可摇摆的框架作用，并可用于拱。在木材中，常见类型的侧向刚性框架结构通常与屋顶桁架（包括桁架椽子）和楼板桁架相关。在侧向或不稳定荷载下有可能摇摆的框架结构为侧向可自由摇摆的门架结构、人字形排架和拱架。这些结构通常由层板胶合木、旋切板胶合木或木材和木板组合制成，并且为了简化细节和结构并调节结构间的力矩传递，通常是由两个或三个铰接固定。图5.1为上述结构类型的一些示例。

现大量使用平台-框架结构来建造木结构房屋和住宅。在这些结构中，木墙骨为楼板和屋顶结构提供竖向支承，并且通过将覆面材料固定到墙骨柱形成抗侧墙来提供侧向承载力。侧向荷载一般通过楼板和屋顶结构中的横隔作用传递到墙壁。这种结构类型如图5.1所示，设计模型通常基于应用塑性理论的假定。

用于所有类型木结构的设计模型必须考虑影响木材和木产品结构性能的变量的影响，并且在必要情况下，也可使用试验结果。除了作用效应，设计模型中考虑的主要变量是湿度、蠕变和荷载持续作用的效应，并且遵循包含了这些影响的 EN 1995-1-1 中的设计规定。

对于框架式和拱形结构，木结构的内力必须从整体分析中导出，EN 1991-1-1 中要求使用线弹性分析模型。通常，运用一阶线弹性分析推导构件内力是可以接受的,并且由于遵守 EN 1995-1-1 *第6 章*中给出的相关构件设计规定,将间接地考虑由于构件平直度偏差而产生的二阶效应。对于一些结构(例如摇摆结构),这不足以解释结构几何变化的影响,且在这些情况下,宜使用二阶线弹性分析。这仍然基于线弹性材料性能适用的假定,但分析还考虑了设计荷载下结构几何变化的

*条款5.4.4* 影响以及失稳的影响。*条款5.4.4* 中给出了关于初始摇摆缺陷的一些指南。然而,EN 1995-1-1 中没有给出关于平面外几何缺陷对性能影响的规定,因此 EN 1995-1-1 中仍然需要解决这个问题。需要考虑二阶效应的典型结构是人字形

*条款5.4.4* 门架和拱架,并且在*条款5.4.4* 中给出了用于分析这些结构的初始失准准则。

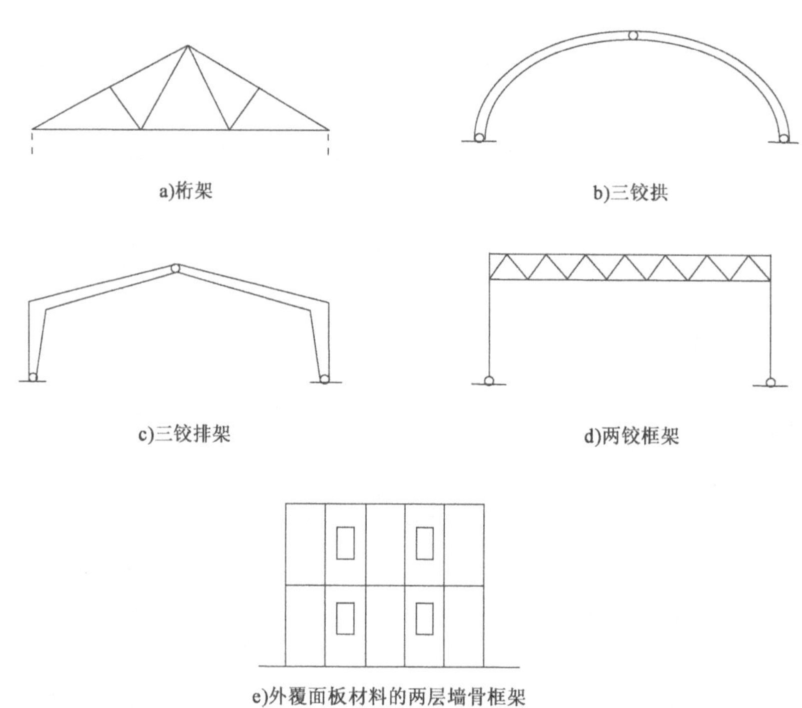


图 5.1　a)~d)框架式结构;e)平台式结构

*条款2.2.2(1)P*
*条款2.3.2.2*

在任何分析中,用于构件及其连接的刚度特性必须适合所分析的结构类型,EN 1995-1-1 中相关要求在*条款2.2.2(1)P* 和*条款2.3.2.2* 中给出,在本指南第 5.4 节中讨论。

当结构中的连接表现出足够的延性时,可用弹塑性方法来推导内力。对于设计人员不需要对"足够延性"做任何说明;但是,如果使用*第8 章*中提到的金属销类紧固件且其设计条件是基于延性而不是脆性破坏的,则宜认为这种连接能够满足这一要求。

EN 1991-1-1 要求在确定结构中的内力效应(应力)时考虑连接的变形(即滑移和转动)影响。对于 EN 1995-1-1 中提到的连接类型,连接性能的影响将在第 5.4.2 节提到的整体分析中模拟连接的平移和/或转动刚度进行考虑。连接的

*条款7.1* 刚度特性由本指南第 7 章中所述的*条款7.1* 中的适当滑移特性推导出,并且设计

*条款2.2.2(1)P* 人员还必须考虑上述*条款2.2.2(1)P* 和*条款2.3.3.2* 的要求。

*条款2.3.2.2*

## 5.2　构件

整体分析中不需要考虑木材或木材产品不均匀性的影响。材料分级要求限制了结构使用可接受的缺陷范围和性质，并且通过确保构件设计按照 EN 1995-1-1 中的相关设计规定进行，隐含地包括了这些缺陷的影响。对设计者提出额外要求的唯一情况与连接设计相关，其中*条款10.4.1* 要求在连接区域内限制缺边、开裂、木节及其他缺陷。由设计人员决定什么是可以接受的，这通常取决于所用的连接类型。 *条款10.4.1*

构件允许的平直度最大偏差是有限制的，这些在*条款 10.2* 中给出，参考本指南第 10.2 节。当采用如第 5.1 节所述的一阶线弹性分析法进行整体分析时，使用分析中得到的力和力矩来验算构件，EN 1995-1-1 中的设计规定隐含这些偏差对强度和稳定性的影响。设计人员必须确保这些限制是明确规定并需遵守的，因为设计规定仅在不超出限制时才有效。 *条款10.2*

如果构件的横截面面积减小，则必须在构件设计中予以考虑。如果它是局部效应（例如，连接处的面积损失），则在对整体结构分析建模时可以认为该构件具有全截面，但是必须在构件强度验算中使用折减的截面。

对于连接，如果有预钻孔，则必须考虑由预钻孔引起的截面损失。连接处受到压力，并且预钻孔中有比木材或木材产品刚度更大的紧固件。对于使用钉或螺钉或金属销栓的连接，情况显然如此，但不适用于螺栓，因为预钻孔不会被填充。此外，当使用直径为 6mm 或更小直径的钉子或螺钉时，如果没有预钻孔，则能使用构件的全截面。

如果连接由用多个紧固件构成，并且使用第*8* 章中定义的顺纹方向的最小紧固件间距，则必须假定从被检查位置沿顺纹方向的最小紧固件间距的一半距离内的所有孔都出现在检查位置处。示例如图 5.2 所示。

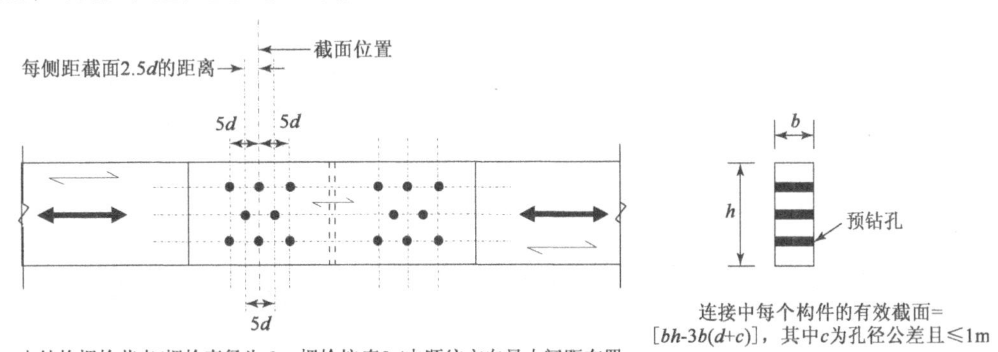


图 5.2　螺栓群连接节点的有效截面

## 5.3　连接

连接必须设计成能够承担由整体结构分析得到的力和力矩，设计人员必须决定是将它们模拟为铰接还是转动刚接。*条款5.4.2* 给出了使用建议。如果连接被 *条款5.4.2*

模拟为刚接,则设计验算必须包括力矩的影响。根据第8章中的设计规定可进行连接的设计验算。

## 5.4　组件

### 5.4.1　一般规定

对于承受正常荷载条件(包括风荷载)的木结构,只需要使用静力分析方法。当结构的摇摆效应被限制时,使用一阶线弹性方法进行整体分析。如果结构中的连接采用刚接,则分析必须包括力矩效应,如果它们是铰接,则线弹性铰接分析是合适的。铰接的线弹性分析形式也可用于分析由齿板金属紧固件连接而成的三角形桁架,在英国通常称为桁架椽。这在 EN 1995-1-1 中称为“简化分析”,并且该方法的要求在条款5.4.3 中提及。

条款5.4.3

当结构承受振动荷载时(如机械振动),很可能需要进行动力分析。对于房屋建筑中的人致振动,通过符合条款7.3.3 的要求和 EN 1995-1-1 的国家附件中的相关条款来满足验算要求。

条款7.3.3

### 5.4.2　框架结构

本条款给出了用于木框架结构的建模过程,并且遵循了计算机分析建模时通常采用的方法。设置体系线以形成用于模型的线条图,这些线在连接处的交点通常称为节点。线的位置必须与结构主要构件的中心线重合,对于其他构件(如桁架中的内部构件),它们必须位于构件轮廓内。如果构件中的体系线和中心线不重合,则在构件强度验算中必须考虑偏心的影响。当在建模中有偏心连接时,如在桁架支撑件中通常会有这种情况,可以通过使用虚构件予以考虑。重要的是,这些元素的定位要真实地反映连接性能并防止在分析中出现的失稳问题。Nielsen(2003)给出了关于连接建模的建议及背景信息。对于典型的桁架构造和连接模型,系统线条和中心线之间的偏心导致的后果示例如图5.3 所示。

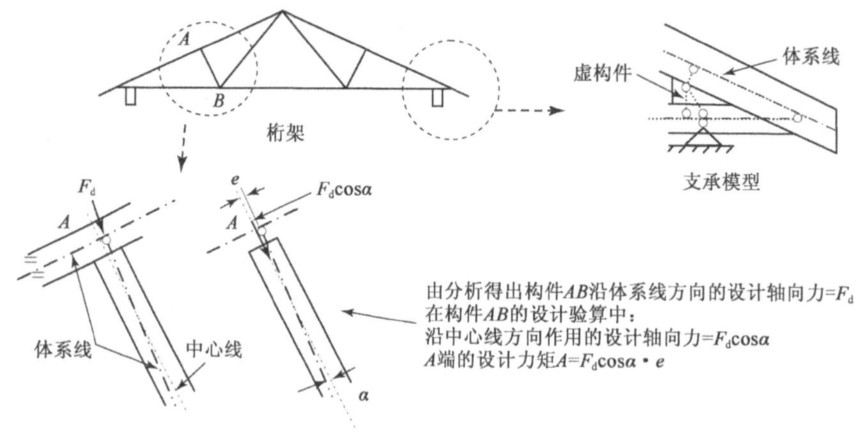


图5.3　模型效果和细节

在使用一阶线弹性分析的情况下，如第 5.2 节所述，由于构件强度验算规定隐含地包括这些影响，因此不需要包括初始偏差的情况。对于二阶分析，考虑了几何偏差，并且在*条款5.4.4* 中给出了平面框架和拱的具体要求。 **条款5.4.4**

*条款5.4.2(6)*要求注意确保在构件和连接的分析中使用合适刚度值的必要性，这些信息在*条款2.2.2(1)P*、*条款2.2.3* 和*条款2.3.2.2* 中有所介绍。刚度特性使用的值取决于分析到底是用来确定正常使用极限状态下的变形，还是承载能力极限状态下的力的分布，对于这些不同要求情况下的刚度特性的建议总结如下： **条款5.4.2(6)** **条款2.2.2(1)P，条款2.2.3，2.3.2.2**

■ **正常使用极限状态下的变形分析**。在计算瞬时变形的分析中，宜使用相应特性的平均值[即弹性模量平均值($E_{0,mean}$)、剪切模量平均值($G_{mean}$)和滑移模量平均值($K_{ser}$)]。

在计算最终变形(即瞬时变形和蠕变变形的总和)的分析中，这些值取决于结构的构件或部件是否具有相同或不同的蠕变性能值(即它们各自的变形系数 $k_{def}$，是相同的还是不同的)。如果它们都具有相同的 $k_{def}$值，则使用上面定义的平均值，如果它们不同，则必须采用*条款2.3.2.2(1)* 中定义的最终平均值。最终平均值是：弹性模量[$E_{0,mean}/(1+k_{def})$]、剪切模量[$G_{mean}/(1+k_{def})$]和滑移模量[$K_{ser}/(1+k_{def})$]。因为*条款2.3.2.2(3)和条款2.3.2.2(4)*要求木材和木基连接的 $k_{def}$值翻倍，不包括由钢缀板连接形成的结构(可以认为 $k_{def}$能够使用)，连接刚度总是不同于构件刚度，并且需要使用最终平均值来分析结构。 **条款2.3.2.2(1)** **条款2.3.2.2(3)** **条款2.3.2.2(4)**

■ **承载能力极限状态下的整体力分析**。对于一阶线弹性分析，如*条款2.2.2(1)P* 所述，刚度特性的取值将取决于结构构件或部件是否具有相同或不同的随时间变化的特性(即 $k_{def}$值)。当 $k_{def}$始终相同时，使用平均刚度值，但是当 $k_{def}$不同时，必须使用调整到引起最大应力-强度比的荷载分量的最终平均值，如*条款2.3.2.2(2)* 中所定义的。最终平均值是：弹性模量[$E_{0,mean}/(1+\psi_2 k_{def})$]、剪切模量[$G_{mean}/(1+\psi_2 k_{def})$]和滑移模量[$K_{ser}/(1+\psi_2 k_{def})$]。在这些情况下，$k_{def}$值可根据与上述变形分析相同的基本原理得到，并且 $\psi_2$值将与引起最大应力-强度比的作用相关。$\psi_2$值在 EN 1990 的国家附件中给出，并且当最大比值由一永久力引起时，$\psi_2$值为 1。确定引起最大应力-强度比的作用所需的依据很多，对于此类别中的所有设计情况，当采用 $\psi_2$值为 1 时通常会以相对较小的百分比来改变应力值，并且会得到合理的结果。 **条款2.2.2(1)P** **条款2.3.2.2(2)**

对于二阶线弹性分析，*条款2.2.2(1)P* 要求刚度特性基于未因荷载持续作用而调整的设计值。*条款2.4.1(2)P* 的规定适用，所用数值为弹性模量($E_{0,mean}/\gamma_M$)、剪切模量($G_{mean}/\gamma_M$)和滑移模量($K_{ser}/\gamma_M$)。材料分项系数 $\gamma_M$ 的值可从 EN 1995-1-1国家附件的表*NA.3* 中得到。表 5.1 给出了在不同设计条件下用于变形和整体力分析的刚度和荷载条件的示例。 **条款2.2.2(1)P** **条款2.4.1(2)P**

木材和木产品结构的一阶和二阶线弹性分析下的刚度和荷载要求　表 5.1

| 分析目的 | 结构构件的刚度值（见表3.2 以及本指南第 2、3 章给出的 $k_{def}$值） | 分析中用到的设计荷载（EN 1990,EN 1990 的国家附件以及本指南第 2 章） |
|---|---|---|
| **一阶线弹性分析** | | |
| (a)计算正常使用极限状态下的瞬时变形 | (a)弹性模量($E_{0,mean}$)、剪切模量($G_{mean}$)及滑移模量($K_{ser}$)的平均值 | (a)从荷载标准组合中推导出的设计荷载 $\sum_{j\geq1}G_{k,j}$" ± "$Q_{k,1}$" ± "$\sum_{i\geq1}\psi_{0,i}Q_{k,i}$ |
| (b)计算正常使用极限状态下的最终变形——所有结构构件或部件具有相同的蠕变值。(对于带连接的结构,此项只适用于使用钢缀板或等效板时)[*条款2.3.2.2(3)*、*条款2.3.2.2(4)*以及*附录A中条款2.2.3(3)*] | (b)在此分析中的刚度特性宜为(a)中所给出的数值除以 $k_{def}$。但为了简化过程,刚度值使用(a)中所给出的数值,且在设计荷载中考虑 $k_{def}$ 作用的影响 | (b)为(a)从准永久荷载组合推导出的设计荷载组合乘以 $k_{def}$:[d] $k_{def}\left(\sum_{j\geq1}G_{k,j}\text{" ± "}\sum_{j\geq1}\psi_2 Q_{k,i}\right)$ |
| (c)(i)计算正常使用极限状态下的最终变形——结构构件或部件具有不同的蠕变值。将瞬时变形与蠕变变形相加得到最终变形值。[附录 A,*条款2.2.3(4)条*以及*条款2.3.2.2(1)*] | (c)(i,a)瞬时变形的弹性模量($E_{0,mean}$)、剪切模量($G_{mean}$)及滑移模量($K_{ser}$)的平均值 | (c)从荷载的标准组合减去荷载的准永久组合[b]中得出的设计荷载 $\sum_{j\geq1}G_{k,j}$" ± "$Q_{k,1}$" ± "$\sum_{i>1}\psi_{0,i}Q_{k,i}$ − $\left(\sum_{j\geq1}G_{k,j}\text{" ± "}\sum_{i>1}\psi_{0,i}Q_{k,i}\right)$ |
| | (i,b)蠕变变形的弹性模量[$E_{0,mean}/(1+k_{def})$]、剪切模量[$G_{mean}/(1+k_{def})$]和滑移模量[$K_{ser}/(1+k_{def})$]的最终平均值[*条款2.3.2.2(3)*、*条款2.3.2.2(4)*的要求适用,当计算连接使用的变形系数时](这也是这两个分析所要求的) | (i,b)从准永久荷载组合中导出的设计荷载 $\sum_{j\geq1}G_{k,j}$" ± "$\sum_{j\geq1}\psi_2 Q_{k,i}$ |
| 或作为备选(本指南中所建议的保守选项):<br>(ii)计算正常使用极限状态下的最终变形——结构构件或部件具有不同的蠕变值 | (ii)用弹性模量[$E_{0,mean}/(1+k_{def})$]、剪切模量[$G_{mean}/(1+k_{def})$]和滑移模量[$K_{ser}/(1+k_{def})$]的最终平均值来获得最终变形[*条款2.3.2.2(3)*、*条款2.3.2.2(4)*的要求适用,当计算连接所用的变形系数时](这也是这个分析所要求的) | (ii)同(a) |
| (d)计算承载能力极限状态下的整体力分布——结构构件具有相同的蠕变值。对于有连接的结构,此项只适用于使用钢缀板或等效板时[*条款2.2.2(1)P*] | (d)同(a) | (d)从基本荷载组合即 EN 1990 中的式(6.10)或式(6.10a)或式(6.10b)从推导出的设计荷载 |

续上表

| 分析目的 | 结构构件的刚度值（见表3.2 以及本指南第 2、3 章给出的 $k_{def}$ 值） | 分析中用到的设计荷载（EN 1990，EN 1990 的国家附件以及本指南第 2 章） |
|---|---|---|
| （e）计算承载能力极限状态下的整体力分布——结构构件具有不同的蠕变值。[*条款2.2.2(1)P* 及*条款2.3.2.2(2)*] | （e）必须使用调整到引起最大应力-强度比的荷载分量的最终平均值：弹性模量[$E_{0,mean}/(1+\psi_2 k_{def})$]、剪切模量[$G_{mean}/(1+\psi_2 k_{def})$]和滑移模量($K_{ser}/(1+\psi_2 k_{def})$)]。如果最大应力-强度比由永久作用引起时，$\psi_2$ 值为 1[c]。[*条款 2.3.2.2(3)*、*条款 2.3.2.2(4)* 的要求适用，当计算连接所使用的变形系数时] | （e）同（d） |
| **二阶线弹性分析** | | |
| （a1）计算承载能力极限状态下的整体力分布[*条款2.2.2(1)P*] | （a1）弹性模量（$E_{0,mean}/\gamma_M$）、剪切模量（$G_{mean}/\gamma_M$）和滑移模量（$K_{ser}/\gamma_M$）的设计值。材料分项系数 $\gamma_M$ 值从 EN 1995-1-1 国家附件的*表 NA.3* 中得到 | （a1）同（d） |

SLS，正常使用极限状态；ULS，承载能力极限状态。

[a] 表中“结构”一词指任何类型的结构，包括简支梁、连续梁。

[b] 本指南中，依照*条款2.2.3(2)*的要求使用了标准荷载组合。设计人员与客户可达成共识即可采用一种可逆的极限状态，EN1990 中式(6.15b)给出的荷载频遇组合可以用来代替荷载的标准组合。

[c] 当可变荷载可能引起最大应力-强度比时，在分析中能使用 $\psi_2=1$，且以此取得的应力并不会与用 $\psi_2$ 所求的相差很大，$\psi_2$ 的值与最大应力-强度比相关。

[d] 在蠕变变形分析中所用到的刚度特性是平均值除以 $k_{def}$。为了可以在单次分析中结合瞬间变形和蠕变变形，刚度特性仍为平均值，并且（在蠕变变形中使用的）准永久荷载乘以了系数 $k_{def}$

刚度值（$E_{0,mean}$和 $G_{mean}$）可从相关的欧洲标准（如 EN 338 和 EN 300）和制造商的资料中获得。

无论连接是刚接还是铰接，围绕框架结构的轴力分布通常不会受到显著影响。受影响的是挠度性能，其中铰接连接结构变形大于刚性连接的相同结构的变形。EN 1995-1-1 允许设计人员决定结构中的连接是设计为刚接还是铰接。如果连接部位构件的相对转动对弯矩和力的分布没有显著影响，则可假定为刚接。根据第*8*章中的规定，设计连接是用来抵抗其设计力矩和侧向力的，正常类型的框架结构应该能够被认为是刚性连接结构。也可考虑半刚性性能，并且能从 Porteous 和 Kermani（2007）中得到关于如何分析这种半刚性连接刚度的建议。

EN 1995-1-1 允许桁架（格构）结构中的拼接节点设计为刚接，前提是连接满足*条款5.4.2(9)*中给出的设计规定。 ***条款5.4.2(9)***

### 5.4.3　齿板紧固件桁架的简化分析

*条款5.4.3* 指出简化分析法只能用于由齿板紧固件形成的桁架，并给出必须满足以下要求的条件： ***条款5.4.3***

■ 外表面没有凹角。

■ 支座宽度在长度 $a_1$ 范围内,图 5.4 中的距离 $a_2$ 不大于 $a_1/3$ 或 100mm,以两者中的较大值为准。

■ 桁架高度大于跨度的 0.15 倍和外部构件最大高度的 10 倍。

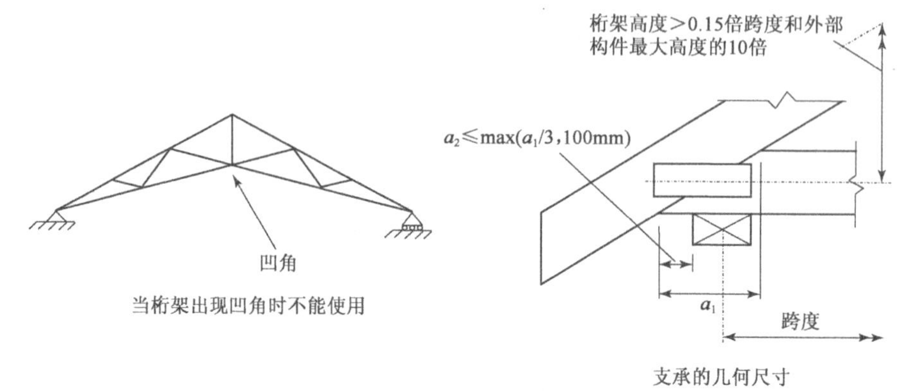


图 5.4　简化分析的要求

当使用这种分析方法时,所有节点假定为铰接。采用一阶线弹性方法进行分析,并考虑所有设计荷载作用在**节点**处。通过分析获得构件中的轴向力。当构件受到由侧向载荷产生的力矩和剪力时(如,永久作用和施加可变作用对构件的影响),将构件按支承在节点处的梁并承受侧向设计荷载进行分析。如果一个构件只有单跨长度,则可被看作是简支梁,如果是多跨连续的,则被看作是有多个支点的连续梁。为了考虑支承处节点的挠度和连接处部分固接的影响,在连续支承处构件内部的力矩降低 10% 。然后根据力矩、剪力组合效应再加上按铰接分析得到的轴向力验算这些构件。

### 5.4.4　平面框架和拱

如果结构能够发生变形并且由此产生额外的内力和失稳效应,通常称为二阶效应,必须在分析中予以考虑。有侧向摇摆的框架结构和拱属于这一类。

在这种情况下,使用一阶线弹性分析法来分析这类结构是行的,通过随后的附加分析将二阶效应考虑在内。构件的强度验算可基于这些分析结果以及 EN 1995-1-1中的相关构件设计规定进行。Mortensen(1995)给出了在此基础上如何考虑二阶效应的一个示例。或者,也可使用计算机软件基于结合二阶效应的弹性理论进行分析。

*条款5.4.4*
*条款2.2.2(1)P*
*条款2.4.1(2)P*

在进行二阶弹性分析的情况下,*条款5.4.4* 中给出了模型中必须包含的初始不对中变形和转动的建议,并且按照*条款2.2.2(1)P* 的要求,刚度值必须使用*条款2.4.1(2)P* 中的规定得出。表 5.1 总结了二阶线弹性分析的设计刚度值和所需的荷载工况。

*条款5.4.4*

模型中使用的平直度偏差在*条款5.4.4* 中定义,并在以下提及。图 5.5 所示的人字形排架和拱架中展示了这种直线误差,其初始几何偏差如下:

■ 倾斜角 $\phi$ 应用于结构或相关部件。另外,在结构中零弯矩的位置之间施加正弦曲率,并且弯曲长度内的最大偏心距为 $e$,其中 $e$ 值在下文给出。

■ $\phi$ 值不宜小于:

当 $h \leqslant 5\text{m}$ 时,$\phi = 0.005\text{rad}$;

当 $h > 5\text{m}$ 时,$\phi = 0.005 \times (5/h)^{0.5}\text{rad}$。

式中,$h$ 是构件的长度或结构的高度(m)。

■ $e$ 值不宜小于:

$$e \times 0.0025 \times l$$

式中,$l$ 为构件长度(m),如图5.5所示。

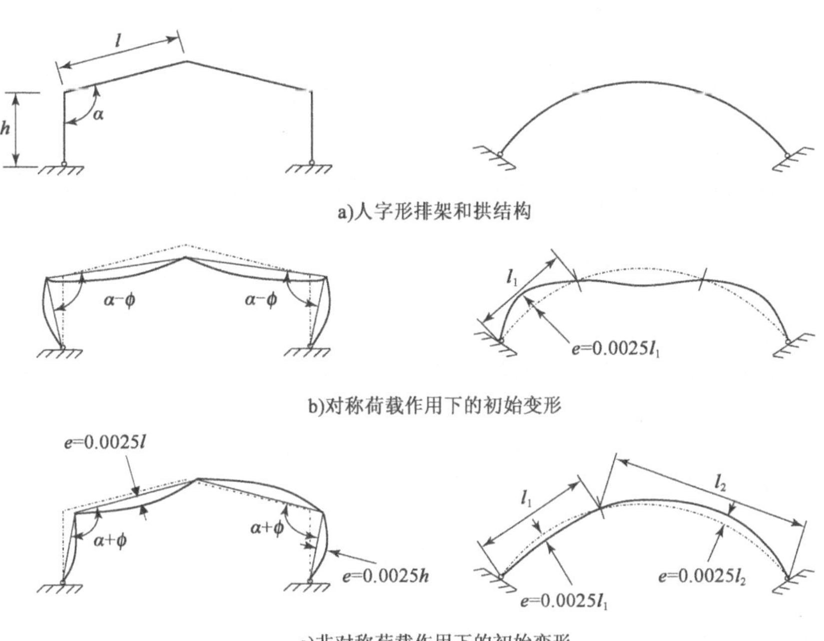


图5.5 二阶分析中假定几何初始偏差的示例[基于EN 1995-1-1(图5.3),并得到BS EN 1995-1-1转载许可,© British Standards Institution 2004]

对于一层或多层可以自由侧移的排架,目前没有关于容许值的建议,但是本指南建议在如图5.6所示的模型中采用初始偏心位移和转动,应能得到合理的结果。关于 $\phi$ 值的定义,如图5.5所示。初始偏心限值则基于*条款10.2*的要求。 **条款10.2**

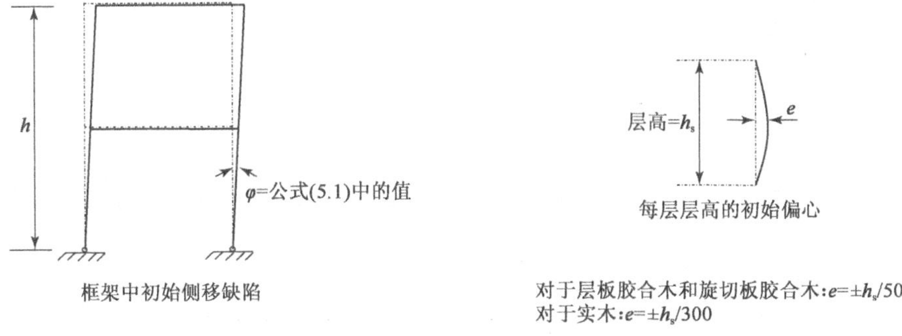


图5.6 框架结构初始缺陷假定

## 参考文献

Mortensen L (1995) Plane frames and arches. In *Timber Engineering*: *STEP 2* (Blass HJ, Aune P, Choo BS *et al.* (eds)). Centrum Hout, Almere.

Nielsen J (2003) Trusses and joints with punched metal plate fasteners. In *Timber Engineering*(Thelandersson S and Larsen HJ (eds)). Wiley, Chichester, ch. 19.

Porteous J and Kermani A (2007) *Structural Timber Design to Eurocode 5*. Blackwell, Oxford.

# 第 6 章　承载能力极限状态

本章涉及承载能力极限状态下构件设计的要求。它包括 EN 1995-1-1 *第6章*的内容，并涉及以下条款：

- 主轴应力状态下的截面设计　*条款6.1*
- 组合应力状态下的截面设计　*条款6.2*
- 构件稳定性　*条款6.3*
- 变截面构件或弧形构件的截面设计　*条款6.4*
- 切口梁　*条款6.5*
- 体系强度　*条款6.6*

## 6.1　主轴应力状态下的截面设计

### 6.1.1　一般规定

EN 1995-1-1 中用于定义主轴的符号规定与根据英国标准用于木材设计的符号规定有所不同，本指南中使用 EN 1995-1-1 的符号规定。在 EN 1995-1-1 中，$x$-$x$ 轴是纵轴，$y$-$y$ 轴是主轴（强轴），$z$-$z$ 轴是次主轴（弱轴），如图 6.1 所示。但是，本指南中遵循英国使用小数点显示小数而不是欧洲使用逗号的做法。虽然 Eurocode 中关于应力的表示惯例为所有应力都是正的，**但在应用规定时，还是采用正常应力表示方法（如，拉应力和压应力符号相反）。**

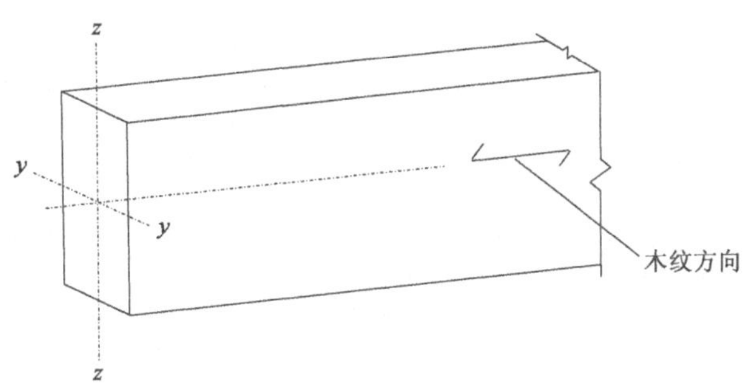


图 6.1　构件轴线

材料性能可从相关的规范性引用文件或本指南第 3 章中提到的其他经批准的文件中得到，设计强度将按照*第2章*中的规定计算。

*条款6.1* 子条款中使用的理论仅适用于等截面构件，其纹理基本上与构件的长度平行，并且仅承受施加荷载带来的单一应力。如，受拉作用只能沿构件轴心　***条款6.1***

施加,以确保产生均匀的拉应力。如果对构件施加相同的偏心力,则会产生拉弯组合应力,组合应力条件的验算要求将在*条款6.2* 中给出。

*条款6.2*

### 6.1.2 顺纹受拉

拉应力设计值 $\sigma_{t,0,d}$ 在横截面上是通过将应力位置处沿构件轴心的力设计值 $N_{t,0,d}$ 除以该位置处净截面面积 $A$ 得到的:

$$\sigma_{t,0,d} = N_{t,0,d}/A \tag{D6.1}$$

*条款5.2*

净截面面积是该构件的横截面面积减去该截面处的任何切口以及为相应紧固件或连接件而去除的材料面积。净截面面积必须关于 $y$-$y$ 轴和 $z$-$z$ 轴对称以防止产生弯曲应力,并且与紧固件相关的面积损失要求在*条款5.2* 中给出,并在本指南的第 5.2 节中阐述。

与抗拉强度标准值 $f_{t,0,k}$ 相关的破坏模式总是脆性破坏条件,抗拉强度设计值 $f_{t,0,d}$ 从下式推导出:

$$f_{t,0,d} = k_{mod}k_{sys}k_h f_{t,0,k}/\gamma_M \tag{D6.2}$$

*条款6.6*

在本指南第 2 章和第 3 章中定义了 $k_{mod}$、$k_h$ 和 $\gamma_M$,在*条款6.6* 和本指南第 6.6 节中讨论了结构体系强度系数 $k_{sys}$(仅适用于构件为结构的一部分时)。

### 6.1.3 横纹受拉

当木材横纹受拉时,通常是由于其他类型的应力条件造成的,出现横纹拉应力的一些例子以及本指南中讨论设计条件的相关条款如下:

- 在双坡、弧形和双坡弧形梁的顶点处弯矩产生的径向拉应力,本指南第 6.4 节涵盖了对这类情况的要求。
- 在切口处的剪力引起的拉伸断裂,参见本指南第 6.5.2 节。
- 拉力导致连接中木材的拉伸断裂,本指南第 8.1.4 节涵盖了这部分内容。

如需要时,横纹抗拉强度设计值 $f_{t,90,d}$ 是由横纹抗拉强度标准值 $f_{t,90,k}$ 得出的,如下式所示:

$$f_{t,90,d} = k_{mod}k_{sys}f_{t,90,k}/\gamma_M \tag{D6.2a}$$

式中,$k_{mod}$、$k_{sys}$ 和 $\gamma_M$ 如第 6.1.2 节所述。

### 6.1.4 顺纹受压

*条款6.1.4*
*条款6.3.2(1)*
*条款6.3.2*

*条款6.1.4* 中给出的顺纹受压规定仅适用于不受侧向失稳影响的构件。当*条款6.3.2(1)* 中定义的两个轴的相对长细比 $\lambda_{rel} \leq 0.3$ 时,就是这种情况。如果 $\lambda_{rel} > 0.3$,可能出现侧向失稳,必须遵守*条款6.3.2* 中给出的程序进行验算。

顺纹压应力设计值 $\sigma_{c,0,d}$ 是将沿构件轴心作用的内力设计值 $N_{c,0,d}$ 除以受力位置处的净截面面积 $A$ 得到的:

$$\sigma_{c,0,d} = N_{c,0,d}/A \tag{D6.3}$$

净截面面积为全截面面积减去任何切口以及为紧固件和连接件去除的材料面积，并且为了防止产生弯曲应力，它必须关于 $y$-$y$ 轴和 $z$-$z$ 轴对称。紧固件的要求在条款5.2 中给出，并在本指南的第 5.2 节中讨论。 条款5.2

顺纹抗压强度标准值 $f_{c,0,k}$ 通常涉及材料的屈服，并且强度设计值 $f_{c,0,d}$ 由如下公式得出：

$$f_{c,0,d} = k_{mod} k_{sys} f_{c,0,k} / \gamma_M \tag{D6.4}$$

式中，$k_{mod}$、$k_{sys}$ 和 $\gamma_M$ 如第 6.1.2 节所述。

### 6.1.5　横纹受压

对于这种应力条件，条款6.1.5 要求横纹压应力设计值 $\sigma_{c,90,d}$ 不超过横纹抗压强度设计值 $f_{c,90,d}$ 的 $k_{c,90}$ 倍： 条款6.1.5

$$\sigma_{c,90,d} \leq k_{c,90} f_{c,90,d} \tag{6.3}$$

为了得到压应力设计值 $\sigma_{c,90,d}$，将横纹压力设计值 $f_{c,90,d}$ 除以横纹有效接触面面积 $A_{ef}$。有效接触面面积为构件宽度 $b$ 与顺纹有效接触长度 $l_{ef}$ 的乘积，该有效接触长度可被认为是在构件内压应力扩散后作用的最大长度。它取决于荷载和支承布置，并且通过将实际接触长度 $l$（以 mm 为单位）在每一端增加 30mm 得出，但是不超过 $a$、$l$ 或 $l_1/2$，其中符号如图 6.2 所示。基于此，支承应力设计值与所受应力的材料类型无关。

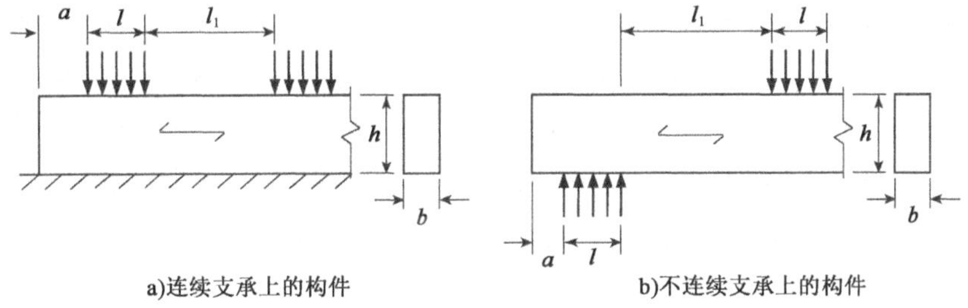


图 6.2　构件（经 EN 1995-1-1 许可复制，© BSI Standards Institute，2004）

横纹抗压强度设计值 $f_{c,90,d}$ 由正常使用极限状态下的应变极限而不是强度决定，并从下式得出：

$$f_{c,90,d} = k_{mod} k_{sys} f_{c,90,k} / \gamma_M \tag{D6.5}$$

式中，$k_{mod}$、$k_{sys}$ 和 $\gamma_M$ 如第 6.1.2 节所述。

针叶材实木和层板胶合木的横纹方向的抗压强度标准值 $f_{c,90,k}$ 是根据 EN 408（BSI，2010）对短试件进行试验得出的，其中试件在其承压面上受到均匀加载，并且在约 3% 的压应变下计算强度。在此条件下，系数 $k_{c,90}$ 设为 1.0。对于允许应力沿高度方向分散的荷载和支承条件，应变将低于短试件均匀应变测试装置得出的应变，并且通过允许其增加到 EN 408 的要求，承载强度也会增加。EN 1995-1-1采用了这种方法，通过使用系数 $k_{c,90}$ 增加强度。因为当横纹加载时，年轮方向对实木的影响比针叶材层板胶合木更不利，实木的 $k_{c,90}$ 更小（Blass 和

条款*6.1.5(3)*
条款*6.1.5(4)*

Gorlacher,2004)。对于 EN 1995-1-1 的条款*6.1.5*(3)或条款*6.1.5(4)*中定义的条件以及 PD 6693-1 所包括的相关条款,$k_{c,90}$的值如表 6.1 所示。对于其他条件,$k_{c,90}$宜取为1.0。还应参考本指南附录 A 的内容[条款*6.1.5(4)*],用于阐明 EN 1995-1-1中对不连续支承上构件的要求。

**不同支承条件下 $k_{c,90}$ 的值**　　表 6.1

| 荷载条件<br>(见图 6.2;$h$ 为构件高度) | 材　料 | 系数 $k_{c,90}$的值 | 参　考 |
|---|---|---|---|
| 在连续支承上的构件,前提是 $l_1 \geq 2h$[图 6.2a)] | (a)针叶材实木<br>(b)针叶材层板胶合木 | (a)1.25<br>(b)1.5 | 条款*6.1.5(3)*<br>条款*6.1.5(3)* |
| 在不连续支承上的构件,前提是 $l_1 \geq 2h$[图 6.2b)] | (c)针叶材实木<br>(d)针叶材层板胶合木且 $l \leq 400$mm | (c)1.50<br>(d)1.75 | 条款*6.1.5(4)*<br>条款*6.1.5(4)* |
| 在不连续支承上的构件承受均匀分布荷载 | (e)针叶材实木<br>(f)针叶材层板胶合木 | (e)1.50<br>(f)1.75 | PD 6693-1<br>PD 6693-1 |
| 桁架底部弦杆用齿板紧固件加固在支承上 | (g)针叶材实木 | (g)1.5 | PD 6693-1 |

**示例 6.1:梁承载应力和强度的计算**

一个 50mm 宽($b$)、300mm 高($h$)的针叶材木梁支承在另一个梁的跨中,其上施加 2.25kN的永久荷载标准值和 3.35kN 的可变荷载中等持续作用标准值。300mm 高的梁,净跨为3.80m,两端支座长度为 100mm($l$),强度等级为 C20,并且在服役等级 2 下工作。检查该梁的支座强度是否满足要求。其性能从 BS EN 338:2009 中得到。

梁的有效跨度:

$L = 3.8 + 0.1 = 3.9(\text{m})$

梁的自重:

$W_k = bhg\rho_m = 50 \times 300 \times 9.81 \times 390 \times 10^{-9} = 0.06(\text{kN/m})$

每个端部反力的设计值:

$$F_d = \gamma_G(G_k + W_k L)/2 + \gamma_Q Q_k/2 = 1.35 \times (2.25 + 0.22)/2 + 1.5 \times 3.35/2 = 4.18(\text{kN})$$

支承处有效接触长度:

$l_{ef} = l + 30\text{mm} = 100 + 30 = 130(\text{mm})$

横纹有效接触面面积:

$A_{ef} = bl_{ef} = 50 \times 130 = 6.5 \times 10^3(\text{mm}^2)$

压应力设计值:

$\sigma_{c,90,d} = F_d/A_{ef} = 4.18/6.5 = 0.64(\text{N/mm}^2)$

抗压强度标准值$f_{c,90,k}=2.3N/mm^2$；$k_{c,90}=1.50$（见表6.1）；根据表*3.1*得，$k_{mod}=0.8$；根据EN 1995-1-1的国家附件，$\gamma_M=1.3$。

抗压强度设计值：

$f_{c,90,d}=k_{mod}f_{c,90,k}/\gamma_M=0.8\times2.3/1.3=1.42(N/mm^2)$

应力比：

$\sigma_{c,90,d}/k_{c,90}f_{c,90,d}=0.64/1.50\times1.42=0.30<1$ [式(*6.3*)]

满足要求。

### 6.1.6 弯曲

*条款6.1.6*中的受弯规定仅适用于不受侧向扭转失稳影响的构件，如*条款6.3.3(2)*定义的绕强轴时弯曲的相对长细比$\lambda_{rel,m}\leqslant0.75$，就属于这种情况。当$\lambda_{rel,m}>0.75$时，会出现侧向扭转失稳，必须根据*条款6.3.3*中给出的程序进行验算。

*条款6.1.6*
*条款6.3.3(2)*
*条款6.3.3*

当一个构件承受一个围绕其强轴或弱轴的设计力矩$M_d$时，弯曲应力设计值$\sigma_{m,d}$为：

$$\sigma_{m,d}=M_d/W \tag{D6.6}$$

式中，$W$为关于弯曲轴的截面模量。

对于这种应力条件，验算要求为$\sigma_{m,d}\leqslant f_{m,d}$，其中$f_{m,d}$是材料的抗弯强度设计值：

$$f_{m,d}=k_{mod}k_{sys}k_hf_{m,k}/\gamma_M \tag{D6.7}$$

式中，$k_{mod}$、$k_{sys}$和$\gamma_M$如第6.1.2节所述，并且$k_h$在第3章中有定义。在这种应力状态下，破坏通常是由构件的受拉区缺陷引起的脆性弯曲受拉破坏。

其中关于绕$y$-$y$轴和$z$-$z$轴的组合弯曲，式(*6.11*)和式(*6.12*)适用。Eurocode中的验算规定基于弹性理论；但是，根据材料和受力横截面面积，允许构件在最大应力位置处产生屈服和应力重分布，这通过使用修正系数$k_m$进行考虑。如果材料是实木、层板胶合木或旋切板胶合木(LVL)，横截面为矩形，$k_m=0.7$。对于所有其他横截面或对于任何截面的木基结构产品（例如胶合板或OSB），不允许屈服，并且$k_m=1$。

### 6.1.7 剪切

任何截面沿高度方向的剪应力应符合弹性理论，对于承受竖向剪力的矩形截面，剪应力沿高度方向呈抛物线形分布，最大值出现在中性轴位置。对于组合截面，剪应力仍然根据弹性理论计算，但剪应力分布会有所不同，本指南第9.1.1和9.1.2节中提到了这种情况。

含水率的变化会导致裂纹顺着纹理方向发展，为了考虑其对构件的抗剪强度的影响，EN 1995-1-1建议缩减构件宽度。这是通过将构件宽度$b$乘以裂缝系数$k_{cr}$得到有效宽度$b_{ef}$。对于宽度为$b$、高度为$h$的实心矩形截面构件，在承受设计

剪应力 $V_d$ 的情况下,如图 6.3 所示加载时,中性轴处的剪应力设计值 $\tau_d$ 为:

$$\tau_d = 1.5V_d/k_{cr}bh \quad (D6.8)$$

式中,$V_d$ 是构件上的剪力设计值。为了考虑支承应力的有益效应,45°承压区范围以外且在承压面积上的任何荷载都可以被忽略[如图 6.3a)和 b)所示]。如图 6.3c)所示,在构件中存在切口并且与**支承在同一侧**的情况下,会发生由于切口转角处的拉伸断裂引起的脆性破坏,并且在支承长度之外的荷载折减效应是不允许的。

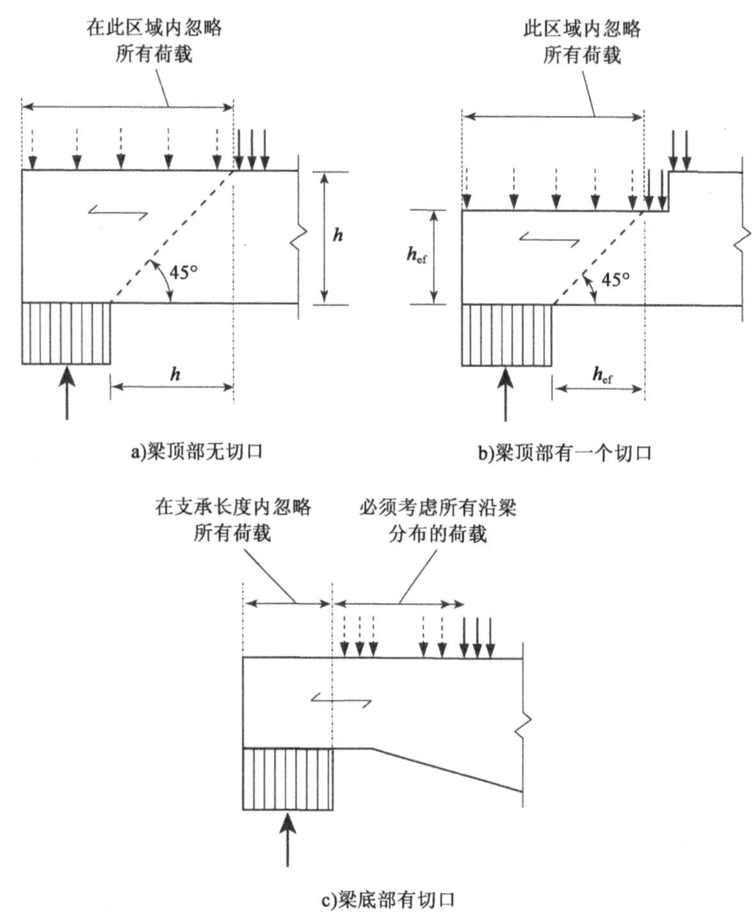


图 6.3　计算端部剪力时,是否可忽略集中荷载的支承条件

$k_{cr}$取决于所用材料的类型,对于实木和层板胶合木,$k_{cr}=0.67$。对于符合 EN 14374的 LVL 截面和符合 EN 13986(BSI,2004)的木基制品(如胶合板、OSB 和刨花板),可忽略劈裂效应,并且 $k_{cr}=1.0$。

值得注意的是,上述是一个由国家自行选择的术语,英国已认可,但并不是所有欧盟国家都认可。

需要满足的验算条件是 $\tau_d \leq f_{v,d}$,其中 $f_{v,d}$是材料抗剪强度设计值:

$$f_{v,d} = k_{mod}k_{sys}k_{v,k}/\gamma_M \quad (D6.9)$$

式中,$f_{v,k}$为抗剪强度标准值;$k_{mod}$、$k_{sys}$和 $\gamma_M$ 如 6.1.2 节所述。

如图6.5b)所示,当有横纹剪应力时,构件将发生滚轴剪切,而对于木材,该方向上

的抗剪强度标准值在*条款6.1.7(1)P* 中规定"*约等于横纹抗拉强度的2倍*"。 **条款6.1.7(1)P**

### 6.1.8 扭转

*条款6.1.8* 给出了仅受扭转应力影响的实心截面和矩形截面的扭转强度关系式。在这些部分，翘曲的影响可以忽略，并且当承受应用圣维南扭转理论得出的扭矩设计值 $T_d$ 时，扭转应力设计值 $\tau_{tor,d}$ 和构件单位长度的扭转角 $\theta/l$ 如下： **条款6.1.8**

实心圆形截面：　$\tau_{tor,d}=2T_d/\pi r^3$　$\theta/l=2T_d/\pi r^4 G_{mean}$

实心矩形截面：　$\tau_{tor,d}=T_d/k_2 hb^2$　$\theta/l=T_d/k_1 hb^3 G_{mean}$

式中，$r$ 是圆形横截面的半径；$h$ 和 $b$ 是矩形截面的横截面尺寸（$h$ 是两个尺寸中较大的一个）；$G_{mean}$ 是材料剪切模量；$k_1$ 和 $k_2$ 是由 Timoshenko 和 Goodier(1951) 确定的常数。表 6.2 中给出对于不同 $h/b$ 值的 $k_1$ 和 $k_2$ 值，并且能从下式中获得近似解：

$$k_1=(1-0.63b/h)/3\text{（当 } h/b\geqslant 1.5 \text{ 时）}$$

$$k_1=k_2\text{（当 } h/b\geqslant 2.5 \text{ 时）}$$

对于矩形截面，最大扭转应力出现在每侧高度 $h/2$ 处。

满足的设计条件为 $\tau_{tor,d}\leqslant k_{shape} f_{v,d}$，其中 $f_{v,d}$ 是材料的抗剪强度设计值：

$$f_{v,d}=k_{mod}k_{sys}f_{v,k}/\gamma_M \tag{D6.10}$$

式中，$k_{mod}$、$k_{sys}$ 和 $\gamma_M$ 如第 6.1.2 节所述。

根据构件的横截面形状，扭转剪切强度将大于剪切强度设计值，并且通过剪切强度设计值乘以系数 $k_{shape}$ 得到，定义见式(*6.15*)。对于矩形截面，式(6.15)计算得出的值是不正确的，并且该公式将按照附录 A 中的定义进行修订。

扭转应力与侧向剪应力相互作用，但在 Eurocode 中没有给出剪切和扭转组合条件的设计验算规定。在 STEP lecture B4(Aune,1995)中提出了式(D6.11)；但是，应使用本指南式(D6.12)中给出的更保守的弹性应力组合：

$$\tau_{tor,d}/k_{shape}f_{v,d}+(\tau_{v,d}/f_{v,d})^2\leqslant 1 \tag{D6.11}$$

$$\tau_{tor,d}/k_{shape}f_{v,d}+\tau_{v,d}/f_{v,d}\leqslant 1 \tag{D6.12}$$

其定义如前所述，剪应力设计值是在设计扭转应力位置处产生的剪应力值。

**矩形截面的变形函数 $k_1$ 和应力函数 $k_2$**　　表 6.2

| $h/b$ | $k_1$ | $k_2$ | $h/b$ | $k_1$ | $k_2$ |
|---|---|---|---|---|---|
| 1.0 | 0.1406 | 0.208 | 3.0 | 0.263 | 0.267 |
| 1.2 | 0.166 | 0.219 | 4.0 | 0.281 | 0.282 |
| 1.3 | 0.177 | 0.223 | 5.0 | 0.291 | 0.291 |
| 1.5 | 0.196 | 0.231 | 6.0 | 0.298 | 0.298 |
| 1.7 | 0.211 | 0.237 | 8.0 | 0.307 | 0.307 |
| 2.0 | 0.229 | 0.246 | 10.0 | 0.312 | 0.312 |
| 2.5 | 0.249 | 0.258 | ∞ | 0.333 | 0.333 |

## 6.2　组合应力状态下的截面设计

### 6.2.1　一般规定

*条款6.2*

条款*6.2* 子条款所涵盖的理论适用于受到来自两个或三个主轴上的组合作用或应力的等截面构件。

组合应力条件的强度规定基于线弹性理论,假定线性相互作用关系适用。然而,在允许应力重分布的情况下,在组合强度关系中并入了强度折减系数或幂函数,以增强承载能力。对于轴向压弯组合,允许在压应力下屈服,并且相互作用关系基于弹塑性组合。

### 6.2.2　斜纹压应力

*条款6.2.2*

两个或多个方向上承受压应力的横截面设计参考条款*6.2.2*。当宽度为 $b$、高度为 $h$ 的构件受到与木纹方向成 $\alpha$ 夹角的设计作用 $F_d$ 而受压时,由该荷载引起的压应力设计值为 $\sigma_{c,\alpha,d}$,如图 6.4 所示。

$$\sigma_{c,\alpha,d} = F_d \cos(\alpha)/bh \tag{D6.13}$$

对于这种情况,验算要求是 $\sigma_{c,\alpha,d} \leqslant f_{c,\alpha,d}$,其中 $f_{c,\alpha,d}$是基于本指南第 6.1.4 和 6.1.5 节中所提及的抗压强度设计值,且根据由 Hankinson(1921)推导的强度准则[如式(*6.16*)所述]得出,并在式(D6.14)中再现:

$$f_{c,\alpha,d} \leqslant \frac{f_{c,0,d}}{\dfrac{f_{c,0,d}}{k_{c,90} f_{c,90,d}} \sin^2\alpha + \cos^2\alpha} \tag{D6.14}$$

本指南建议式(D6.14)中的 $k_{c,90}$取值为 1。

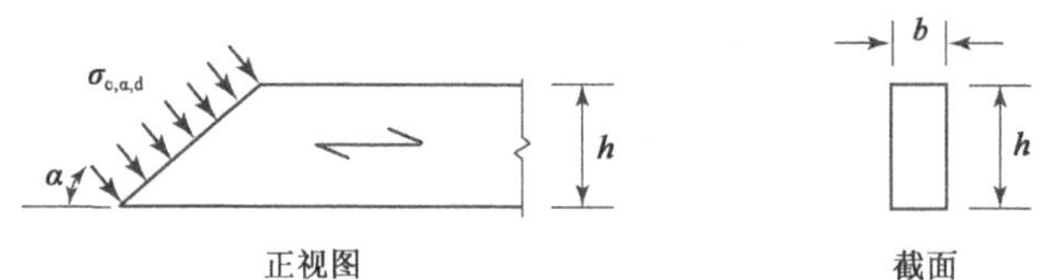


图 6.4　与木纹成一定夹角的压应力

### 6.2.3　拉弯组合

在弯曲或轴向拉伸下的破坏模式通常是脆性的,因此拉弯组合的验算要求基于弹性理论。然而,对于矩形截面的实木、层板胶合木和 LVL 构件,构件受弯时允许应力重分布,并且通过使用条款*6.1.6* 中提到的系数 $k_m$ 进行考虑。它考虑了不均匀性的影响,且允许应力重分布,同时应用二次弯曲应力关系,如条款*6.2.3*中的式(*6.17*)和式(*6.18*)所示。对于其他横截面和板材,不允许应力重分布。

*条款6.1.6*
*条款6.2.3*

式(*6.17*)和式(*6.18*)用于验算构件的抗拉强度条件。但是,如果出现绕强轴的侧向扭转失稳的情况(即 $\lambda_{rel,m} > 0.75$),则还必须验算**压弯强度条件**。对于这种情况，根据 EN 1995-1-1 中使用的应力规定，本指南建议对于由常用作用引起拉应力和弯曲应力的情况，可以使用以下关系式(切记拉应力和压应力具有相反的符号)：

$$\sigma_{t,0,d}/f_{t,0,d} + \sigma_{m,y,d}/k_{crit}f_{m,y,d} + k_m\sigma_{m,z,d}/f_{m,z,d} \leqslant 1 \qquad (D6.15)$$

$$\sigma_{t,0,d}/f_{t,0,d} + k_m\sigma_{m,y,d}/k_{crit}f_{m,y,d} + \sigma_{m,z,d}/f_{m,z,d} \leqslant 1 \qquad (D6.16)$$

式中，$k_{crit}$ 如第 6.3.3 节所述得出，弯曲和轴向拉应力分别使用本指南第 6.1.6和 6.1.2 节中给出的方法确定。

另外，如附录 A 中所述，宜忽略拉应力，并使用 6.3 节中的设计规定验算受弯构件，当应力由独立作用引起时，该规定适用。

### 6.2.4　压弯组合

本条款仅适用于轴向荷载下不发生失稳或弯曲作用下不发生侧向扭转失稳破坏的构件，要求轴向受压的相对长细比 $\lambda_{rel,y}$ 和 $\lambda_{rel,z} \leqslant 0.3$，受弯的相对长细比 $\lambda_{rel,m} \leqslant 0.75$。如果这些长细比超过上述限制，则必须使用*条款6.3.2* 和/或*条款 6.3.3*中的验算要求。 *条款6.3.2* *条款6.3.3*

为了防止失稳，因此利用在轴向压力下屈服和应力重分布的能力，使得压弯组合应力条件能够增加到高于应用弹性理论所允许的水平，如式(*6.19*)和式(*6.20*)所示。对于具有矩形截面的实木、胶合木和 LVL 构件，通过使用二次弯曲应力关系式中的系数 $k_m$，允许构件在受弯时进行应力重分布。这对于其他横截面形状或板材不适用。

确定弯曲和轴向压应力的方法分别在本指南第 6.1.6 和 6.1.4 节中给出。

## 6.3　构件稳定性

### 6.3.1　一般规定

*条款6.3* 的内容与受屈曲失稳影响的构件设计有关。它适用于轴向荷载下屈曲强度设计值小于本指南第 6.1.4 节中提到的抗压强度设计值，或受弯时的抗侧扭强度设计值小于第 6.1.6节中提到的抗弯强度设计值的情况。 *条款6.3*

木结构中梁和柱允许的平直度最大偏差在*条款10.2* 中给出，并且如第 5.2.1 节所述，设计人员不需要在分析过程中考虑这些因素，因为这些因素对强度和稳定性的影响已隐含在 EN 1995-1-1 的设计规定中。本指南分别在第 6.3.2 节和第 6.3.3 节中给出了轴向受荷构件和受弯构件如何实现上述要求的简要说明。 *条款10.2*

*条款6.2.2* 和*条款6.2.3* 中的理论假定拟分析的棱柱形构件涵盖实际工程中出现的大多数设计状况。如果使用非棱柱形构件，则必须由设计人员进行保守的近似计算以便其能应用上述规定或者进行二阶线性分析。 *条款6.2.2* *条款6.2.3*

轴向稳定强度和侧向扭转稳定强度为构件刚度的函数，且为了计算，必须使用刚度的 5% 分位值(例如，$E_{0.05}$)，而不是刚度平均值($E_{0,mean}$)。5% 分位值表示统计最小值，而刚度平均值是指沿构件长度的刚度特性的平均值。

*条款6.3.1*
*条款6.3.2*
*条款6.3.3*

在推导稳定强度时,*条款6.3.1* 说明*条款6.3.2* 中的规定适用于柱,*条款6.3.3*中的规定适用于梁。然而,可能存在这样的情况,即这种广义的分类不能产生临界强度条件,并且在这种情况下,建议设计人员对照两个条款的要求验算设计应力。

在由支承构件提供侧向稳定性的情况下,支承构件的设计方法在本指南第9章中提及。

### 6.3.2　受压或受压弯组合的柱

当柱受到轴向压力时,其设计抗压强度将是其轴向抗压强度和轴向稳定强度(屈曲强度)中的较小者,以及 EN 1995-1-1 中的限值,其中屈曲强度将小于抗压强度是指绕屈曲轴(即 *y-y* 轴或 *z-z* 轴)的相对长细比 $\lambda_{rel}$ 大于 0.3 时的抗压强度。对于这种情况,受压或受压弯组合的柱必须符合式(*6.23*)和式(*6.24*)的要求,并且在没有力矩的情况下,应力小于:

$$\sigma_{c,0,d} \leqslant k_{c,y} f_{c,0,d} \tag{D6.17}$$

$$\sigma_{c,0,d} \leqslant k_{c,z} f_{c,0,d} \tag{D6.18}$$

式中,$\sigma_{c,0,d}$为压应力设计值;$f_{c,0,d}$为按第 6.14 节导出的抗压强度设计值。

系数 $k_{c,y}$和 $k_{c,z}$是将构件的设计抗压强度转换为其屈曲强度的失稳系数,并且由式(*6.25*)~式(*6.28*)导出。这些系数取决于构件的相对长细比 $\lambda_{rel}$,并且还考虑了构件缺陷的影响、平直度偏差(基于*条款10.2* 中的限值)以及在整个截面上的屈服。这是通过使用 $\beta$ 函数进行考虑的,其定义见式(6.29)。对于实木,$\beta = 0.2$,对于层板胶合木和 LVL,$\beta = 0.1$。

*条款10.2*

图 6.5 为 C24 实木和 GL 24h 均质胶合木的失稳系数 $k_c$ 对 $\lambda_{rel}$的典型曲线,包括$\lambda_{rel} \leqslant 0.3$,失稳系数的值为 1。

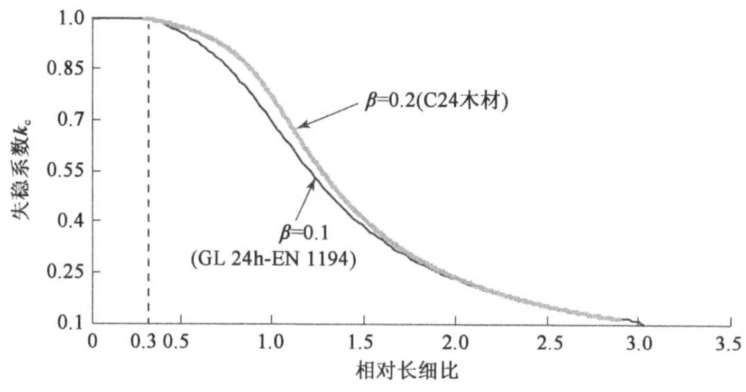


图 6.5　C24 等级木材($\beta = 0.2$)和 GL 24h($\beta = 0.1$) 胶合木的失稳系数 $k_c$

每个轴的相对长细比是构件的欧拉屈曲荷载(弹性临界屈曲荷载)与其顺纹抗压强度标准值的比,简化为式(*6.21*)和式(*6.22*)中给出的无量纲关系。

$$\lambda_{rel,y} = \frac{\lambda_y}{\pi}\sqrt{\frac{f_{c,0,k}}{E_{0.05}}} \tag{6.21}$$

$$\lambda_{rel,z} = \frac{\lambda_z}{\pi}\sqrt{\frac{f_{c,0,k}}{E_{0.05}}} \tag{6.22}$$

式中，$\lambda_y$ 是长细比，而 $\lambda_{rel,y}$ 是相对长细比，两者均绕 $y$-$y$ 轴（即构件将在 $z$ 方向上挠曲）；$\lambda_z$ 是长细比，而 $\lambda_{rel,z}$ 是相对长细比，两者均绕 $z$-$z$ 轴（即构件将在 $y$ 方向上挠曲）。

长细比 $\lambda$ 是构件的有效长度（屈曲长度）$L_e$ 除以其绕弯曲轴的回转半径 $i$。有效长度是零弯矩的相邻点之间的构件长度，并且除桁架中的受压构件外，EN 1995-1-1没有给出宜如何计算的建议。在英国，$L_e$ 的推荐值已在 BS 5268 中针对不同的支承条件给出，并且附加指导已收录在 PD 6693-1 中。表 6.3 给出了该文件的摘录，给出了按图 6.6 所示约束条件的框架中受压构件的有效长度。应注意的是，这对刚性连接有些宽松，表中给出的值已考虑这一点。

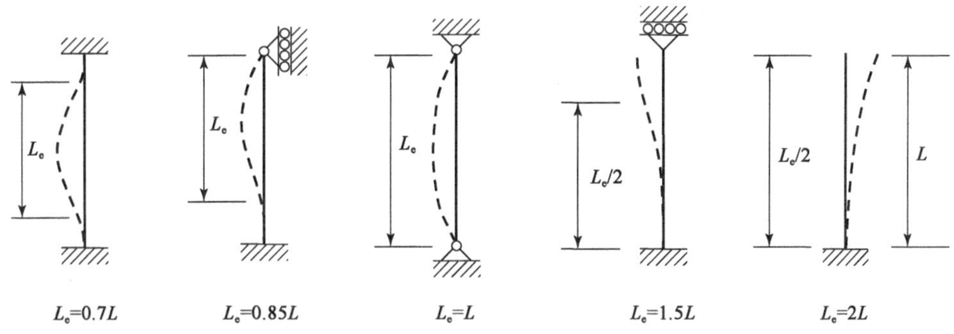


图 6.6　受压构件的有效长度

**图 6.6 所示固定端条件下长度为 $L$ 的构件的有效长度（$L_e$）**　　表 6.3

| 构件两端的支承情况（见图 6.6） | $L_e/L$ 的比 |
|---|---|
| 两端固接 | 0.7 |
| 一端固接，一端铰接 | 0.85 |
| 两端铰接 | 1.0 |
| 一端固接，一端滑动支承 | 1.5 |
| 一端固接，一端自由 | 2.0 |
| 数据见 PD 6693-1-1 | |

可从 PD 6693-1 中得到用于桁架椽的构件有效长度值。

对于设计人员来说，使用表列数据可能比通过求解 Eurocode 方程推导失稳系数值更方便，在本章末的表 6.8、表 6.9 和表 6.10 中给出了长细比高达 240 的木材、胶合板和 LVL 构件的列表，通过这些表可以导出 $k_c$。

当受压构件受弯时，应用式（6.23）和式（6.24），但是假定柱不会因侧向扭转失稳而破坏。这只是当受弯相对长细比 $\lambda_{rel,m} \leq 0.75$ 时的情况，并且对于这种情况，压应力和强度函数将如上所述导出，并且弯曲应力和强度函数将按 6.1.6 节中的定义得到。

如果 $\lambda_{rel,m} > 0.75$，则必须将该柱按梁考虑，并且须遵循 6.3.3 节的要求。

当验算柱端强度时,不考虑屈曲效应,并且第 6.1.4 节中的要求适用。

**示例 6.2:轴压和绕 *y-y* 轴弯曲作用下的柱的计算**

一根截面为 150mm($b$) × 200mm($h$)、强度等级为 C20 的柱,两端铰接,并施加如下设计荷载。柱高 4.50m($L$),其端部限制在适当位置但不是定向的,并且在服役等级 2 的条件下工作。证明柱符合 EN 1995-1-1 的要求,适用于承载能力极限状态下的永久和可变荷载组合条件。木材特性可从 BS EN 338:2009 中得到。

**设计荷载——组合**

永久轴向作用 $N_d = 20.25\text{kN}$,可变轴向作用设计值 $Q_d = 42\text{kN}$,绕 $y$-$y$ 轴的中期可变力矩 $M_{y,d} = 2.49\text{kN}\cdot\text{m}$;绕 $z$-$z$ 轴的中期可变力矩 $M_{z,d} = 1.56\text{kN}\cdot\text{m}$。

**永久荷载工况**

轴向应力:

$\sigma_{c,0,d} = N_d/bh = 20.25 \times 10^3/150 \times 200 = 0.68(\text{N/mm}^2)$

其中,$k_{\text{mod, perm}} = 0.6$,$\gamma_M = 1.3$,$f_{c,0,k} = 19\text{N/mm}^2$,轴向强度设计值[式(*D6.4*)]为:

$f_{c,0,d} = k_{\text{mod,perm}} f_{c,0,k}/\gamma_M = 0.6 \times 19/1.3 = 8.77(\text{N/mm}^2)$

包括失稳影响:绕每个轴的柱的有效长度 $L_e = 1.0L = 4.5\text{m}$(见表 6.3),长细比为:

$i_y = (I_y/bh)^{0.5} = [(bh^3/12)/bh]^{0.5} = (200^2/12)^{0.5} = 57.74(\text{mm})$

$i_z = (I_z/bh)^{0.5} = [(\text{hb}^3/12)/bh]^{0.5} = (150^2/12)^{0.5} = 43.3(\text{mm})$

$\lambda_y = L_e/i_y = 4500/57.74 = 77.974 = 77.9$

$\lambda_z = L_e/i_z = 4500/43.3 = 103.93 = 103.9$

以及

$\lambda_{\text{rel, y}} = (\lambda_y/\pi)(f_{c,0,k}/E_{0,05})^{0.5} = (77.9/\pi)(19/6.4 \times 10^3)^{0.5} = 1.35$

$\lambda_{\text{rel. z}} = (\lambda_z/\pi)(f_{c,0,k}/E_{0,05})^{0.5} = (103.9/\pi)(19/6.4 \times 10^3)^{0.5} = 1.8$

绕 $y$-$y$ 轴和 $z$-$z$ 轴的失稳系数 $k_{c,y}$ 和 $k_{c,z}$ 从式(*6.25*)~式(*6.28*)中得到,其中 $\beta = 0.2$:

$k_y = 0.5[1 + \beta(\lambda_{\text{rel,y}} - 0.3) + \lambda^2_{\text{rel,y}}] = 0.5[1 + 0.2(1.35 - 0.3) + 1.35^2] = 1.52$

$k_z = 0.5[1 + \beta(\lambda_{\text{rel,z}} - 0.3) + \lambda^2_{\text{rel,z}}] = 0.5[1 + 0.2(1.8 - 0.3) + 1.8^2] = 2.27$

$k_{c,y} = 1/[k_y + (k_y^2 - \lambda^2_{\text{rel,y}})^{0.5}] = 1/[1.52 + (1.52^2 - 1.35^2)^{0.5}] = 0.45$

$k_{c,z} = 1/[k_z + (k_z^2 - \lambda^2_{\text{rel,z}})^{0.5}] = 1/[2.27 + (2.27^2 - 1.8^2)^{0.5}] = 0.27$

式(*6.23*)和式(*6.24*)的临界设计条件为:

$\sigma_{c,0,d}/k_{c,z} f_{c,0,d} = 0.68/0.27 \times 8.77 = 0.29 < 1$

满足要求。

**永久和可变荷载组合工况**

轴向应力：

$\sigma_{c,0,d}=(N_d+Q_d)/bh=(20.25+42)\times10^3/(150\times200)=2.08(\mathrm{N/mm^2})$

当 $k_{mod}=0.8$ 时，轴向强度设计值[式(*D6.4*)]为：

$f_{c,0,d}=k_{mod}f_{c,0,k}/\gamma_M=0.8\times19/13=11.69(\mathrm{N/mm^2})$

绕 $y$-$y$ 轴和 $z$-$z$ 轴的弯曲应力：

$\sigma_{m,y,d}=M_{y,d}/W_y=2.49\times10^6/(bh^2/6)=2.49\times10^6/(150\times200^2/6)$

$=2.49(\mathrm{N/mm^2})$

$\sigma_{m,z,d}=M_{z,d}/W_z=1.56\times10^6/(hb^2/6)=1.56\times10^6/(200\times150^2/6)$

$=2.08(\mathrm{N/mm^2})$

当 $k_{mod}=0.8$、$k_h=1$(两个轴)、$k_{sys}=1$ 和 $f_{m,y,k}=20\mathrm{N/mm^2}$ 时，抗弯强度设计值[式(*6.7*)]为：

$f_{m,y/z,d}=k_{mod}k_hk_{sys}f_{m,y,k}/\gamma_M=0.8\times1\times1\times20/1.3=12.31(\mathrm{N/mm^2})$

检查绕 $y$-$y$ 轴的侧向扭转失稳：柱绕该轴的有效长度 $L_{ef}=1.0L=4.5\mathrm{m}$(见表 6.4)；$E_{0.05}=6.4\ \mathrm{kN/mm^2}$；临界弯曲应力 $\sigma_{m,crit}$[式(*6. 32*)]为：

$\sigma_{m,crit}=0.78b^2E_{0.05}/(hL_e)=0.78\times150^2\times6.4\times10^3/(200\times4500)$

$=124.8(\mathrm{N/mm^2})$

$\lambda_{rel,m}=(f_m,k/\sigma_{m,crit})^{0.5}=(20/124.8)^{0.5}=0.4<0.75$

所以 $k_{crit}=1$。

式(*6.23*)和式(*6.24*)以及 $k_m=0.7$(*条款6.1.6*)的验算要求：　*条款6.1.6*

$\sigma_{c,0,d}/k_{c,y}f_{c,0,d}+\sigma_{m,y,d}/f_{m,y,d}+k_m\sigma_{m,z,d}/f_{m,z,d}\leqslant1$　[式(*6.23*)]

$2.08/0.45\times11.69+2.49/12.31+0.7\times2.08/12.31=0.72\leqslant1$

满足要求。

$\sigma_{c,0,d}/k_{c,z}f_{c,0,d}+k_m\sigma_{m,y,d}/f_{m,y,d}+\sigma_{m,z,d}/f_{m,z,d}\leqslant1$　[式(*6.24*)]

$2.08/0.27\times11.69+0.7\times2.49/12.31+2.08/12.31=0.97\leqslant1$

满足要求。

### 6.3.3　受弯或受压弯组合的梁

当梁绕其弱轴弯曲时，强度设计值为第 6.1.6 节中定义的抗弯强度设计值。对于绕强轴弯曲的梁，其强度将是其抗弯强度设计值和其临界抗弯强度(即其侧向扭转屈曲强度)中的较小者。侧向扭转屈曲强度低于抗弯强度设计值，并且是梁弯曲时相对长细比 $\lambda_{rel,m}$ 的函数。当 $\lambda_{rel,m}\leqslant0.75$ 时，EN 1995-1-1 中的规定表明不会发生侧向扭转失稳，对于这种情况，第 6.1.6 节中的抗弯强度设计值可适用。当 $\lambda_{rel,m}$ 超过 0.75 时，扭转失稳强度低于抗弯强度设计值，且必须遵循*条款6.3.3*[式(*6.33*)]的要求。对于这种情况，验算要求为：　*条款6.3.3*

$$\sigma_{m,d} \leqslant k_{crit} f_{m,d} \tag{6.33}$$

式中,$\sigma_{m,d}$为弯曲应力设计值;$f_{m,d}$为抗弯强度设计值,如本指南第 6.1.6 节所述。

系数 $k_{crit}$是一个失稳系数,它将构件的抗弯强度设计值转换为其侧向扭转屈曲强度,并且由式(*6.34*)导出。它取决于 $\lambda_{rel,m}$,并且不同于轴向屈曲的失稳系数,该系数不包括考虑构件缺陷影响的函数,包括平直度偏差影响的任何函数。当 $\lambda_{rel,m} < 0.75$ 时,不会发生侧向扭转失稳;而当 $\lambda_{rel,m} > 1.4$ 时,假定梁具有弹性性能,并根据弹性屈曲理论推导出临界屈曲强度。对于 $0.75 < \lambda_{rel,m} < 1.4$ 的条件,梁将发生非弹性破坏,并且 EN 1995-1-1 采用上述限值之间的线性近似值。图 6.7为失稳系数 $k_{crit}$对 $\lambda_{rel}$的典型曲线,能看出当 $\lambda_{rel} \leqslant 0.75$时,$k_{crit}$将始终为 1,并且抗弯强度设计值适用。当横梁受压面的侧向位移被阻止沿其全长侧向移动时也是如此。

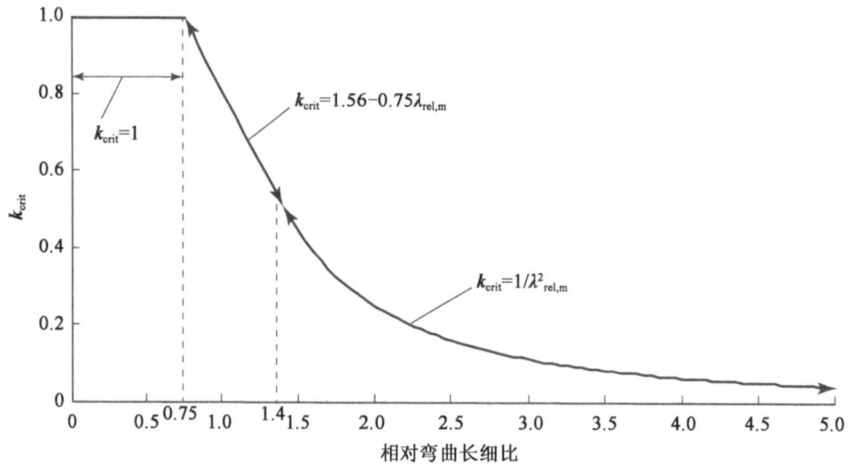


图 6.7　失稳系数 $k_{crit}$与相对弯曲长细比的关系

相对弯曲长细比 $\lambda_{rel,m}$在式(*6.30*)中定义,并且从抗弯强度标准值$f_{m,k}$和临界弯曲应力 $\sigma_{m,crit}$中得到,如下:

$$\lambda_{rel,m} = \sqrt{\frac{f_{m,k}}{\sigma_{m,crit}}} \tag{6.30}$$

$\sigma_{m,crit}$是通过将弹性临界力矩 $M_{y,crit}$除以梁绕强轴($y$-$y$)的截面模量 $W_y$ 得到的,并在 式(*6.31*)中定义。对于具有实心矩形截面的针叶材木梁,此表达式已经简化,并在 式(*6.32*)中给出。

当使用具有矩形截面的阔叶木材、胶合木或 LVL 梁时,式(*6.31*)能近似为:

$$\sigma_{m,crit} = \frac{\pi b^2}{h l_{ef}} \sqrt{E_{0.05} G_{0.05} (1 - 0.63 b/h)} \tag{D6.19}$$

式中,$b$ 和 $h$ 分别为梁的宽度和高度; $l_{ef}$为有效长度;$E_{0.05}$和 $G_{0.05}$分别为顺纹弹性模量和剪切模量的 5% 分位值。有效长度是侧向支承相邻点之间的长度,并且根据弹性屈曲理论,对于不同的荷载和支承条件,它能表示为设计跨度的一小部分。针对表6.1中的许多情况，表6.4给出了$l_{ef}/l$的比值以及针对其他荷载和支承条件的比值。

**有效长度$l_{ef}$与梁的设计跨度之比**　　表6.4

| 梁端情况[转动约束和侧向约束(平面外移动)，但平面内可转动——除非在下表另作说明] | 在高为$h$的梁上施加荷载 | $l_{ef}/l$($l$为设计跨度，除非下表另作说明)[a] |
|---|---|---|
| 简支 | 沿梁长度方向的恒定弯矩 | 1.0 |
| | 沿梁长度方向的均布荷载 | 0.9 |
| | 梁跨中的荷载 | 0.8 |
| | 梁1/4和3/4处的集中荷载 | 0.96 |
| | 梁一端的弯矩为$M$，另一端为$-M/2$ | 0.76 |
| | 梁一端的弯矩为$M$，另一端无弯矩 | 0.53 |
| 两端固接 | 沿梁长度方向的均布荷载 | 0.78 |
| | 梁跨中的集中荷载 | 0.64 |
| 简支且在跨中处有(平面外)扭转约束与侧向约束 | 梁跨中的集中荷载 | 0.56(此处用于分母的值$=l/2$) |
| 悬臂(有如上约束。防止固端平面内转动和另一端自由) | 沿梁长度方向的均布荷载 | 0.5 |
| | 梁自由端的集中荷载 | 0.8 |

[a] 当梁荷载施加在轴心水平面时，$l/l_{ef}$的值是有效的。若荷载施加于受压面，则$l_{ef}$必须增加2h。若荷载施加于受拉面，则$l_{ef}$可减少$2h$

如果相邻侧向支承之间的梁长度$l$小于或等于有效长度$l_{ef}$，则当$\lambda_{rel,m}=0.75$时，不会发生扭转失稳。对于沿长度方向在相邻横向支承间受到均匀力矩的实心矩形截面木梁或匀质胶合木梁，可从图6.8中获得这种情况下$l$的近似值。该图基于符合EN 338的25mm宽C22实木和符合EN 1194的90mm宽、强度等级为GL 24h的均质胶合木梁，以及$E/G=16$的比值。对于具有不同宽度$b$的梁，$l$将通过图中的长度乘以$b/25$(对于木梁)、$b/90$(对于均质胶合木梁)得到，其中$b$的单位为mm。对于其他强度等级，长度必须乘以表6.5中给出的相关系数。并且，对于备选荷载工况，对表6.4中给出的$l_{ef}/l$系数按照表格底部的说明进行调整。

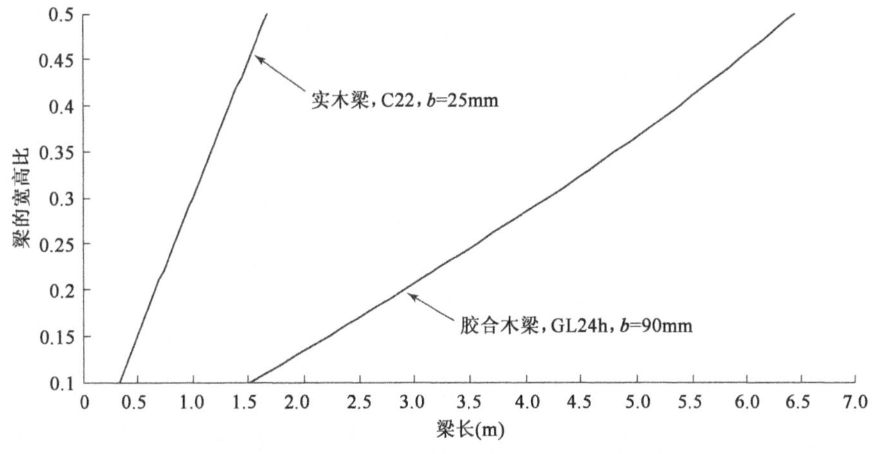


图6.8　$k_{crit}=1$(矩形截面梁沿梁全长承受均匀力矩)时侧向支承间的最大梁长

具有矩形截面的木材和均质层板胶合木梁的修正系数　　表 6.5

| EN 338 中的强度等级 | C14 | C16 | C18 | C20 | C24 | C27 | C30 |
|---|---|---|---|---|---|---|---|
| 系数 | 1.102 | 1.108 | 1.095 | 1.051 | 1.012 | 0.936 | 0.876 |
| EN 1194 中的均质层板胶合木梁 | GL 28h | GL 32h | GL 36h | | | | |
| 系数 | 0.93 | 0.886 | 0.844 | | | | |

**示例 6.3:图 6.8 的使用**

100mm 宽($b$)×500mm 高($h$)的 GL 32h 层板胶合木梁在楼板结构中工作。则侧向支撑的最大间距是多少,以使得梁抗弯强度完全发挥?

$b/h = 100/500 = 0.2$;由图 6.8 可见,GL 24h 梁长度约为 2.91m,应用系数 100/90,长度 = (10/9) × 2.91 = 3.23(m)。对于 GL 32h,表 6.5 中的系数是 0.886,因此支撑构件之间的间距 $l \approx 3.23 \times 0.886$,即 2.86m。

当梁受压弯组合作用时,应用式(*6.35*),但仅适用于绕强轴弯曲的梁。在这种情况下,压应力和强度函数将按 6.3.2 节的描述计算,弯曲应力和强度函数的定义如上所述。如果相对长细比接近 0.75,该条件也可以被认为等同于与式(*6.24*)相关的条件,当没有绕 *z-z* 轴的弯矩时,且由于 EN 1995-1-1 强度准则不同于这些条件时,本指南建议宜满足式(*6.24*)和式(*6.35*)的要求。

EN 1995-1-1 中没有给出关于梁受到轴向荷载并且绕强轴和弱轴弯曲情况的指南。

**示例 6.4:梁的侧向扭转屈曲强度计算**

100mm 宽($b$)×550mm 高($h$)的 GL 28c 层板胶合木梁 *AB* 在跨中支承另一个梁 *CD*,如图 6.9 所示。梁 *CD* 在 *C* 点(梁 *AB* 的跨中)处对梁 *AB* 提供侧向约束,并且在梁的受压面施加 34.8kN 的竖向荷载设计值。梁 *AB* 的有效跨度为 6.85m($L$),并且在端部支承处受到扭转和侧向约束以抵抗平面外移动。荷载设计值是永久和中等可变荷载的组合,梁在服役等级 1 的条件下工作。验算梁 *AB* 的抗弯强度。

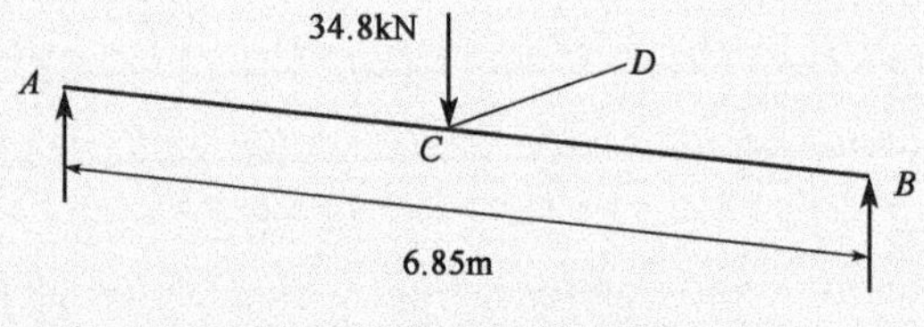


图 6.9　例 6.4 中梁的形状

弯曲时梁的有效长度(表 6.4)$l_{ef}$:

$l_{ef} = 0.56(L/2) + 2h = 0.28 \times 6.85 + 2 \times 0.55 = 3.018(m)$

从 BS EN 1194 得:

$E_{0,g,0.05} = 10.2 kN/mm^2$

$G_{g,0.05}=(5/6)\times G_{g,mean}=(5/6)\times 0.72=0.6(kN/mm^2)$ 以及 $f_{m,g,k}=28(N/mm^2)$

因此

$$\sigma_{m,crit}=\frac{\pi b^2}{hl_{ef}}\sqrt{E_{0.05}G_{0.05}(1-0.63b/h)} \quad [式(D6.19)]$$

$$=(\pi\times 100^2/550\times 3018)\times\{10200\times 600[1-0.63(100/550)\}^{0.5}$$

$$=44.06(N/mm^2)$$

$\lambda_{rel,m}=(f_{m,g,k}/\sigma_{m,crit})^{0.5}=(28/44.06)^{0.5}=0.8$　　[式(*6.30*)]

从式(*6.34*)得:

$k_{crit}=1.56-0.75\times\lambda_{rel,m}$

$\lambda_{rel,m}=1.56-0.75\times 0.8=0.96$

弯曲应力设计值:采用梁的平均密度 $\rho_{g,m}=410kg/m^3$,弯矩设计值为:

$$M_d=34.8L/4+\gamma_G\rho_{g,m}bhgL^2/8$$

$$=34.8\times 6.85/4+1.35\times 0.410\times 0.1\times 0.55\times 9.81\times 6.85^2/8$$

$$=61.35(kN\cdot m)$$

$\sigma_{m,g,d}=M_d/(bh^2/6)=61.35\times 10^6/(100\times 550^2/6)=12.19.17(N/mm^2)$

抗弯强度设计值 $f_{m,g,d}$:

$k_h=\min[1.1,(600/h)^{0.1}]=\min[1.1,(600/550)^{0.1}]=1.01$ [式(*3.2*)]

$k_{mod}=0.8$

$\gamma_M=1.25$

因此

$f_{m,g,d}=k_{mod}k_hf_{m,g,k}/\gamma_M=0.8\times 1.01\times 28/1.25=18.1(N/mm^2)$

验算要求[式(*6.33*)]:

$\sigma_{m,g,d}/k_{crit}f_{m,g,d}=12.17/0.96\times 18.1=0.7<1$

满足要求。

## 6.4　变截面构件或弧形构件的截面设计

### 6.4.1　一般规定

单坡梁的设计规定适用于从实心横截面(通常为胶合木或 LVL)成型的梁,其中坡度通过沿着纹理方向切割而形成。斜率通常在 0°~10°。

这类梁的设计规定在条款*6.4.2* 和条款*6.4.3* 中给出,但它们也必须满足条款*6.2*和条款*6.3* 相关部分的要求。　**条款*6.4.2***　**条款*6.4.3***

当受到设计轴向力时,假定设计应力在截面高度上是均匀分布的,应力最大值出现在最小截面处。对于压弯组合,本指南第 6.2.4、6.3.2 和 6.3.3 节中讨论　**条款*6.2***　**条款*6.3***

*条款6.2.4*
*条款6.3.2*
*条款6.3.3*

的*条款6.2.4*、*条款6.3.2* 和*条款6.3.3* 中的相关关系适用。

### 6.4.2　单坡梁

由于坡度,当这种类型的梁受弯时,任何截面上的弯曲应力分布(例如图 6.10 中的 *A-A* 截面)都是非线性变化的,并且在坡面处平行于坡面的弯曲应力 $\sigma_{m,a,d}$小于水平面上的最大弯曲应力 $\sigma_{m,0,d}$。由于与这些梁相关的斜率范围通常较小,因此 EN 1995-1-1 忽略应力差异,采用了常规弯曲理论。对于如图 6.10 所示的单坡梁,宽度为 $b$,并且在沿梁长度的任何位置 $x$ 处受到设计力矩 $M_d$,坡面上的设计弯曲应力 $\sigma_{m,\alpha,d}$为水平作用,其值等同于水平面的弯曲应力设计值 $\sigma_{m,0,d}$。每个应力的设计值见式(*6.37*):

$$\sigma_{m,\alpha,d} = \sigma_{m,0,d} = 6M_d/bh^2 \tag{6.37}$$

式中,$b$ 为梁宽;$h$ 为梁在应力位置的高度。

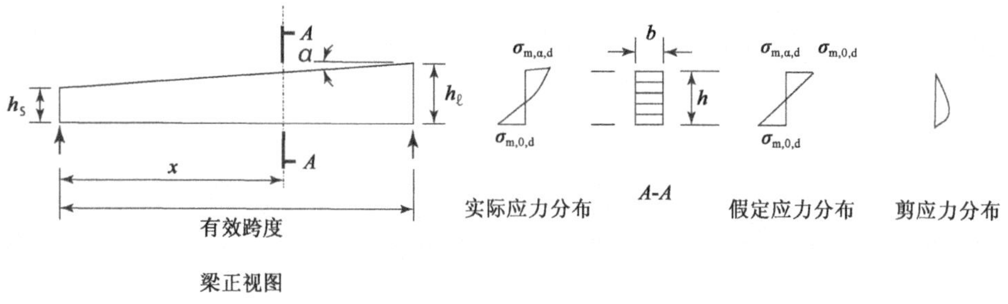


图 6.10　单坡梁的应力分布假定

最大弯曲应力的位置取决于荷载布置和梁的尺寸,并且除了简单的荷载排布之外,最好通过沿梁长度的试错分析得出。对于受均布荷载或点荷载的简支梁,*Eurolode 5 木结构设计*(Porteous 和 Kermani,2007)给出了最大应力的表达式。

弯曲时满足的设计条件见式(*6.38*):

$$\sigma_{m,\alpha,d} \leqslant k_{m,\alpha} f_{m,d} \tag{6.38}$$

式中,$f_{m,d}$为抗弯强度设计值,并按本指南第 6.1.6 节中的规定得到。

因为单坡梁受弯时也会引起剪应力和横纹应力,因此强度准则通过折减系数 $k_{m,\alpha}$来考虑这些因素,该系数从式(*6.39*)和式(*6.40*)中导出。如果平行于坡边的应力为拉应力,则式(*6.39*)适用,如果为压应力,则式(*6.40*)适用。横纹抗拉强度设计值($f_{t,90,d}$)、横纹抗压强度设计值($f_{c,90,d}$)和这些方程中提到的剪切强度设计值($f_{v,d}$)分别如本指南第 6.1.3、6.1.5 和 6.1.7 节所述。

式(*6.38*)仅适用于不会出现侧向扭转失稳的情况。如果会发生侧向扭转失稳(即 $\lambda_{rel,m} > 0.75$),则第 6.3.3 节中提到的失稳系数 $k_{crit}$应用如下:

$$\sigma_{m,\alpha,d} \leqslant k_{crit} k_{m,\alpha} f_{m,d} \tag{D6.20}$$

在梁沿其整个长度有侧向约束的情况下,$k_{crit} = 1$,并且在侧向约束通过间隔支承构件实现的情况下,通过假定梁具有基于最深端 $h_l$ 的均匀高度,能得到保守值。

剪应力将沿梁的高度和长度变化，但从设计角度，在正常荷载条件下，最大剪应力将位于最浅端 $h_s$ 处，并且验算要求将遵循本指南第 6.1.7 节给出的规定。如果需要检查沿梁方向某处的剪应力，可使用 Maki 和 Keunzi(1965)提出的方法。

### 6.4.3　双坡梁、弧形梁和双坡拱梁

双坡梁、弧形梁、双坡拱梁的设计参见*条款6.4.3*，仅适用于层板胶合木梁和 LVL 梁。　*条款6.4.3*

如果梁由中心顶点区连接的单坡截面构成，则单坡截面的设计必须符合*条款6.4.2* 的要求。*条款6.4.3* 中的规定适用于顶点区域内的设计验算，该区域是*图6.9*中各类梁所示的阴影区域。　*条款6.4.2*　*条款6.4.3*

当正弯曲(如图 6.11 所示)应用于截面，并且纤维方向平行于梁的下边缘时，设计条件适用。在这种情况下，将在顶点区域产生弯曲和径向应力，并且在中心线位置处产生最大的应力。它们由*条款6.4.3* 中给出的公式定义，并汇总在表 6.6 中。　*条款6.4.3*

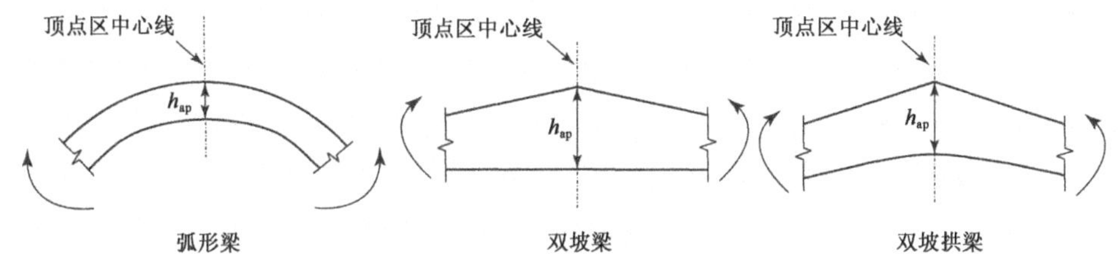


图 6.11　弧形、双坡、双坡拱梁受正弯曲作用时

**针对双坡梁、弧形梁和双坡拱梁的应力和强度方程**　　表 6.6　　*条款6.4.3*

| | 双坡梁及双坡拱梁(*条款6.3* 中公式) | 弧形梁[*条款6.4.3* 中公式] |
|---|---|---|
| 弯曲应力 | 式(*6.42*) | 式(*6.42*)且 $\alpha_{ap}=0^{b}$ |
| 径向拉应力 | 式(*6.54*)[a] | 式(*6.54*)[a] 且 $\alpha_{ap}=0^{b}$ |
| 抗弯强度情况 | 式(*6.41*)，且：<br>$f_{m,d}$从本指南中第 6.1.6 节中推导；<br>$k_r$：对双坡梁，取 1；对双坡拱梁从式(*6.49*)中取值 | 式(*6.41*)，$k_r$从式(*6.49*)中取值 |
| 抗拉强度情况 | 式(*6.50*)，且：<br>对双坡梁，取 $k_{dis}=1.4$<br>对双坡拱梁，$k_{dis}=1.7$<br>$V_0=0.01\text{m}^3$<br>$V$ = 顶点区的最小体积或 2/3 梁体积 | 式(*6.50*)，且：<br>弧形梁取 $k_{dis}=1.4$<br>$V_0=0.01\text{m}^3$<br>$V$ = 顶点区的最小体积或 2/3 梁体积 |

[a] 与 EN 1995-1-1 国家附件中的*条款NA.2.4* 的要求一致。　*条款NA.2.4*
[b] 角 $\alpha_{app}$ 由图 6.9 定义

与单坡梁一样，在正常荷载条件下，最大剪应力将位于支承处，并将按照本指南6.1.7节中给出的规定确定。然而，在顶点区域存在剪应力的情况下，与横纹拉应力会发生相互作用，并且必须遵守式(*6.53*)中给出的组合强度关系式。

**示例 6.5:弧形梁顶点区计算**

200mm 宽($b$)×1200mm 高($h$)的层板胶合木梁包括两个直线长度和一个弧形的中心顶点区域,沿其长度方向为均匀的截面。它形成屋盖结构的一部分,并沿其受压翼缘有侧向支承。根据 BS EN 1194,强度等级为 GL 32h,由 40mm 厚的层板($t$)制成,并支承由永久和短期雪荷载造成的设计荷载,包括其自重,$q_d=6.50\text{kN/m}$, 如图 6.12 所示。每端的支承长度为 290mm。对于下面给出的设计荷载条件,其中包括梁的自重余量,确认梁在承载能力极限状态下符合 EN 1995-1-1 中的设计规定,适用于服役等级 2。

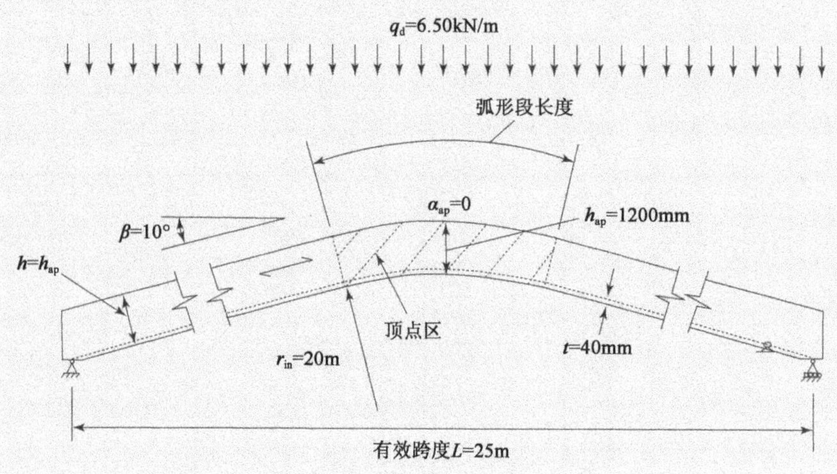


图 6.12　示例 6.5 中的屋盖结构

在支承处受剪:最大剪应力出现在梁端。

*条款6.1.7(3)*　剪力设计值 $V_d$[忽略*条款6.1.7(3)*允许的荷载折减]:

$V_d=q_dL\cos\beta/2=6.50\times25\times\cos(10°)/2=80.02(\text{kN})$

梁端的剪应力设计值 $\tau_{v,d}$:

*条款6.1.7(2)*　$k_{cr}=0.67$　[*条款6.1.7(2)*]

$\tau_{v,d}=1.5V_d/k_{cr}bh=1.5\times80.02\times10^3/0.67\times200\times1200=0.75(\text{mm}^{-2})$

抗剪强度设计值 $f_{v,g,d}$:

$k_{mod}=0.9,\gamma_M=1.25,f_{v,g,k}=3.2\text{N/mm}^2$

$f_{v,g,d}=k_{mod}f_{v,g,k}/\gamma_M=0.9\times3.2/1.25=2.30(\text{N/mm}^2)$

所以梁受剪时满足要求。

$\tau_{v,d}/f_{v,g,d}=0.75/2.3=0.32<1$

满足要求。

支座支承:支承长度 $b_1=290\text{mm}$;端部反力 $=V_d$。

*条款6.1.5(1)*　忽略*条款6.1.5(1)*允许的任何支承区域的增强:

支座应力：

$\sigma_{c,\beta,d} = V_d / bb_1 = 80.02 \times 10^3 / 200 \times 290 = 1.38(\mathrm{N/mm^2})$

支座强度 $f_{c,\beta,g,d}$ 是顺纹和横纹支座强度的函数[式(*6.16*)]：$f_{c,0,g,k} = 26.5\mathrm{N/mm^2}$；$f_{c,90,g,k} = 3.0\mathrm{N/mm^2}$；$k_{c,90} = 1$。

顺纹抗压强度：

$f_{c,0,g,d} = k_{mod} f_{c,0,g,k} / \gamma_M = 0.9 \times 26.5/1.25 = 19.08(\mathrm{Nmm^2})$

横纹的支座强度 $f_{c,90,g,d} = k_{mod} f_{c,90,g,k} / \gamma_M$：

$f_{c,90,g,d} = 0.9 \times 3.0/1.25 = 2.16(\mathrm{Nmm^2})$

支座强度设计值 $f_{c,\beta,g,d}$：

$$f_{c,\beta,g,d} = f_{c,0,g,d} / [(f_{c,0,g,d} / k_{c,90} f_{c,90,g,d}) \sin^2(90° - \beta) + \cos^2(90° - \beta)]$$

$$= 19.08/[(19.08/1.0 \times 2.16)\sin^2(80°) + \cos^2(80°)] = 2.22$$

$\sigma_{c,\beta,d} / f_{c,\beta,g,d} = 1.38/2.22 = 0.62 < 1$

满足要求。

顶点区的抗弯强度：根据式(*6.44*) ~式(*6.48*)，$k_1 = 1$，$k_2 = 0.35$，$k_3 = 0.6$，$k_4 = 0$，$r = r_{in} + 0.5h_{ap} = 20.6(\mathrm{m})$；从式(*6.43*)得：

$$k_l = k_1 + k_2(h_{ap}/r) + k_3(h_{ap}/r)^2 + k_4(h_{ap}/r)^3 = 1 + 0.35 \times (1.2/20.6) + 0.6 \times (1.2/20.6)^2 = 1.022$$

力矩设计值：

$M_{ap,d} = q_d L^2 / 8 = 6.50 \times 25^2 / 8 = 507.81(\mathrm{kN \cdot m})$

弯曲应力设计值 $\sigma_{m,g,d} = k_l 6M_{ap,d} / bh_{ap}^2$[式(*6.42*)]：

$\sigma_{m,g,d} = 1.022 \times 6 \times 507.81 \times 10^6 / 200 \times 1200^2 = 10.81(\mathrm{N/mm^2})$

抗弯强度设计值 $f_{m,g,d}$：

$k_h = \min[1.1, (600/\mathrm{h})^{0.1}] = 1$ [式(3. 2)，当 $h > 600\mathrm{mm}$ 时]

$k_{mod} = 0.9$，$\gamma_M = 1.25$，$f_{m,g,k} = 28\mathrm{N/mm^2}$

$f_{m,g,d} = k_{mod} k_h f_{m,g,k} / \gamma_M = 0.9 \times 1 \times 28/1.25 = 20.16(\mathrm{N/mm^2})$

验算要求[式(*6.41*)]：由式(*6.49*)得，$r_{in}/t = 20 \times 1000/40 = 500$，$k_r = 1$，且梁沿其长度有侧向约束时，$k_{crit} = 1$：

$\sigma_{m,g,d} / k_{crit} k_r f_{m,g,d} = 10.81/20.16 = 0.54 < 1$

满足要求。

顶点区域的径向强度：根据式(6.57) ~式(6.59)，$k_5 = 0$，$k_6 = 0.25$ 以及 $k_7 = 0$；根据式(*6.56*)得到：

$k_p = k_5 + k_6(h_{ap}/r) + k_7(h_{ap}/\mathrm{r})^2 = 0.25(1.2/20.6) = 0.01456$

由于 $M_{ap,d}$，横纹拉应力设计值 $\sigma_{t,g,90,d} = k_p 6M_{ap,d} / bh_{ap}^2$[式(*6.54*)]：

$\sigma_{t,g,90,d}=0.01456\times6\times507.81\times10^6/(200\times1200^2)=0.154(N/mm^2)$

横纹抗拉强度设计值$f_{t,g,90,d}$:

$k_{mod}=0.9;\gamma_M=1.25;f_{t,g,90,k}=0.45N/mm^2$

$f_{t,g,90,d}=k_{mod}f_{t,g,90,k}/\gamma_M=0.9\times0.45/1.25=0.32(N/mm^2)$

根据式(*6.51*)和式(*6.52*)得:参考体积$V_0=0.01m^3$。

梁顶点区域的体积(见 Porteous 和 Kermani,2007),$V=(\beta/180)\pi b(h_{ap}^2+2r_{in}h_{ap})$:

$V=(10/180)\times\pi\times0.2(1.2^2+2\times20\times1.2)=1.73(m^2)$

梁体积(近似值)$V_b=V+2bh_{ap}[L/2-(r_{in}+h_{ap}/2)\sin\beta]/\cos\beta$:

$V_b=1.73+2\times0.2\times1.2[25/2-(20+1.2/2)\times\sin(10°)]/\cos(10°)$

$=6.07(m^3)$

体积比$V/V_b=1.73/6.07=0.28$,小于 0.67 是可以的。根据式(*6.51*)和式(*6.52*)得:$k_{vol}=(V_0/V)^{0.2}=(0.01/1.73)^{0.2}=0.36$且$k_{dis}=1.4$。

验算要求[式(*6.50*)]:

$\sigma_{t,g,90,d}/k_{dis}k_{vol}f_{t,g,90,d}=0.154/1.4\times0.36\times0.32=0.95<1$

满足要求。

## 6.5　切口梁

### 6.5.1　一般规定

当构件在其长度内有切口且受弯时,在切口位置处将发生应力集中。如果切口受到弯拉应力[图 6.13a)]并且切口处的坡度斜率<1∶10,或者它受到弯压应力[图6.13b)],切口影响可忽略不计。

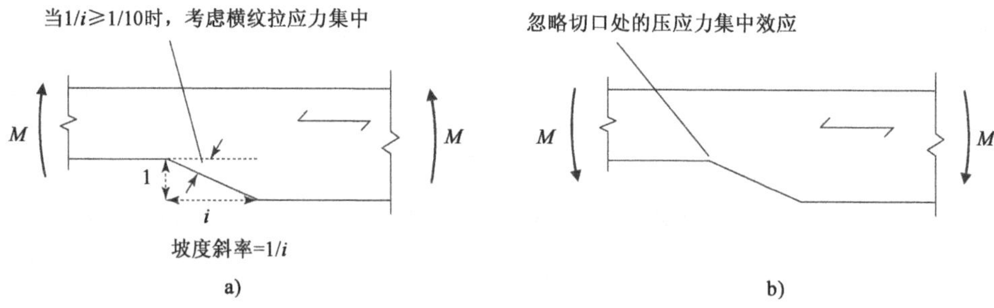


图 6.13　切口处受弯

当受到弯拉应力且切口处的坡度斜率≥1∶10 时,必须考虑这种影响,以防止由于在切口转角处拉断而引起的破坏。虽然这种情况下的验算公式[式(*6.60*)]是根据剪切强度给出的,但临界破坏条件将从剪切变为横纹受拉,参考第 6.5.2 节,在公式中引入系数$k_v$来实现。

## 6.5.2　在支承处有切口的梁

带切口梁的设计方法仅适用于具有矩形截面且顺纹方向与构件长度方向基本平行的梁。

对于这种情况，设计针对使用有效高度 $h_{ef}$ 计算的剪应力进行验算，如图 6.14 所示。虽然没有提及，但条款*6.1.7* 中的 $k_{cr}$ 适用（见附录 A），并且在剪力设计值 $V_d$ 下，宽度为 $b$ 的梁中的剪应力设计值 $\tau_d$ 为：　*条款6.1.7*

$$\tau_d = 1.5V_d/k_{cr}bh_{ef} = 1.5V_d/b_{ef}h_{ef} \quad \text{(D6.21)}$$

并且这个工况的验算要求是：

$$\tau_d \leqslant k_v f_{v,d} \quad (6.60)$$

式中，$f_{v,d}$ 为材料的抗剪强度设计值，在本指南的第 6.1.7 节中定义；$b_{ef}$ 也在本指南的第 6.1.7 节中定义。

系数 $k_v$ 是考虑相对于支承的哪一侧有切口以及梁在切口区域内几何形状的折减系数。它也是梁材料断裂强度的函数。设计中使用的值为：

■ 对于支承处切口向上的梁［见图 6.14b)］，$k_v = 1.0$。

■ 对于支承处高度为 $h$，切口向下的梁［见图 6.14a)］：

$$k_v = \min\{1, k_n(1 + 1.1i^{1.5}/h^{0.5})/\{h^{0.5}[\alpha(1-\alpha)]^{0.5} + 0.8x(1/\alpha - \alpha^2)^{0.5}/h\}\} \quad \text{(D6.22)}$$

式中，$\alpha = h_{ef}/h$；$x$ 为从支承面中心点到切口转角的距离(mm)；$i$ 为切口倾角；$k_n$ 值：LVL 为 4.5，实木为 5.0，胶合木为 6.5。

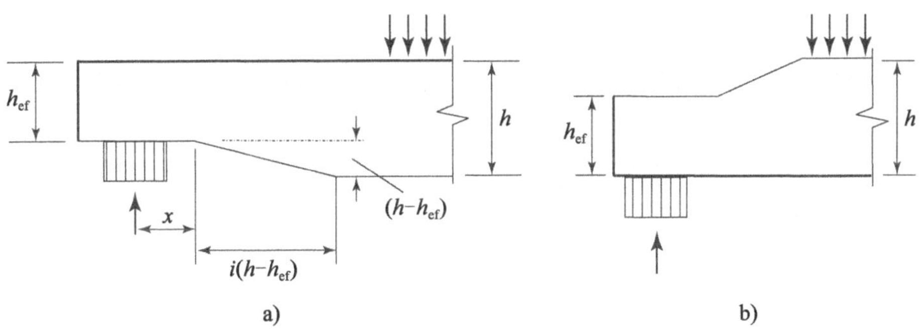


图 6.14　端部切口梁（基于 EN 1995-1-1 的图 6.11，并且转载得到 BS EN 1995-1-1 许可，© British standards Institute，2004）

式（*6.60*）的直观印象是，破坏始终是仅与抗剪强度 $f_{v,d}$ 相关的剪切条件。然而，剪切破坏仅在 $k_v = 1$ 时发生。当 $k_v$ 小于 1 时，破坏由在切口转角处开始的拉伸断裂引起，并且对于这种情况，横纹拉力中断裂能包括在系数 $k_n$ 内。系数 $k_v$ 受 $\alpha$ 值的影响显著，对于 $i = 1$，$x/h = 2$，$h = 300$mm 和 150mm 的实木梁，$k_v$ 与 $\alpha$ 的关系曲线如图 6.15 所示。

表 6.7 中给出了与支承在同一侧具有不同高度切口的实木梁的 $k_v$ 值，其中 $i = 0$ 且具有不同的 $x/h$ 值。对于胶合木和 LVL，表中的 $k_v$ 值应分别乘以 1.3 和 0.9。

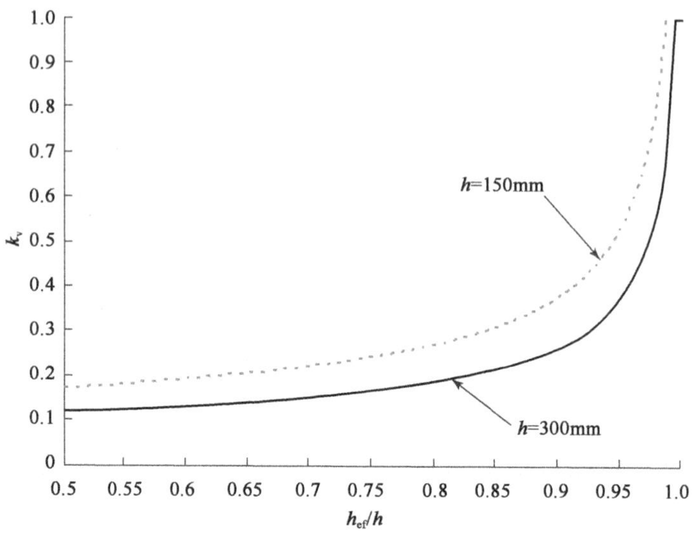


图 6.15　高度分别为 150mm 和 300mm 且 $x/h=2$、$i=1$ 时,实木梁 $h_{ef}/h$ 与系数 $k_v$ 的关系

**梁高介于 150 ~ 300mm 且 $x/h=0.5\sim2.0$,$i=0$ 时实木梁的 $k_v$ 值**　表 6.7

| $x/h=0.5$<br>$h$ | $\alpha=0.5$ | $\alpha=0.6$ | $\alpha=0.7$ | $\alpha=0.8$ | $\alpha=0.9$ | $\alpha=1.0$ |
|---|---|---|---|---|---|---|
| 150 | 0.397 | 0.431 | 0.483 | 0.573 | 0.786 | 1.0 |
| 175 | 0.367 | 0.399 | 0.447 | 0.531 | 0.728 | 1.0 |
| 200 | 0.344 | 0.373 | 0.418 | 0.496 | 0.681 | 1.0 |
| 225 | 0.324 | 0.352 | 0.394 | 0.468 | 0.642 | 1.0 |
| 250 | 0.307 | 0.334 | 0.374 | 0.444 | 0.609 | 1.0 |
| 275 | 0.293 | 0.318 | 0.356 | 0.423 | 0.580 | 1.0 |
| 300 | 0.280 | 0.305 | 0.341 | 0.405 | 0.556 | 1.0 |
| $x/h=1.0$<br>$h$ | $\alpha=0.5$ | $\alpha=0.6$ | $\alpha=0.7$ | $\alpha=0.8$ | $\alpha=0.9$ | $\alpha=1.0$ |
| 150 | 0.262 | 0.291 | 0.331 | 0.398 | 0.552 | 1.0 |
| 175 | 0.243 | 0.269 | 0.306 | 0.369 | 0.511 | 1.0 |
| 200 | 0.227 | 0.252 | 0.287 | 0.345 | 0.478 | 1.0 |
| 225 | 0.214 | 0.237 | 0.270 | 0.325 | 0.451 | 1.0 |
| 250 | 0.203 | 0.225 | 0.265 | 0.309 | 0.428 | 1.0 |
| 275 | 0.193 | 0.215 | 0.244 | 0.294 | 0.408 | 1.0 |
| 300 | 0.185 | 0.206 | 0.234 | 0.282 | 0.391 | 1.0 |
| $x/h=1.5$<br>$h$ | $\alpha=0.5$ | $\alpha=0.6$ | $\alpha=0.7$ | $\alpha=0.8$ | $\alpha=0.9$ | $\alpha=1.0$ |
| 150 | 0.196 | 0.219 | 0.252 | 0.305 | 0.426 | 1.0 |
| 175 | 0.181 | 0.203 | 0.233 | 0.283 | 0.394 | 1.0 |
| 200 | 0.169 | 0.190 | 0.218 | 0.264 | 0.369 | 1.0 |
| 225 | 0.160 | 0.179 | 0.206 | 0.249 | 0.348 | 1.0 |
| 250 | 0.151 | 0.170 | 0.195 | 0.236 | 0.330 | 1.0 |
| 275 | 0.144 | 0.162 | 0.186 | 0.225 | 0.315 | 1.0 |
| 300 | 0.138 | 0.155 | 0.178 | 0.216 | 0.301 | 1.0 |

续上表

| x/h=2.0<br>h | α=0.5 | α=0.6 | α=0.7 | α=0.8 | α=0.9 | α=1.0 |
|---|---|---|---|---|---|---|
| 150 | 0.156 | 0.176 | 0.203 | 0.247 | 0.347 | 1.0 |
| 175 | 0.144 | 0.163 | 0.188 | 0.229 | 0.321 | 1.0 |
| 200 | 0.135 | 0.152 | 0.176 | 0.214 | 0.300 | 1.0 |
| 225 | 0.127 | 0.144 | 0.166 | 0.202 | 0.283 | 1.0 |
| 250 | 0.121 | 0.136 | 0.157 | 0.192 | 0.268 | 1.0 |
| 275 | 0.115 | 0.130 | 0.150 | 0.183 | 0.256 | 1.0 |
| 300 | 0.110 | 0.124 | 0.144 | 0.175 | 0.245 | 1.0 |

**示例6.6：楼盖结构中带切口梁的计算**

证明图6.16中所示的50mm宽（$b$）的实木梁端部的抗剪强度符合EN 1995-1-1的承载能力极限状态要求。该梁是楼盖系统中的一种，间隔为400mm，并且根据BS EN 338：2009，强度等级为C24。由于永久和中期可变荷载，在梁切口位置处的剪力设计值$V_d=3.09$kN。适用于服役等级2的情况。

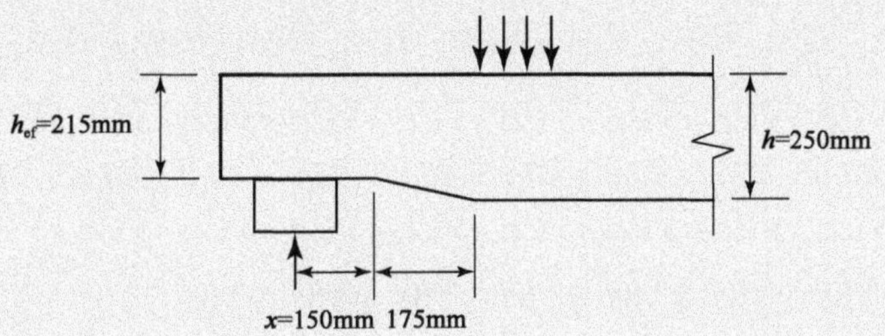


图6.16　示例6.16楼盖系统中的梁

在支承处的剪力设计值：

$V_d=3.09$kN

在切口区域剪的应力设计值$\tau_{v,d}$：

$k_{cr}=0.67$[*条款6.1.7(2)*]，$h_{ef}=215$mm　　　　*条款6.1.7(2)*

$\tau_{v,d}=1.5V_d/k_{cr}bh_{ef}=1.5\times3.09\times10^3/0.67\times50\times215=0.64(\text{mm}^{-2})$

抗剪强度设计值$f_{v,d}$：

$k_{mod}=0.8$，$k_{sys}=1.1$，$\gamma_M=1.3$，$f_{v,k}=4.0\text{N/mm}^2$

$f_{v,d}=k_{mod}k_{sys}f_{v,k}/\gamma_M=0.8\times1.1\times4.0/1.3=2.71(\text{N/mm}^2)$

受剪时满足要求。

从式(*6.62*)可得：

$i=175/(250-215)=5$，$\alpha=h_{ef}/h=215/250=0.86$，$k_n=5$

$k_v = \min\{1, k_n[1+1.1i^{1.5}/(h)^{0.5}]/\{h^{0.5}[\alpha(1-\alpha)]^{0.5}+0.8(x/h)(1/\alpha - \alpha^2)^{0.5}\}\}$

$k_v = \min\{1.5(1+1.1\times5^{1.5})/\{250^{0.5}[0.86(1-0.86)]^{0.5}+0.8(150/250)\times(1/0.86-0.86^2)^{0.5}\}\}=0.85$

验算要求[式(*6.60*)]:

$\tau_{v,d}/k_v f_{v,g,d}=0.64/0.85\times2.71=0.28<1$

满足要求。

(如果是竖向切口,即 $i=0$,$k_v=0.48$,剪应力/抗剪强度=0.49,仍然满足要求。)

## 6.6 体系强度

当若干等间距排列的相似构件、部件或组件由连续荷载分布体系连接时,构件强度性能可乘以体系系数 $k_{sys}$。

用于证明系数 $k_{sys}$的论据是,由荷载分布体系连接的每个构件具有最小强度(即5%分位值)和刚度(平均值)的概率被认为超出了设计基准。一个构件可能具有这些性能,但其他构件将具有更大的值。在这种情形下,当具有最小强度的构件承受体系荷载时,其变形量将比相邻构件大,但是荷载分布体系的刚度会约束这种变形并将荷载传递到强度和刚度更大的相邻构件上。基于这一点,较弱构件上的荷载将减小,并且只有对体系施加更大的荷载才会发生破坏。在 EN 1995-1-1 中,这是通过应用体系系数 $k_{sys}$提高受影响的强度性能来实现的。受影响的性能为体系中连接构件的抗弯、抗剪、支撑、抗压缩和抗拉强度。

*条款6.6* 必须验算荷载分布体系的强度,且*条款6.6* 要求在假定所受荷载为短期持续作用的情况下进行。

*条款6.6* 在*条款6.6* 中,当满足要求时,$k_{sys}=1.1$。根据英国的经验,当有连续的荷载分布体系时,这个系数能应用于楼盖或墙体或至少有四个构件通过分布体系连接的屋盖系统。荷载分布体系中的节点必须交错排列,并且构件之间的距离不得大

*条款6.6* 于610mm。对于屋盖桁架,*条款6.6* 还允许在支承平铺屋顶时桁架间距达1.2m时使用该系数,前提是这些有荷载分布构件在至少两个跨上连续,并且任何节点都是交错排列。

当间距大于610mm或构件数量少于上述构件的数量,或者分布体系不按照设计要求连续或固定时,不能使用该系数。对于这种情况,适用的常见设计情况是:

- 墙骨柱壁的底板——因为底板是体系中仅有的构件。
- 薄翼缘梁中的翼缘——因为同一翼缘板连接多个腹板。

如果使用层压木甲板,这在木结构桥梁中比在建筑物中更常见,$k_{sys}$值将从*图6.12*中得到。

**针叶材的 $k_{cy}$ 或 $k_c$ 值符合 EN 338 中的强度等级 C14～C20，基于 EN 1995-1-1 中式（6.25）～式（6.29）且 $\beta_C=0.2$**（基于长细比 $\lambda$，最大至 240）　　表 6.8(a)

| C14 | | C16 | | C18 | | C20 | |
|---|---|---|---|---|---|---|---|
| $f_{c,0,k}=16\text{N/mm}^2$ $E_{0.05}=4.7\text{kN/mm}^2$ | | $f_{c,0,k}=17\text{N/mm}^2$ $E_{0.05}=5.4\text{kN/mm}^2$ | | $f_{c,0,k}=18\text{N/mm}^2$ $E_{0.05}=6.0\text{kN/mm}^2$ | | $f_{c,0,k}=19\text{N/mm}^2$ $E_{0.05}=6.4\text{kN/mm}^2$ | |
| $\lambda$ | $k_{cy}(k_{cz})$ | $\lambda$ | $k_{cy}(k_{cz})$ | $\lambda$ | $k_{cy}(k_{cz})$ | $\lambda$ | $k_{cy}(k_{cz})$ |
| 16.153 | 1.000 | 16.797 | 1.000 | 17.207 | 1.000 | 17.298 | 1.000 |
| 20 | 0.984 | 20 | 0.987 | 20 | 0.989 | 20 | 0.989 |
| 25 | 0.960 | 25 | 0.965 | 25 | 0.968 | 25 | 0.968 |
| 30 | 0.932 | 30 | 0.939 | 30 | 0.943 | 30 | 0.944 |
| 35 | 0.899 | 35 | 0.908 | 35 | 0.914 | 35 | 0.915 |
| 40 | 0.856 | 40 | 0.870 | 40 | 0.878 | 40 | 0.880 |
| 45 | 0.804 | 45 | 0.823 | 45 | 0.834 | 45 | 0.836 |
| 50 | 0.741 | 50 | 0.766 | 50 | 0.781 | 50 | 0.784 |
| 55 | 0.673 | 55 | 0.702 | 55 | 0.720 | 55 | 0.723 |
| 60 | 0.605 | 60 | 0.636 | 60 | 0.655 | 60 | 0.659 |
| 65 | 0.540 | 65 | 0.572 | 65 | 0.591 | 65 | 0.595 |
| 70 | 0.482 | 70 | 0.512 | 70 | 0.531 | 70 | 0.535 |
| 75 | 0.430 | 75 | 0.459 | 75 | 0.477 | 75 | 0.481 |
| 80 | 0.387 | 80 | 0.412 | 80 | 0.429 | 80 | 0.433 |
| 85 | 0.347 | 85 | 0.371 | 85 | 0.387 | 85 | 0.391 |
| 90 | 0.313 | 90 | 0.336 | 90 | 0.351 | 90 | 0.354 |
| 95 | 0.284 | 95 | 0.305 | 95 | 0.318 | 95 | 0.321 |
| 100 | 0.258 | 100 | 0.278 | 100 | 0.290 | 100 | 0.293 |
| 105 | 0.236 | 105 | 0.254 | 105 | 0.265 | 105 | 0.268 |
| 110 | 0.217 | 110 | 0.233 | 110 | 0.244 | 110 | 0.246 |
| 115 | 0.199 | 115 | 0.214 | 115 | 0.224 | 115 | 0.226 |
| 120 | 0.184 | 120 | 0.198 | 120 | 0.207 | 120 | 0.209 |
| 125 | 0.170 | 125 | 0.183 | 125 | 0.192 | 125 | 0.194 |
| 130 | 0.158 | 130 | 0.170 | 130 | 0.178 | 130 | 0.180 |
| 135 | 0.147 | 135 | 0.158 | 135 | 0.166 | 135 | 0.167 |
| 140 | 0.137 | 140 | 0.148 | 140 | 0.155 | 140 | 0.156 |
| 145 | 0.128 | 145 | 0.138 | 145 | 0.145 | 145 | 0.146 |
| 150 | 0.120 | 150 | 0.129 | 150 | 0.136 | 150 | 0.137 |
| 155 | 0.113 | 155 | 0.122 | 155 | 0.127 | 155 | 0.129 |
| 160 | 0.106 | 160 | 0.114 | 160 | 0.120 | 160 | 0.121 |
| 165 | 0.100 | 165 | 0.108 | 165 | 0.113 | 165 | 0.114 |
| 170 | 0.094 | 170 | 0.102 | 170 | 0.107 | 170 | 0.108 |
| 175 | 0.089 | 175 | 0.096 | 175 | 0.101 | 175 | 0.102 |
| 180 | 0.084 | 180 | 0.091 | 180 | 0.095 | 180 | 0.096 |
| 185 | 0.08 | 185 | 0.086 | 185 | 0.091 | 185 | 0.091 |

续上表

| C14 | | C16 | | C18 | | C20 | |
|---|---|---|---|---|---|---|---|
| $f_{c,0,k}=16\text{N/mm}^2$ $E_{0.05}=4.7\text{kN/mm}^2$ | | $f_{c,0,k}=17\text{N/mm}^2$ $E_{0.05}=5.4\text{kN/mm}^2$ | | $f_{c,0,k}=18\text{N/mm}^2$ $E_{0.05}=6.0\text{kN/mm}^2$ | | $f_{c,0,k}=19\text{N/mm}^2$ $E_{0.05}=6.4\text{kN/mm}^2$ | |
| $\lambda$ | $k_{cy}(k_{cz})$ | $\lambda$ | $k_{cy}(k_{cz})$ | $\lambda$ | $k_{cy}(k_{cz})$ | $\lambda$ | $k_{cy}(k_{cz})$ |
| 190 | 0.076 | 190 | 0.082 | 190 | 0.086 | 190 | 0.087 |
| 195 | 0.072 | 195 | 0.078 | 195 | 0.082 | 195 | 0.083 |
| 200 | 0.069 | 200 | 0.074 | 200 | 0.078 | 200 | 0.079 |
| 205 | 0.066 | 205 | 0.071 | 205 | 0.074 | 205 | 0.075 |
| 210 | 0.063 | 210 | 0.068 | 210 | 0.071 | 210 | 0.072 |
| 215 | 0.06 | 215 | 0.065 | 215 | 0.068 | 215 | 0.068 |
| 220 | 0.057 | 220 | 0.062 | 220 | 0.065 | 220 | 0.065 |
| 225 | 0.055 | 225 | 0.059 | 225 | 0.062 | 225 | 0.063 |
| 230 | 0.052 | 230 | 0.057 | 230 | 0.059 | 230 | 0.06 |
| 235 | 0.05 | 235 | 0.054 | 235 | 0.057 | 235 | 0.057 |
| 240 | 0.048 | 240 | 0.052 | 240 | 0.055 | 240 | 0.055 |

**针叶材的 $k_{cr}$ 或 $k_{cz}$ 值符合 EN 338 中的强度等级 C22 ~ C30,基于 EN 1995-1-1 中式(6.25)~式(6.29)且 $\beta_C=0.2$**(基于长细比,$\lambda$ 最大至 240) 表 6.8(b)

| C22 | | C24 | | C27 | | C30 | |
|---|---|---|---|---|---|---|---|
| $f_{c,0,k}=20\text{N/mm}^2$ $E_{0.05}=6.7\text{kN/mm}^2$ | | $f_{c,0,k}=21\text{N/mm}^2$ $E_{0.05}=7.4\text{kN/mm}^2$ | | $f_{c,0,k}=22\text{N/mm}^2$ $E_{0.05}=7.7\text{kN/mm}^2$ | | $f_{c,0,k}=23\text{N/mm}^2$ $E_{0.05}=8.0\text{kN/mm}^2$ | |
| $\lambda$ | $k_{cy}(k_{cz})$ | $\lambda$ | $k_{cy}(k_{cz})$ | $\lambda$ | $k_{cy}(k_{cz})$ | $\lambda$ | $k_{cy}(k_{cz})$ |
| 17.250 | 1.000 | 17.692 | 1.000 | 17.632 | 1.000 | 17.577 | 1.000 |
| 20 | 0.989 | 20 | 0.991 | 20 | 0.991 | 20 | 0.991 |
| 25 | 0.968 | 25 | 0.971 | 25 | 0.970 | 25 | 0.97 |
| 30 | 0.944 | 30 | 0.948 | 30 | 0.947 | 30 | 0.947 |
| 35 | 0.915 | 35 | 0.92 | 35 | 0.919 | 35 | 0.919 |
| 40 | 0.879 | 40 | 0.887 | 40 | 0.886 | 40 | 0.885 |
| 45 | 0.835 | 45 | 0.846 | 45 | 0.844 | 45 | 0.843 |
| 50 | 0.782 | 50 | 0.796 | 50 | 0.794 | 50 | 0.793 |
| 55 | 0.721 | 55 | 0.739 | 55 | 0.736 | 55 | 0.734 |
| 60 | 0.657 | 60 | 0.676 | 60 | 0.674 | 60 | 0.671 |
| 65 | 0.593 | 65 | 0.614 | 65 | 0.611 | 65 | 0.608 |
| 70 | 0.533 | 70 | 0.554 | 70 | 0.551 | 70 | 0.548 |
| 75 | 0.479 | 75 | 0.499 | 75 | 0.496 | 75 | 0.494 |
| 80 | 0.431 | 80 | 0.450 | 80 | 0.447 | 80 | 0.445 |
| 85 | 0.389 | 85 | 0.406 | 85 | 0.404 | 85 | 0.402 |
| 90 | 0.352 | 90 | 0.368 | 90 | 0.366 | 90 | 0.364 |
| 95 | 0.320 | 95 | 0.335 | 95 | 0.333 | 95 | 0.331 |
| 100 | 0.291 | 100 | 0.305 | 100 | 0.303 | 100 | 0.302 |
| 105 | 0.267 | 105 | 0.279 | 105 | 0.278 | 105 | 0.276 |

续上表

| C22 | | C24 | | C27 | | C30 | |
|---|---|---|---|---|---|---|---|
| $f_{c,0,k}=20\text{N/mm}^2$ $E_{0.05}=6.7\text{kN/mm}^2$ | | $f_{c,0,k}=21\text{N/mm}^2$ $E_{0.05}=7.4\text{kN/mm}^2$ | | $f_{c,0,k}=22\text{N/mm}^2$ $E_{0.05}=7.7\text{kN/mm}^2$ | | $f_{c,0,k}=23\text{N/mm}^2$ $E_{0.05}=8.0\text{kN/mm}^2$ | |
| $\lambda$ | $k_{cy}(k_{cz})$ | $\lambda$ | $k_{cy}(k_{cz})$ | $\lambda$ | $k_{cy}(k_{cz})$ | $\lambda$ | $k_{cy}(k_{cz})$ |
| 110 | 0.245 | 110 | 0.256 | 110 | 0.255 | 110 | 0.253 |
| 115 | 0.225 | 115 | 0.236 | 115 | 0.235 | 115 | 0.233 |
| 120 | 0.208 | 120 | 0.218 | 120 | 0.217 | 120 | 0.216 |
| 125 | 0.193 | 125 | 0.202 | 125 | 0.201 | 125 | 0.200 |
| 130 | 0.179 | 130 | 0.188 | 130 | 0.186 | 130 | 0.185 |
| 135 | 0.167 | 135 | 0.175 | 135 | 0.174 | 135 | 0.173 |
| 140 | 0.155 | 140 | 0.163 | 140 | 0.162 | 140 | 0.161 |
| 145 | 0.145 | 145 | 0.153 | 145 | 0.152 | 145 | 0.151 |
| 150 | 0.136 | 150 | 0.143 | 150 | 0.142 | 150 | 0.141 |
| 155 | 0.128 | 155 | 0.134 | 155 | 0.133 | 155 | 0.133 |
| 160 | 0.120 | 160 | 0.126 | 160 | 0.126 | 160 | 0.125 |
| 165 | 0.113 | 165 | 0.119 | 165 | 0.118 | 165 | 0.118 |
| 170 | 0.107 | 170 | 0.112 | 170 | 0.112 | 170 | 0.111 |
| 175 | 0.101 | 175 | 0.106 | 175 | 0.106 | 175 | 0.105 |
| 180 | 0.096 | 180 | 0.101 | 180 | 0.100 | 180 | 0.099 |
| 185 | 0.091 | 185 | 0.096 | 185 | 0.095 | 185 | 0.094 |
| 190 | 0.086 | 190 | 0.091 | 190 | 0.09 | 190 | 0.09 |
| 195 | 0.082 | 195 | 0.086 | 195 | 0.086 | 195 | 0.085 |
| 200 | 0.078 | 200 | 0.082 | 200 | 0.082 | 200 | 0.081 |
| 205 | 0.075 | 205 | 0.078 | 205 | 0.078 | 205 | 0.077 |
| 210 | 0.071 | 210 | 0.075 | 210 | 0.074 | 210 | 0.074 |
| 215 | 0.068 | 215 | 0.071 | 215 | 0.071 | 215 | 0.07 |
| 220 | 0.065 | 220 | 0.068 | 220 | 0.068 | 220 | 0.067 |
| 225 | 0.062 | 225 | 0.065 | 225 | 0.065 | 225 | 0.065 |
| 230 | 0.06 | 230 | 0.063 | 230 | 0.062 | 230 | 0.062 |
| 235 | 0.057 | 235 | 0.06 | 235 | 0.06 | 235 | 0.059 |
| 240 | 0.055 | 240 | 0.058 | 240 | 0.057 | 240 | 0.057 |

**针叶材的 $k_{cy}$ 或 $k_{cz}$ 值符合 EN 338 中的强度等级 C35 ~ C50,基于 EN 1995-1-1 中式(6.25) ~式(6.29)且 $\beta_C=0.2$**(基于长细比,$\lambda$ 最大至 240) 表 6.8(c)

| C35 | | C40 | | C45 | | C50 | |
|---|---|---|---|---|---|---|---|
| $f_{c,0,k}=25\text{N/mm}^2$ $E_{0.05}=8.7\text{kN/mm}^2$ | | $f_{c,0,k}=26\text{N/mm}^2$ $E_{0.05}=9.4\text{kN/mm}^2$ | | $f_{c,0,k}=27\text{N/mm}^2$ $E_{0.05}=10.0\text{kN/mm}^2$ | | $f_{c,0,k}=29\text{N/mm}^2$ $E_{0.05}=10.7\text{kN/mm}^2$ | |
| $\lambda$ | $k_{cy}(k_{cz})$ | $\lambda$ | $k_{cy}(k_{cz})$ | $\lambda$ | $k_{cy}(k_{cz})$ | $\lambda$ | $k_{cy}(k_{cz})$ |
| 17.582 | 1.000 | 17.92 | 1.000 | 18.138 | 1.000 | 18.104 | 1.000 |
| 20 | 0.991 | 20 | 0.992 | 20 | 0.993 | 20 | 0.993 |

续上表

| C35 | | C40 | | C45 | | C50 | |
|---|---|---|---|---|---|---|---|
| $f_{c,0,k}=25\text{N/mm}^2$ $E_{0.05}=8.7\text{kN/mm}^2$ | | $f_{c,0,k}=26\text{N/mm}^2$ $E_{0.05}=9.4\text{kN/mm}^2$ | | $f_{c,0,k}=27\text{N/mm}^2$ $E_{0.05}=10.0\text{kN/mm}^2$ | | $f_{c,0,k}=29\text{N/mm}^2$ $E_{0.05}=10.7\text{kN/mm}^2$ | |
| $\lambda$ | $k_{cy}(k_{cz})$ | $\lambda$ | $k_{cy}(k_{cz})$ | $\lambda$ | $k_{cy}(k_{cz})$ | $\lambda$ | $k_{cy}(k_{cz})$ |
| 25 | 0.970 | 25 | 0.972 | 25 | 0.973 | 25 | 0.973 |
| 30 | 0.947 | 30 | 0.950 | 30 | 0.951 | 30 | 0.951 |
| 35 | 0.919 | 35 | 0.923 | 35 | 0.925 | 35 | 0.925 |
| 40 | 0.885 | 40 | 0.890 | 40 | 0.894 | 40 | 0.893 |
| 45 | 0.843 | 45 | 0.851 | 45 | 0.855 | 45 | 0.855 |
| 50 | 0.793 | 50 | 0.803 | 50 | 0.809 | 50 | 0.808 |
| 55 | 0.734 | 55 | 0.747 | 55 | 0.755 | 55 | 0.754 |
| 60 | 0.672 | 60 | 0.686 | 60 | 0.695 | 60 | 0.694 |
| 65 | 0.608 | 65 | 0.624 | 65 | 0.633 | 65 | 0.632 |
| 70 | 0.549 | 70 | 0.564 | 70 | 0.574 | 70 | 0.572 |
| 75 | 0.494 | 75 | 0.509 | 75 | 0.518 | 75 | 0.517 |
| 80 | 0.445 | 80 | 0.459 | 80 | 0.468 | 80 | 0.467 |
| 85 | 0.402 | 85 | 0.415 | 85 | 0.424 | 85 | 0.422 |
| 90 | 0.364 | 90 | 0.376 | 90 | 0.384 | 90 | 0.383 |
| 95 | 0.331 | 95 | 0.342 | 95 | 0.350 | 95 | 0.348 |
| 100 | 0.302 | 100 | 0.312 | 100 | 0.319 | 100 | 0.318 |
| 105 | 0.276 | 105 | 0.286 | 105 | 0.292 | 105 | 0.291 |
| 110 | 0.253 | 110 | 0.263 | 110 | 0.268 | 110 | 0.267 |
| 115 | 0.233 | 115 | 0.242 | 115 | 0.247 | 115 | 0.246 |
| 120 | 0.216 | 120 | 0.223 | 120 | 0.229 | 120 | 0.228 |
| 125 | 0.200 | 125 | 0.207 | 125 | 0.212 | 125 | 0.211 |
| 130 | 0.185 | 130 | 0.192 | 130 | 0.197 | 130 | 0.196 |
| 135 | 0.173 | 135 | 0.179 | 135 | 0.183 | 135 | 0.183 |
| 140 | 0.161 | 140 | 0.167 | 140 | 0.171 | 140 | 0.170 |
| 145 | 0.151 | 145 | 0.156 | 145 | 0.160 | 145 | 0.159 |
| 150 | 0.141 | 150 | 0.147 | 150 | 0.150 | 150 | 0.149 |
| 155 | 0.133 | 155 | 0.138 | 155 | 0.141 | 155 | 0.140 |
| 160 | 0.125 | 160 | 0.130 | 160 | 0.133 | 160 | 0.132 |
| 165 | 0.118 | 165 | 0.122 | 165 | 0.125 | 165 | 0.124 |
| 170 | 0.111 | 170 | 0.115 | 170 | 0.118 | 170 | 0.118 |
| 175 | 0.105 | 175 | 0.109 | 175 | 0.112 | 175 | 0.111 |
| 180 | 0.100 | 180 | 0.103 | 180 | 0.106 | 180 | 0.105 |
| 185 | 0.094 | 185 | 0.098 | 185 | 0.1 | 185 | 0.1 |
| 190 | 0.09 | 190 | 0.093 | 190 | 0.095 | 190 | 0.095 |
| 195 | 0.085 | 195 | 0.088 | 195 | 0.091 | 195 | 0.09 |
| 200 | 0.081 | 200 | 0.084 | 200 | 0.086 | 200 | 0.086 |
| 205 | 0.077 | 205 | 0.08 | 205 | 0.082 | 205 | 0.082 |

续上表

| C35 | | C40 | | C45 | | C50 | |
|---|---|---|---|---|---|---|---|
| $f_{c,0,k}=25\text{N/mm}^2$ $E_{0.05}=8.7\text{kN/mm}^2$ | | $f_{c,0,k}=26\text{N/mm}^2$ $E_{0.05}=9.4\text{kN/mm}^2$ | | $f_{c,0,k}=27\text{N/mm}^2$ $E_{0.05}=10.0\text{kN/mm}^2$ | | $f_{c,0,k}=29\text{N/mm}^2$ $E_{0.05}=10.7\text{kN/mm}^2$ | |
| $\lambda$ | $k_{cy}(k_{cz})$ | $\lambda$ | $k_{cy}(k_{cz})$ | $\lambda$ | $k_{cy}(k_{cz})$ | $\lambda$ | $k_{cy}(k_{cz})$ |
| 210 | 0.074 | 210 | 0.077 | 210 | 0.078 | 210 | 0.078 |
| 215 | 0.071 | 215 | 0.073 | 215 | 0.075 | 215 | 0.075 |
| 220 | 0.067 | 220 | 0.07 | 220 | 0.072 | 220 | 0.071 |
| 225 | 0.065 | 225 | 0.067 | 225 | 0.069 | 225 | 0.068 |
| 230 | 0.062 | 230 | 0.064 | 230 | 0.066 | 230 | 0.065 |
| 235 | 0.059 | 235 | 0.062 | 235 | 0.063 | 235 | 0.063 |
| 240 | 0.057 | 240 | 0.059 | 240 | 0.06 | 240 | 0.06 |

**LVL 的 $k_{cy}$ 或 $k_{cz}$ 值基于 EN 1995-1-1 中式（*6.25*）~式（*6.29*）且 $\beta_C=0.1$**（基于长细比 $\lambda$，最大至 240）　表 6.9

| $K_{erto}$-S $f_{c,0,k}=35\text{N/mm}^2$ $E_{0.05}=11.6\text{kN/mm}^2$ | | $K_{erto}$-Q $f_{c,0,k}=26\text{N/mm}^2$ $E_{0.05}=8.8\text{kN/mm}^2$ | |
|---|---|---|---|
| $\lambda$ | $k_{cy}(k_{cz})$ | $\lambda$ | $k_{cy}(k_{cz})$ |
| 17.158 | 1 | 17.339 | 1 |
| 20 | 0.994 | 20 | 0.995 |
| 25 | 0.983 | 25 | 0.984 |
| 30 | 0.970 | 30 | 0.971 |
| 35 | 0.954 | 35 | 0.955 |
| 40 | 0.932 | 40 | 0.934 |
| 45 | 0.901 | 45 | 0.904 |
| 50 | 0.857 | 50 | 0.863 |
| 55 | 0.798 | 55 | 0.806 |
| 60 | 0.727 | 60 | 0.736 |
| 65 | 0.653 | 65 | 0.663 |
| 70 | 0.582 | 70 | 0.592 |
| 75 | 0.518 | 75 | 0.528 |
| 80 | 0.463 | 80 | 0.471 |
| 85 | 0.415 | 85 | 0.423 |
| 90 | 0.373 | 90 | 0.381 |
| 95 | 0.337 | 95 | 0.344 |
| 100 | 0.306 | 100 | 0.312 |
| 105 | 0.279 | 105 | 0.285 |
| 110 | 0.255 | 110 | 0.260 |
| 115 | 0.234 | 115 | 0.239 |
| 120 | 0.216 | 120 | 0.220 |
| 125 | 0.200 | 125 | 0.204 |

续上表

| Kerto-S $f_{c,0,k}=35N/mm^2$ $E_{0.05}=11.6kN/mm^2$ | | Kerto-Q $f_{c,0,k}=26N/mm^2$ $E_{0.05}=8.8kN/mm^2$ | |
|---|---|---|---|
| $\lambda$ | $k_{cy}(k_{cz})$ | $\lambda$ | $k_{cy}(k_{cz})$ |
| 130 | 0.185 | 130 | 0.189 |
| 135 | 0.172 | 135 | 0.175 |
| 140 | 0.160 | 140 | 0.163 |
| 145 | 0.149 | 145 | 0.153 |
| 150 | 0.140 | 150 | 0.143 |
| 155 | 0.131 | 155 | 0.134 |
| 160 | 0.123 | 160 | 0.126 |
| 165 | 0.116 | 165 | 0.118 |
| 170 | 0.109 | 170 | 0.112 |
| 175 | 0.103 | 175 | 0.106 |
| 180 | 0.098 | 180 | 0.100 |
| 185 | 0.093 | 185 | 0.095 |
| 190 | 0.088 | 190 | 0.090 |
| 195 | 0.084 | 195 | 0.085 |
| 200 | 0.080 | 200 | 0.081 |
| 205 | 0.076 | 205 | 0.077 |
| 210 | 0.072 | 210 | 0.074 |
| 215 | 0.069 | 215 | 0.070 |
| 220 | 0.066 | 220 | 0.067 |
| 225 | 0.063 | 225 | 0.064 |
| 230 | 0.060 | 230 | 0.062 |
| 235 | 0.058 | 235 | 0.059 |
| 240 | 0.055 | 240 | 0.057 |

**层板胶合木的 $k_{cy}$ 或 $k_{cz}$ 值符合 EN 1194 的规定,基于 EN 1995-1-1 中式(*6.25*)~式(*6.29*)且 $\beta_C=0.1$**(基于长细比 $\lambda$,最大至 240)　表 6.10(a)

| GL 24h | | GL 28h | | GL 32h | | GL 36h | |
|---|---|---|---|---|---|---|---|
| $f_{c,0,g,k}=24N/mm^2$ $E_{0,g,0.5}=9.4kN/mm^2$ | | $f_{c,0,g,k}=26.5N/mm^2$ $E_{0,g,0.5}=10.2kN/mm^2$ | | $f_{c,0,g,k}=29N/mm^2$ $E_{0,g,0.5}=11.1kN/mm^2$ | | $f_{c,0,g,k}=31N/mm^2$ $E_{0,g,0.5}=11.9kN/mm^2$ | |
| $\lambda$ | $k_{cy}(k_{cz})$ | $\lambda$ | $k_{cy}(k_{cz})$ | $\lambda$ | $k_{cy}(k_{cz})$ | $\lambda$ | $k_{cy}(k_{cz})$ |
| 18.652 | 1 | 18.49 | 1 | 18.439 | 1.000 | 18.466 | 1.000 |
| 20 | 0.998 | 20 | 0.997 | 20 | 0.997 | 20 | 0.997 |
| 25 | 0.988 | 25 | 0.988 | 25 | 0.987 | 25 | 0.987 |
| 30 | 0.977 | 30 | 0.976 | 30 | 0.976 | 30 | 0.976 |
| 35 | 0.964 | 35 | 0.963 | 35 | 0.962 | 35 | 0.962 |
| 40 | 0.947 | 40 | 0.945 | 40 | 0.945 | 40 | 0.945 |

续上表

| GL 24h | | GL 28h | | GL 32h | | GL 36h | |
|---|---|---|---|---|---|---|---|
| $f_{c,0,g,k}=24\mathrm{N/mm^2}$ $E_{0,g,0.5}=9.4\mathrm{kN/mm^2}$ | | $f_{c,0,g,k}=26.5\mathrm{N/mm^2}$ $E_{0,g,0.5}=10.2\mathrm{kN/mm^2}$ | | $f_{c,0,g,k}=29\mathrm{N/mm^2}$ $E_{0,g,0.5}=11.1\mathrm{kN/mm^2}$ | | $f_{c,0,g,k}=31\mathrm{N/mm^2}$ $E_{0,g,0.5}=11.9\mathrm{kN/mm^2}$ | |
| $\lambda$ | $k_{cy}(k_{cz})$ | $\lambda$ | $k_{cy}(k_{cz})$ | $\lambda$ | $k_{cy}(k_{cz})$ | $\lambda$ | $k_{cy}(k_{cz})$ |
| 45 | 0.924 | 45 | 0.922 | 45 | 0.921 | 45 | 0.922 |
| 50 | 0.893 | 50 | 0.890 | 50 | 0.889 | 50 | 0.98 |
| 55 | 0.851 | 55 | 0.846 | 55 | 0.845 | 55 | 0.846 |
| 60 | 0.796 | 60 | 0.789 | 60 | 0.787 | 60 | 0.788 |
| 65 | 0.730 | 65 | 0.722 | 65 | 0.720 | 65 | 0.721 |
| 70 | 0.662 | 70 | 0.653 | 70 | 0.651 | 70 | 0.652 |
| 75 | 0.596 | 75 | 0.587 | 75 | 0.585 | 75 | 0.586 |
| 80 | 0.535 | 80 | 0.527 | 80 | 0.525 | 80 | 0.526 |
| 85 | 0.482 | 85 | 0.475 | 85 | 0.472 | 85 | 0.473 |
| 90 | 0.435 | 90 | 0.428 | 90 | 0.426 | 90 | 0.427 |
| 95 | 0.394 | 95 | 0.388 | 95 | 0.386 | 95 | 0.387 |
| 100 | 0.358 | 100 | 0.353 | 100 | 0.351 | 100 | 0.352 |
| 105 | 0.327 | 105 | 0.322 | 105 | 0.32 | 105 | 0.321 |
| 110 | 0.299 | 110 | 0.294 | 110 | 0.293 | 110 | 0.294 |
| 115 | 0.275 | 115 | 0.271 | 115 | 0.269 | 115 | 0.27 |
| 120 | 0.254 | 120 | 0.249 | 120 | 0.248 | 120 | 0.249 |
| 125 | 0.234 | 125 | 0.231 | 125 | 0.229 | 125 | 0.230 |
| 130 | 0.217 | 130 | 0.214 | 130 | 0.213 | 130 | 0.213 |
| 135 | 0.202 | 135 | 0.199 | 135 | 0.198 | 135 | 0.198 |
| 140 | 0.188 | 140 | 0.185 | 140 | 0.184 | 140 | 0.185 |
| 145 | 0.176 | 145 | 0.173 | 145 | 0.172 | 145 | 0.172 |
| 150 | 0.165 | 150 | 0.162 | 150 | 0.161 | 150 | 0.161 |
| 155 | 0.154 | 155 | 0.152 | 155 | 0.151 | 155 | 0.151 |
| 160 | 0.145 | 160 | 0.143 | 160 | 0.142 | 160 | 0.142 |
| 165 | 0.137 | 165 | 0.134 | 165 | 0.134 | 165 | 0.139 |
| 170 | 0.129 | 170 | 0.127 | 170 | 0.126 | 170 | 0.126 |
| 175 | 0.122 | 175 | 0.120 | 175 | 0.119 | 175 | 0.119 |
| 180 | 0.115 | 180 | 0.113 | 180 | 0.113 | 180 | 0.113 |
| 185 | 0.109 | 185 | 0.107 | 185 | 0.107 | 185 | 0.107 |
| 190 | 0.104 | 190 | 0.102 | 190 | 0.101 | 190 | 0.102 |
| 195 | 0.099 | 195 | 0.097 | 195 | 0.096 | 195 | 0.097 |
| 200 | 0.094 | 200 | 0.092 | 200 | 0.092 | 200 | 0.092 |
| 205 | 0.089 | 205 | 0.088 | 205 | 0.087 | 205 | 0.088 |
| 210 | 0.085 | 210 | 0.084 | 210 | 0.083 | 210 | 0.083 |
| 215 | 0.081 | 215 | 0.080 | 215 | 0.079 | 215 | 0.080 |
| 220 | 0.078 | 220 | 0.076 | 220 | 0.076 | 220 | 0.076 |
| 225 | 0.074 | 225 | 0.073 | 225 | 0.073 | 225 | 0.073 |
| 230 | 0.071 | 230 | 0.070 | 230 | 0.070 | 230 | 0.070 |
| 235 | 0.068 | 235 | 0.067 | 235 | 0.067 | 235 | 0.067 |
| 240 | 0.065 | 240 | 0.064 | 240 | 0.064 | 240 | 0.064 |

层板胶合木的 $k_{cy}$ 或 $k_{cz}$ 值符合 EN 1194 的规定,基于 EN 1995-1-1 中式(6.25)~式(6.29)且 $\beta_C = 0.1$(基于长细比 $\lambda$,最大至 240) 表 6.10(b)

| GL 24c | | GL 28c | | GL 32c | | GL 36c | |
|---|---|---|---|---|---|---|---|
| $f_{c,0,g,k}=21.0\text{N/mm}^2$ $E_{0,g,0.5}=9.4\text{kN/mm}^2$ | | $f_{c,0,g,k}=24.0\text{N/mm}^2$ $E_{0,g,0.5}=10.2\text{kN/mm}^2$ | | $f_{c,0,g,k}=26.5\text{N/mm}^2$ $E_{0,g,0.5}=11.1\text{kN/mm}^2$ | | $f_{c,0,g,k}=29.0\text{N/mm}^2$ $E_{0,g,0.5}=11.9\text{kN/mm}^2$ | |
| $\lambda$ | $k_{cy}(k_{cz})$ | $\lambda$ | $k_{cy}(k_{cz})$ | $\lambda$ | $k_{cy}(k_{cz})$ | $\lambda$ | $k_{cy}(k_{cz})$ |
| 19.94 | 1 | 19.43 | 1 | 19.289 | 1 | 19.092 | 1 |
| | | 20 | 0.999 | 20 | 0.999 | 20 | 0.998 |
| 25 | 0.991 | 25 | 0.990 | 25 | 0.990 | 25 | 0.989 |
| 30 | 0.981 | 30 | 0.980 | 30 | 0.979 | 30 | 0.979 |
| 35 | 0.970 | 35 | 0.968 | 35 | 0.967 | 35 | 0.966 |
| 40 | 0.956 | 40 | 0.952 | 40 | 0.951 | 40 | 0.950 |
| 45 | 0.938 | 45 | 0.933 | 45 | 0.931 | 45 | 0.929 |
| 50 | 0.914 | 50 | 0.907 | 50 | 0.905 | 50 | 0.901 |
| 55 | 0.882 | 55 | 0.871 | 55 | 0.868 | 55 | 0.863 |
| 60 | 0.840 | 60 | 0.824 | 60 | 0.819 | 60 | 0.812 |
| 65 | 0.786 | 65 | 0.765 | 65 | 0.759 | 65 | 0.751 |
| 70 | 0.724 | 70 | 0.700 | 70 | 0.693 | 70 | 0.684 |
| 75 | 0.659 | 75 | 0.635 | 75 | 0.628 | 75 | 0.618 |
| 80 | 0.598 | 80 | 0.573 | 80 | 0.566 | 80 | 0.557 |
| 85 | 0.541 | 85 | 0.518 | 85 | 0.511 | 85 | 0.502 |
| 90 | 0.490 | 90 | 0.468 | 90 | 0.462 | 90 | 0.454 |
| 95 | 0.445 | 95 | 0.425 | 95 | 0.419 | 95 | 0.411 |
| 100 | 0.405 | 100 | 0.387 | 100 | 0.381 | 100 | 0.374 |
| 105 | 0.371 | 105 | 0.353 | 105 | 0.348 | 105 | 0.342 |
| 110 | 0.340 | 110 | 0.323 | 110 | 0.319 | 110 | 0.313 |
| 115 | 0.312 | 115 | 0.297 | 115 | 0.293 | 115 | 0.288 |
| 120 | 0.288 | 120 | 0.274 | 120 | 0.270 | 120 | 0.265 |
| 125 | 0.267 | 125 | 0.254 | 125 | 0.250 | 125 | 0.245 |
| 130 | 0.247 | 130 | 0.235 | 130 | 0.232 | 130 | 0.227 |
| 135 | 0.230 | 135 | 0.219 | 135 | 0.216 | 135 | 0.211 |
| 140 | 0.214 | 140 | 0.204 | 140 | 0.201 | 140 | 0.197 |
| 145 | 0.200 | 145 | 0.190 | 145 | 0.188 | 145 | 0.184 |
| 150 | 0.187 | 150 | 0.178 | 150 | 0.176 | 150 | 0.172 |
| 155 | 0.176 | 155 | 0.167 | 155 | 0.165 | 155 | 0.162 |
| 160 | 0.165 | 160 | 0.157 | 160 | 0.155 | 160 | 0.152 |
| 165 | 0.156 | 165 | 0.148 | 165 | 0.146 | 165 | 0.143 |
| 170 | 0.147 | 170 | 0.140 | 170 | 0.138 | 170 | 0.135 |
| 175 | 0.139 | 175 | 0.132 | 175 | 0.130 | 175 | 0.128 |
| 180 | 0.131 | 180 | 0.125 | 180 | 0.123 | 180 | 0.121 |
| 185 | 0.125 | 185 | 0.118 | 185 | 0.117 | 185 | 0.114 |

续上表

| GL 24c | | GL 28c | | GL 32c | | GL 36c | |
|---|---|---|---|---|---|---|---|
| $f_{c,0,g,k}=21.0\mathrm{N/mm^2}$ $E_{0,g,0.5}=9.4\mathrm{kN/mm^2}$ | | $f_{c,0,g,k}=24.0\mathrm{N/mm^2}$ $E_{0,g,0.5}=10.2\mathrm{kN/mm^2}$ | | $f_{c,0,g,k}=26.5\mathrm{N/mm^2}$ $E_{0,g,0.5}=11.1\mathrm{kN/mm^2}$ | | $f_{c,0,g,k}=29.0\mathrm{N/mm^2}$ $E_{0,g,0.5}=11.9\mathrm{kN/mm^2}$ | |
| $\lambda$ | $k_{cy}(k_{cz})$ | $\lambda$ | $k_{cy}(k_{cz})$ | $\lambda$ | $k_{cy}(k_{cz})$ | $\lambda$ | $k_{cy}(k_{cz})$ |
| 190 | 0.118 | 190 | 0.112 | 190 | 0.111 | 190 | 0.109 |
| 195 | 0.112 | 195 | 0.107 | 195 | 0.105 | 195 | 0.103 |
| 200 | 0.107 | 200 | 0.102 | 200 | 0.100 | 200 | 0.098 |
| 205 | 0.102 | 205 | 0.097 | 205 | 0.095 | 205 | 0.093 |
| 210 | 0.097 | 210 | 0.092 | 210 | 0.091 | 210 | 0.089 |
| 215 | 0.093 | 215 | 0.088 | 215 | 0.087 | 215 | 0.085 |
| 220 | 0.089 | 220 | 0.084 | 220 | 0.083 | 220 | 0.081 |
| 225 | 0.085 | 225 | 0.081 | 225 | 0.079 | 225 | 0.078 |
| 230 | 0.081 | 230 | 0.077 | 230 | 0.076 | 230 | 0.075 |
| 235 | 0.078 | 235 | 0.074 | 235 | 0.073 | 235 | 0.071 |
| 240 | 0.075 | 240 | 0.071 | 240 | 0.070 | 240 | 0.069 |

## 参考文献


Aune P (1995) Shear and torsion. In *Timber Engineering*:*STEP* 1(Blass HJ, Aune P, Choo BS *et al.* (eds)). Centrum Hout, Almere, lecture B4.

Blass HJ and Gorlacher R (2004) Compression perpendicular to the grain. *Proceedings of the World Conference on Timber Engineering*, Lahti, vol. II, pp. 435-440.

BSI (2004) BS EN 13986:2004. Wood-based panels for use in construction. Characteristics, evaluation of conformity and marking. BSI, London.

BSI (2010) BS EN 408:2010. Timber structures. Structural timber and glued laminated timber – Determination of some physical and mechanical properties. BSI, London.

Hankinson RL (1921) Investigation of crushing strength of spruce at varying angles to the grain.

*US Air Service Information Circular*, vol. 3. No. 259 (Material Section Paper No. 130).

Maki AC and Keunzi EW (1965) *Deflection and Stresses of Tapered Wood Beams. Research PaperFPL* 34. US Forest Service, Madison, WI.

Porteous J and Kermani A (2007) *Structural Timber Design to Eurocode* 5. Blackwell, Oxford.

Timoshenko S and Goodier JN (1951) *Theory of Elasticity*, 2nd edn. McGraw-Hill, New York.

# 第7章　正常使用极限状态

本章涉及正常使用极限状态下的要求。它涵盖了 EN 1995-1-1 *第7章*中的内容,并涉及下列条款:

- 连接滑移　*条款7.1*
- 梁的挠度限值　*条款7.2*
- 振动　*条款7.3*

正常使用极限状态是关于结构功能和外观以及用户的舒适性的状态,在 EN 1990条款 3.4 中定义。对这些状态的验算要求零散地贯穿于 EN 1995-1-1 中,本章内容试图将上述标题下的相关信息汇总在一起。

正常使用极限状态可以是可逆的,也可以是不可逆的,并且用于计算变形的荷载要求对于每种类型都是不同的。不可逆的极限状态是即使在设计荷载被卸除后也会超过的状态(例如,抹灰开裂的天花板)。可逆极限状态是在设计荷载下超过的状态,且当卸除时不会有不可逆的损伤状态(例如,超过设计极限的挠度导致视觉冲击但不会造成永久损伤)。

EN 1990 允许可逆极限状态,前提是设计人员能与客户就设计准则达成一致,但是 EN 1995-1-1 的设计规定只允许不可逆极限状态。虽然 EN 1990 设置了 EN 1995-1-1 的框架,且如果一致,可使用可逆极限状态,但是 EN 1995-1-1 中的规定是以这样的方式编写的,即指导设计人员使用不可逆极限状态来确定木结构中的变形。

不可逆极限状态的荷载组合是 EN 1990 和本指南第 2 章中提到的标准和准永久组合。这些组合应用永久和可变作用,并且设计荷载条件是在被评估的结构构件中导致最大变形效应的条件。当整个结构的蠕变性能不同时,*条款2.2.3(3)*和*条款2.2.3(4)*的荷载要求不明确,按照附录 A 中的规定和本指南第 2.2.3 节和第 5 章的解释进行修订。此外,本指南建议,对于这种情况,一个更简单但更保守的选择是应用标准荷载组合,并且在第 2.2.3 节和第 5 章中也给出了对此的建议。

*条款2.2.3(3)*
*条款2.2.3(4)*

## 7.1　连接滑移

当连接承受侧向荷载作用时,由于连接中木材或木制品的屈服、所用类型紧固件的可能变形及由于占用任何公差间隙而引起的移动,将发生滑移。滑移量取决于所使用的紧固件类型、钉或螺钉紧固件连接的荷载持续作用、典型荷载-滑移曲线以及如图7.1所示承受试验荷载条件的螺栓连接。

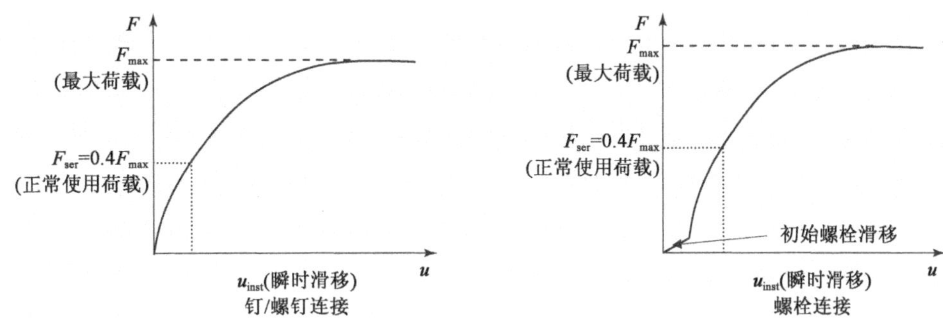


图7.1　钉/螺钉和螺栓连接承受侧向荷载作用时的典型荷载-滑移曲线

作用于紧固件上的正常使用荷载 $F_{ser}$ 除以该荷载下紧固件瞬时滑移 $u_{inst}$ 得到的比值定义为滑移模量 $K_{ser}$，表7.1给出了EN 1995-1-1中提到的不同类型紧固件的模量值。对于普通紧固件类型，$K_{ser}$ 为N/mm/剪切平面/紧固件，注意没有给出齿板紧固件的值，因为它取决于所使用齿板的构造。

为了防止在获取 $K_{ser}$ 的试验中发生蠕变滑移，相关欧洲标准允许的荷载持续作用时间小于2min。基于此，滑移 $u_{inst}$ 被认为是弹性的，称为紧固件的瞬时滑移。

当连接由具有不同密度的木材或木基制品构成时，表7.1中表达式使用的密度平均值通过式(*7.1*)得到：

$$\rho_m = (\rho_{m1}\rho_{m2})^{0.5} \tag{7.1}$$

式中，$\rho_{m1}$ 和 $\rho_{m2}$ 是连接中相应构件的密度平均值($kg/m^3$)。

对于木材-钢或木材-混凝土连接，*条款7.1(3)* 规定 $K_{ser}$ 可乘以2。其中假定在连接部位的钢或混凝土中无滑移，然而，由于偏差和屈服的影响，特别是在钢连接和使用紧固件的情况下，乘以2可能显著高估了连接刚度。本指南建议，当使用紧固件时，小于2的值可能更合适，并且当涉及木材-混凝土连接时，可以从Dias等人(2010)进行的研究中获得关于这种节点的刚度性能指南。 *条款7.1(3)*

**木-木或木板-木材连接中紧固件和连接件的 $K_{ser}$ 值**　　表7.1

($K_{ser}$ 为N/mm/剪切平面/紧固件)

| 紧固件类型 | $K_{ser}^{c}$ | 间隙公差[c] |
|---|---|---|
| 销钉 | $\rho_m^{1.5}d/23$ | 无 |
| 有间隙螺栓[a] | | [a] |
| 无间隙螺栓 | | 无 |
| 螺钉 | | 无 |
| 钉(预钻孔) | | 无 |
| 钉(无预钻孔) | $\rho_m^{1.5}d^{0.8}/30$ | 无 |
| 扒钉 | $\rho_m^{1.5}d^{0.8}/80$ | 无 |
| 符合EN 912(BSI,2011)的A型裂环连接件 | $\rho_m d_c/2$ | [b] |

续上表

| 紧固件类型 | $K^{c}_{ser}$ | 间隙公差[c] |
|---|---|---|
| 符合 EN 912 的 B 型剪切板连接件 | | [b] |
| 齿板连接件 | | |
| ■符合 EN 912 的 C1 ~ C9 型连接件 | $1.5\rho_m d_c/4$ | [b] |
| ■符合 EN 912 的 C10 ~ C11 型连接件 | $e_m d_c/2$ | [b] |

数据源于 EN 1995-1-1。

条款*10.4.3*

[a] 预钻孔尺寸与螺栓直径之间的间隙公差应该是不同的,见条款*10.4.3*。其应分别加到变形中。

[b] 在 EN 1995-1-1 中没有提及有关要求。其可能导致滑移被低估(例如,剪盘连接件),本指南中建议为间隙提供一定余量。

[c] $\rho_m$ 为连接构件的密度平均值($kg/m^3$);$d$ 为紧固件直径(mm),也可能为销钉的直径(如 EN 14592 所定义)、钉和螺栓的公称直径或螺栓实心杆的直径。$d_c$ 由 EN 912 中的相应连接件所定义(mm)

木材中的连接通常为单剪或双剪,每种连接的示例如图 7.2 所示。在单剪连接中,每个紧固件有一个剪切面,而在双剪连接中,每个紧固件有两个剪切面。

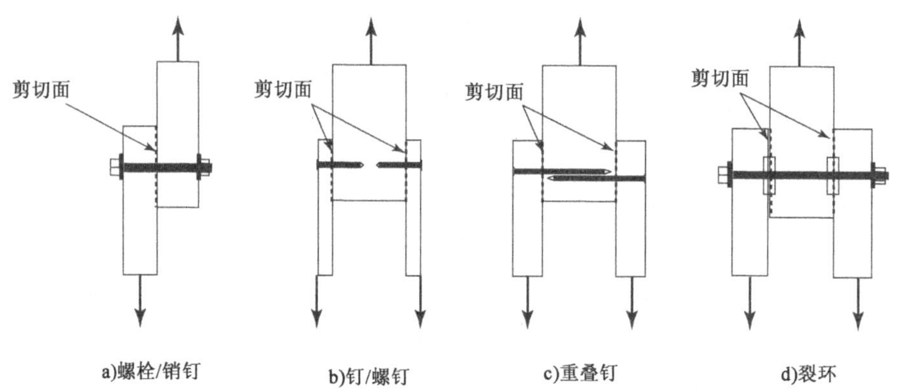


图 7.2　侧向受荷的单剪和双剪连接

a ~ c)单剪;d)双剪

为了获得在正常使用极限状态下的连接刚度,所用类型紧固件的滑移模量必须乘以剪切面中的紧固件数量和连接中的剪切面的数量。当在剪切面(例如,剪切板或单面齿板连接件)中以背靠背的布局使用单面连接件时,通过将连接件的 $K_{ser}$ 值乘以剪切面中的螺栓数量来得到剪切面刚度,如图 7.3 所示。

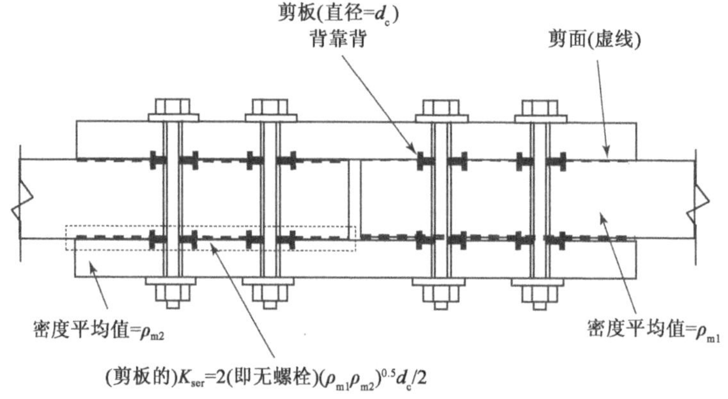


图 7.3　木-木连接中单排 B2 剪切板连接件的剪面刚度

在正常使用极限状态设计荷载作用下，将发生瞬时滑移，本指南第2章和第5.4.2节给出了用于本分析的荷载组合建议。

当连接在一段时间内承受正常使用极限状态荷载时，也会发生蠕变滑移，而瞬时滑移和蠕变滑移的组合称为连接的最终变形。如果结构由具有相同蠕变性能的构件、部件和连接组成[即与本指南第2章和第3章中提到的 $k_{def}$ 值相同，并且考虑到条款*2.3.2.2(3)*和条款*2.3.2.2(4)*的要求]，则最终变形可以通过使用平均刚度值分析得到。连接中所用类型紧固件的滑移模量为表7.1中给出的 $K_{ser}$ 相关值。正常使用极限状态设计荷载将由荷载的标准和准永久组合导出，并在本指南第2章和第5章中提及。

条款*2.3.2.2(3)*
条款*2.3.2.2(4)*

如果结构由具有不同蠕变性能的构件、部件和连接组成，则条款*2.3.2.2(1)*要求使用刚度特性的最终平均值进行最终变形分析。条款*2.3.2.2(3)*和条款*2.3.2.2(4)*规定，对于连接，每个连接材料的变形系数 $k_{def}$ 必须翻倍，除非使用缀板(可以认为只有 $k_{def}$ 适用)，否则连接的蠕变性能总是不同于构件的蠕变性能，要求使用最终的刚度平均值。对于连接中的紧固件，最终的滑移模量平均值 $K_{ser,fin}$ 是从式(*2.9*)中导出的：

条款*2.3.2.2(1)*
条款*2.3.2.2(3)*
条款*2.3.2.2(4)*

$$K_{ser,fin} = K_{ser}/(1 + k_{def}) \tag{2.9}$$

式中，$K_{ser}$ 是从表7.1中得到的滑移模量，并且：

■ 对于由具有相同时间相关特性的木材构件形成的连接，$k_{def}$ = 表3.2中变形系数的2倍。

■ 对于由具有不同时间相关特性的两个木基构件形成的连接，$k_{def} = 2(k_{def,1}k_{def,2})^{0.5}$，其中 $k_{def,1}$ 和 $k_{def,2}$ 是各个构件的变形系数，见表*3.2*。

如第2.2.3节所述，条款*2.2.3(3)*和条款*2.2.3(4)*中的说明按附录A的规定进行修订，以阐明用于这种情况的荷载条件，并且本指南第2.2.3节和第5章提到了新的要求。如果有间隙余量 $c$，将导致在加载开始时的连接处滑移，并且必须将其加到瞬时和蠕变滑移的总和上，以获得最终变形。

条款*2.2.3(3)*
条款*2.2.3(4)*

**示例7.1：螺栓连接的刚度、瞬时滑移和最终滑移**

在正常使用极限状态下，结构中的木-OSB/3缀板节点承受侧向永久作用设计值 $F_{d,G}$ = 2.5kN，侧向可变作用设计值 $F_{d,Q}$ = 4.0kN，相关系数 $\Psi_2$ = 0.3(图7.4)。缀板厚12mm，密度平均值为650kg/m³，木材强度等级为C18，厚度50mm，在服役等级1的条件下具有连接功能。每个连接处有6个直径8mm的螺栓，双面受剪，如图7.4所示间隔开，每个螺栓孔的公差为1mm。在正常使用极限状态下确定节点处的侧向刚度、瞬时滑移和最终滑移。

木材的密度平均值：

$\rho_{t,m} = 380\text{kg/m}^3$

OSB/3 的密度平均值:

$\rho_{osb,m}=650\text{kg/m}^3$

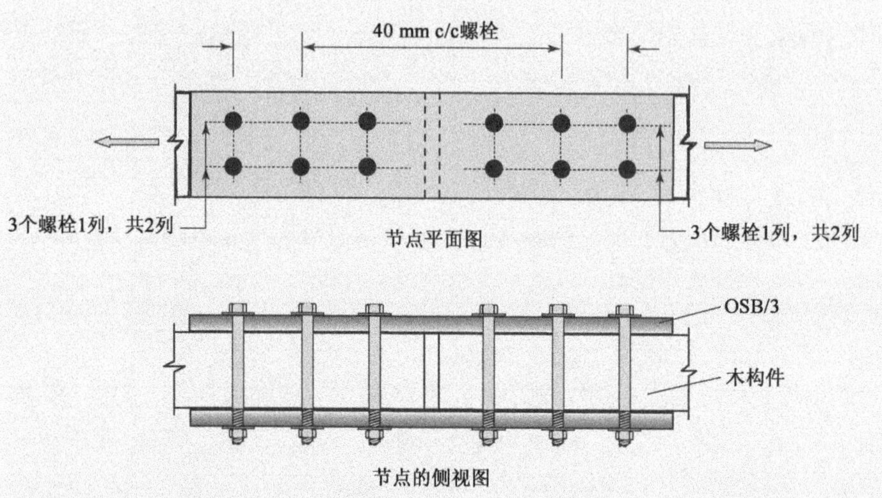


图 7.4 木材-OSB/3 连接

连接的密度平均值:

$$\rho_m=\sqrt{\rho_{t,m}\rho_{osb,m}}=\sqrt{380\times650}=497(\text{kg/m}^3)$$

滑移模量/剪切面/螺栓:

$K_{ser}=\rho_m^{1.5}d/23=(497^{1.5}\times8)/23=3.8538(\text{kN/mm/sp/bolt})$

每个连接的侧向刚度:

$2\times6\times3.8538=46.246(\text{kN/mm})$

节点的侧向刚度:

$K_{ser,\ joint}=46.246/2=23.123(\text{kN/mm})$

节点上的侧向荷载标准值:

$F_{d.\ sls}=F_{d.\ G}+F_{d.\ Q}=2.5+4.0=6.5(\text{kN})$

将螺栓间隙设为 1mm，在正常使用极限状态下的瞬时滑移 $u_{inst}$ 为:

$u_{inst}=F_{d.\ sls}/K_{ser,joint}+2\text{mm}=0.28+2=2.28(\text{mm})$

木材的变形系数:

$k_{t,def}=0.6$

OSB/3 的变形系数:

$k_{osb,\ def}=1.5$

每个连接的变形系数:

$k_{def}=2\sqrt{k_{t,def}k_{osb,def}}=2\sqrt{0.6\times1.5}=1.897$

最终滑移条件下的节点刚度:

$K_{ser,fin} = K_{ser,joint}/(1 + k_{def}) = 23.123/2.897 = 7.982(kN/mm)$

节点的最终滑移 $u_{fin}$:

(1)根据附录 A 中的修订方法:

$$u_{fin} = [F_{d.sls} - (F_{d.G} + \Psi_2 \times F_{d.Q})/K_{ser,joint}] + (F_{d.G} + \Psi_2 \times F_{d.Q})/K_{ser,fin} + 2mm$$
$$= [6.5 - (2.5 + 0.3 \times 4.0)]/23.123 + (2.5 + 0.3 \times 4.0)/7.982 + 2$$
$$= 2.58(mm)$$

(2)基于第 2.2.3 节和第 5 章中提到的保守方法:

$$u_{fin} = F_{d.sls}/K_{ser,fin} + 2mm = 6.5/7.982 + 2 = 2.81(mm)$$

(即,与 EN 1995-1-1 方法相比,数值增加约 9%。)

## 7.2　梁的挠度限值

在 EN 1995-1-1 中,“变形”是所有形式位移(即挠度、连接滑移、节点转动等)的通用术语。它是施加设计荷载时立即产生的位移,即由瞬时变形 $u_{inst}$ 和因蠕变引起的建筑物设计使用年限中的变形(即蠕变变形)$u_{creep}$ 组成。瞬时变形和蠕变变形的总和是最终变形 $u_{fin}$。

计算变形的荷载要求在本指南第 2.2.3、2.3.1 和 5.4.2 节中提及,并且为了防止由于过度变形而引起不可接受的破坏以及为满足功能和视觉要求,每个项目必须与客户就限值达成一致。对于梁,EN 1995-1-1 中的表 *7.2* 和 EN 1995-1-1 英国国家附件中给出了公认可接受限值的建议。在设计荷载条件下产生的构件挠度分量如*图 7.1* 所示(复制为图 7.5),定义如下:

$w_c$ 是梁的任何预拱度(如使用);

$w_{inst}$ 是瞬时挠度(从使用的预拱位置测量);

$w_{creep}$ 是蠕变挠度;

$w_{fin}$ 是最终挠度 (即 $w_{fin} = w_{inst} + w_{creep}$);

$w_{net,fin}$ 是净最终挠度(即 $w_{net,fin} = w_{fin} - w_c$)。

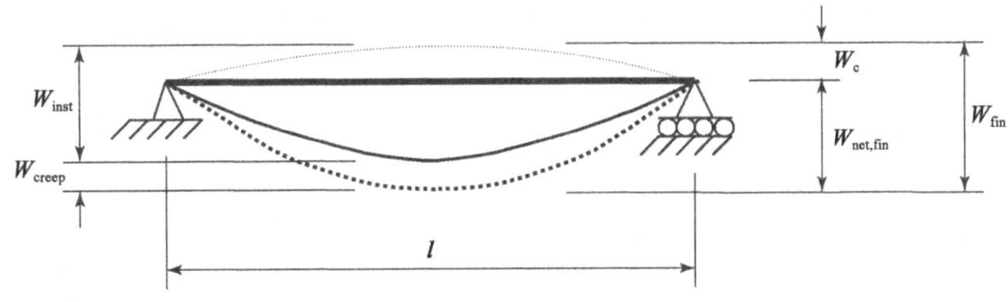


图 7.5　挠度分量(基于 EN 1995-1-1 中图 7.1,转载得到 EN 1995-1-1 许可,© British Standards Institute,2004)

在 EN 1995-1-1 的国家附件中,验算要求仅涉及最终变形条件,且为:

$$u_{net,fin} \leqslant w_{net,fin} \quad (D7.1)$$

式中,$u_{net,fin}$ 是梁的净最终挠度;$w_{net,fin}$ 是从国家附件中获得的,或者是设计人员和客户之间达成的任何备选限值。

在木结构中,由于剪切模量与弯曲模量的比值较高,约为钢材的 8 倍,除弯曲变形外,在计算变形时还必须考虑剪切变形,并且以上提到的限值是针对弯剪组合条件的。

在木结构施工中,梁通常在单跨条件下简支,实木矩形截面在瞬时变形条件下的典型荷载分布以及第 9 章提到的类型组合 I 形梁的挠度公式见表 7.2。

**实木矩形截面(a)和胶黏 I 形截面(b)的简支和悬臂梁的弯剪瞬时组合挠度**　表 7.2

| (a)宽为 $b$(mm)、高为 $h$(mm)、跨度为 $l$(mm)的实木矩形梁;$E_{0,\text{mean}}$ 为模量平均值(kN/mm²),$G_{0,\text{mean}}$ 为剪切模量平均值(kN/mm²) | |
|---|---|
| 荷载工况 | 弯剪组合挠度(mm) |
| 沿跨度为 $l$ 的简支梁的长度方向作用的瞬时均布荷载设计值(总值),$V$(kN) | $u_{\text{midspan}}=\dfrac{5Vl^3}{32E_{0,\text{mean}}bh^3}+\dfrac{Vl}{6.67G_{0,\text{mean}}bh}$ |
| 作用于跨度为 $l$ 的简支梁跨中的集中荷载,$V$(kN) | $u_{\text{midspan}}=\dfrac{Vl^3}{4E_{0,\text{mean}}bh^3}+\dfrac{Vl}{3.333G_{0,\text{mean}}bh}$ |
| 作用于跨度为 $l$ 的简支梁 1/4 及 3/4 处的集中荷载,$V$(kN) | $u_{\text{midspan}}=\dfrac{11Vl^3}{32E_{0,\text{mean}}bh^3}+\dfrac{Vl}{3.332G_{0,\text{mean}}bh}$ |
| 作用于长度为 $l$ 的悬臂端的集中荷载,$V$(kN) | $u_{\text{end of cantilever}}=\dfrac{4Vl^3}{E_{0,\text{mean}}bh^3}+\dfrac{1.2Vl}{G_{0,\text{mean}}bh}$ |
| (b)本指南第 9.1.1 节中所描述的胶黏 I 形梁;$E_{\text{W,mean}}$ 为翼缘材料的模量平均值(kN/mm²);$E_{\text{w,mean}}$ 为腹板材料的模量平均值(kN/mm²);$G_{\text{w,mean}}$ 为腹板材料的剪切模量平均值(kN/mm²);$I_{\text{ef}}=I_{\text{f}}+(E_{\text{w,mean}}/E_{\text{f,mean}})I_{\text{w}}$ 为有效截面模量(mm⁴),其中 $I_{\text{f}}$ 和 $I_{\text{w}}$ 在本指南第 9.1.1 节给出;如图 9.1 所示,$b$ 为腹板厚度(mm),$h_{\text{w}}$ 为翼缘间的净距(mm) | |
| 荷载工况 | 弯剪组合挠度(mm)[a] |
| 沿跨度为 $l$(mm)的简支梁的长度方向作用的瞬时均布荷载设计值(总值),$V$(kN) | $u_{\text{midspan}}=\dfrac{5Vl^3}{384E_{0,\text{mean}}l_{\text{ef}}}+\dfrac{Vl}{8G_{0,\text{mean}}bh_{\text{w}}}$ |
| 作用于跨度为 $l$(mm)的简支梁跨中的集中荷载,$V$(kN) | $u_{\text{midspan}}=\dfrac{Vl^3}{48E_{0,\text{mean}}l_{\text{ef}}}+\dfrac{Vl}{4G_{0,\text{mean}}bh_{\text{w}}}$ |
| 作用于跨度为 $l$(mm)的简支梁 1/4 及 3/4 处的集中荷载,$V$(kN) | $u_{\text{midspan}}=\dfrac{11Vl^3}{32E_{0,\text{mean}}l_{\text{ef}}}+\dfrac{Vl}{4G_{0,\text{mean}}bh_{\text{w}}}$ |
| 作用于跨度为 $l$(mm)的悬臂端的集中荷载,$V$(kN) | $u_{\text{end of cantilever}}=\dfrac{Vl^3}{3E_{0,\text{mean}}l_{\text{ef}}}+\dfrac{Vl}{G_{0,\text{mean}}bh_{\text{w}}}$ |
| [a] 剪切变形基于近似法:如需要更精确的值,《*Rork's Formulas for Stress and Strain*》(Yong,1989)中给出了建议 | |

**示例7.2:箱形梁的挠度**

办公室楼层中沿梁受压翼缘的长度方向侧向支承简支带来层箱形梁,有效跨度为6.75m。包括结构的自重,梁支承的永久荷载设计值 $F_{d,G}=1.04\text{kN/m}$ 和可变中等持续作用荷载 $F_{d,Q}=2.7\text{kN/m}$。用于翼缘的木材为C24级,各个腹板为加拿大胶合板,12.5mm厚,表面平行于跨度方向。梁的横截面如图7.6所示,它在服役等级2的条件下工作。证明箱梁的瞬时和最终挠度分别不超过跨度/300和跨度/150。与可变荷载相关的系数 $\Psi_2$ 为0.3。

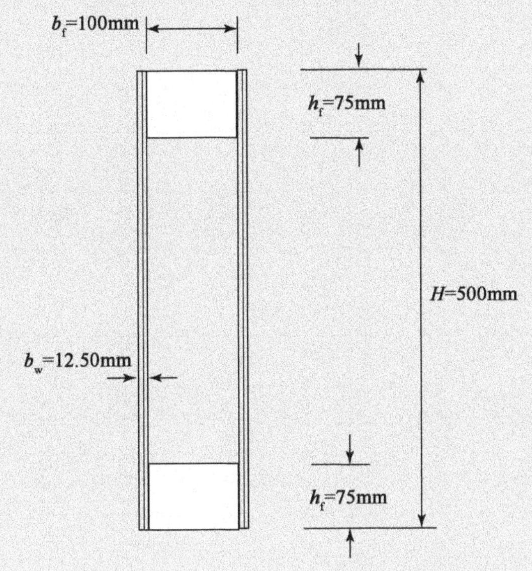


图7.6 梁的截面

梁上的荷载标准值:

$$F_{d,sls}=(F_{d,G}+F_{d,Q})L_e=(1.04+2.7)6.75=25.245(\text{kN})$$

计算瞬时条件下截面面积的惯性矩 $I_{ef}$ 以及最终变形条件 $I_{ef,fin}$(基于转化为木材的截面)。

对于瞬时条件,转化的腹板厚度为:

$$b_{w,tfd}=b_w(E_{p,0,mean}/E_{0,mean})=12.5\times5.84/11.0=6.636(\text{mm})$$

和

$$I_{ef}=2b_{w,tfd}H^3/12+b_f(H^3-h_w^2)/12$$
$$=2\times6.636\times500^3/12+100(500^3-350^3)/12=8.2263\times10^8(\text{mm}^4)$$

对于最终条件,转化的腹板厚度为:

$$b_{cw,tfd}=b_{wtfd}(1+k_{t,def})/(1+k_{p,def})=6.636(1+0.8)/(1+1.0)$$
$$=5.973(\text{mm})$$

和

$$I_{c,ef}=2b_{cw,tfd}H^3/12+b_f(H^3-h_w^3)/12$$
$$=2\times5.973\times500^3/12+100(500^3-350^3)/12=8.088\times10^8(\text{mm}^4)$$

腹板受剪时的有效面积:

$A_{ef}=2\times b\times h_w=2\times 12.5\times 350=8.75\times 10^3(\mathrm{mm}^2)$

计算梁的瞬时变形 $u_{inst}$。

在瞬时条件($u_{inst}$)下梁跨中均匀分布荷载下的弯曲挠度($u_m$)和剪切挠度($u_v$)组合:

$$u_m=\frac{5}{384}\frac{F_{d,sls}L_e^3}{E_{0,mean}I_{ef}}$$

$$u_v=\frac{1}{8}\frac{E_{d,sls}L_e}{G_wA_{ef}}$$

$$u_{inst}=u_m+u_v$$

$$u_{inst}=\frac{5}{384}\frac{F_{d,sls}L_e^3}{E_{0,mean}I_{ef}}+\frac{1}{8}\frac{F_{d,sls}}{G_wA_{ef}}=\frac{5}{384}\frac{25.245\times 6750^3}{11\times 8.2263\times 10^8}+\frac{25.245\times 6750}{8\times 0.5\times 8.75\times 10^3}$$

$$=16.04(\mathrm{mm})$$

设计限值为 6750/300 = 22.5(mm),因此满足要求。

梁的最终变形 $u_{fin}$:

(1)根据附录 A 中的修订方法:

$$u_{m,fin}=\frac{5}{384}\frac{[F_{d,sls}-(F_{d.G}+\varphi_2F_{d.Q})L_e]L_e^3}{E_{0,mean}I_{ef}}+\frac{5}{384}\frac{[(F_{d.G}+\varphi_2F_{d.Q})L_e]L_e^3(1+k_{def,f})}{E_{0,mean}I_{c,ef}}$$

$$=\frac{5}{384}\frac{[25.245-(1.04+0.3\times 2.7)\times 6.75]\times 6750^3}{11\times 8.2263\times 10^8}+$$

$$\frac{5}{384}\frac{(1.04+0.3\times 2.7)\times 6.75\times 6750^3\times 1.8}{11\times 8.088\times 10^8}=5.65+10.12=15.77(\mathrm{mm})$$

$$u_{v,fin}=\frac{1}{8}\frac{[F_{d,sls}-(F_{d.G}+\varphi_2F_{d.Q})L_e]L_{ef}}{G_wA_{ef}}+\frac{1}{8}\frac{(F_{d.G}+\varphi_2F_{d.Q})L_{ef}^2(1+k_{def,w})}{G_wA_{ef}}$$

$$=\frac{1}{8}\frac{[25.245-(1.04+0.3\times 2.7)\times 6.75]\times 6750}{0.5\times 8.75\times 10^3}+$$

$$\frac{1}{8}\frac{(1.04+0.3\times 2.7)\times 6.75\times 6750\times 2}{0.5\times 8.75\times 10^3}=2.46+4.82=7.28(\mathrm{mm})$$

$$u_{fin}=u_{m,fin}+u_{v,fin}=15.77+7.28=23.05(\mathrm{mm})$$

(2)基于第 2.2.3 节和第 5 章中提到的保守方法:

$$u_{fin}=\frac{5}{384}\frac{(F_{d,sls})L_e^3(1+k_{def,f})}{E_{0,mean}I_{c,ef}}+\frac{1}{8}\frac{(F_{d,sls})L_{ef}(1+k_{def,w})}{G_wA_{ef}}$$

$$=\frac{5}{384}\frac{25.245\times 6750^3\times 1.8}{11\times 8.008\times 10^8}+\frac{1}{8}\frac{25.245\times 6750\times 2}{0.5\times 8.75\times 10^3}=20.45+9.74$$

$$=30.19(\mathrm{mm})$$

(即,与 EN 1995-1-1 的方法相比,数值增加约 31%。)

设计限值为 6750/150 = 45mm,满足要求(针对两种选择)。

## 7.3　振动

### 7.3.1　一般规定

木构件、部件和结构的振动必须保持在一定的水平内，以确保不会对结构满足其功能要求的能力产生不利影响，并且保证使用者的舒适度达到可接受的水平。

通过确保结构构件的基频保持在最小值以上，会在很大程度上控制振动特性，与木结构有关的具体问题为由住宅楼盖上的脚步振动引起的振动特性。条款 *7.3.3* 对住宅应满足的具体要求给出了指导。　*条款7.3.3*

欧洲的住宅楼盖结构一般都经过详细设计，并以两种方式设计，根据 Ohlsson (1982) 的研究，已经得出结论，这些结构宜使用 1% 的模态阻尼比，且已经在条款 *7.3.1* 中采用。然而，如果证明一个备用值是合适的，可使用它，并且英国已经决定，对于通常设计为单向跨度的楼盖，宜使用 2% 的值。这在 EN 1995-1-1 国家附件的表 *NA.6* 中已经得到确认。　*条款7.3.1*

### 7.3.2　机械振动

如果机械由结构支承并且能引起稳定振动，则结构及其构件必须验算的振动水平宜基于永久荷载和可变荷载的不利组合。对于楼盖结构，可从 ISO 2631-2：2003（ISO，2003）的附录 A 中的图 5a）中得到可接受的连续振动限值。

这类问题在任何类型结构材料建造的结构中都很常见，并且通常使用动态分析来进行分析。在超出可接受限值的情况下，为设计人员开放选项：通过使用防振支架来消除振动效应还是将机械与结构分离。

### 7.3.3　住宅楼盖

对于住宅中的楼盖结构，临界荷载条件是由脚步引起的振动产生的，并且在该荷载下，除非楼盖结构的基频 $f_1$ 较高，否则会出现动态共振响应和“弹性”楼盖性能。楼盖的基频 $f_1 \leq 8\text{Hz}$ 可归类为低频，$f_1 > 8\text{Hz}$ 可归类为高频，而在 EN 1995-1-1 中，阈值等级 $f_1 > 8\text{Hz}$ 被视为适用条款 *7.3.3* 中设计规定的等级。对于低频楼盖结构，必须应用不同于高频性能的设计原理，但是对于如何实现这一点没有给出建议。设计规定指明所有楼盖结构的基频必须大于 8Hz。　*条款7.3.3*

考虑到 EN 1995-1-1 国家附件中条款 *NA.2.7* 的要求，对于长度为 $l$ 和宽度为 $b$ 的楼盖结构，仅在其四个边简支，并包括有效跨度为 $l$ 的木楼盖梁，楼盖结构的基频 $f_1$ 近似从式（*7.5*）中得到：　*条款NA.2.7*

$$f_1 = \frac{\pi}{2l^2}\sqrt{\frac{(EI)_1}{m}} \tag{7.5}$$

式中，$l$ 是楼盖梁的设计跨度（m）；$(EI)_1$ 是楼盖结构绕垂直于跨度方向轴的等效抗弯刚度（$\text{Nm}^2/\text{m}$）。除非根据条款 *3.6* 和条款 *10.3* 的要求将楼板铺设在梁上，并按照条款 *9.1.2* 的规定设计，否则不能考虑组合作用。$m$ 是楼板的单位面积　*条款3.6*　*条款10.3*　*条款9.1.2*

质量(kg / m$^2$),仅基于永久作用,不包括分区的荷载。

*条款7.3.3*

虽然*条款7.3.3*中没有说明,但式(*7.5*)也适用于沿两个边缘支承的木楼盖以及承载均匀分布荷载的简支梁。

在EN 1995-1-1的国家附件中,还给出了一个表达式来计算主梁搁栅(即直接支承其他搁栅或另一主梁搁栅的单构件或多构件搁栅)的基频。

上面提到的基频关系式假定楼盖结构梁(或主梁搁栅)的端部支承是刚性的,假定支承结构之间没有相互作用。如果楼盖结构与其支承梁之间的相互作用可能导致基频小于8Hz,则Wyatt(1989)提出的近似方法可用于确定组合系统的基频,使用Dunkerly's方法。在此方法中,组合楼盖系统的频率估计值$f_0$从下式中得到:

$$\frac{1}{f_0^2}=\frac{1}{f_1^2}+\frac{1}{f_2^2} \tag{D7.2}$$

式中,$f_1$为假定刚性梁支承楼盖结构的基频;$f_2$为每个梁的基频(假定从楼板加载)。

**示例7.3:英国国内建筑中由实木梁和OSB楼板构成的简支楼盖结构的基频**

楼板梁尺寸为47mm×190mm,强度等级为C18,间距为400mm c/c,有效跨度为3.85m(图7.7)。OSB/3地板,18mm厚,固定在楼板梁上,但不与梁形成组合结构;12.5mm厚的石膏板固定在底面;楼板质量为40g/m$^2$。

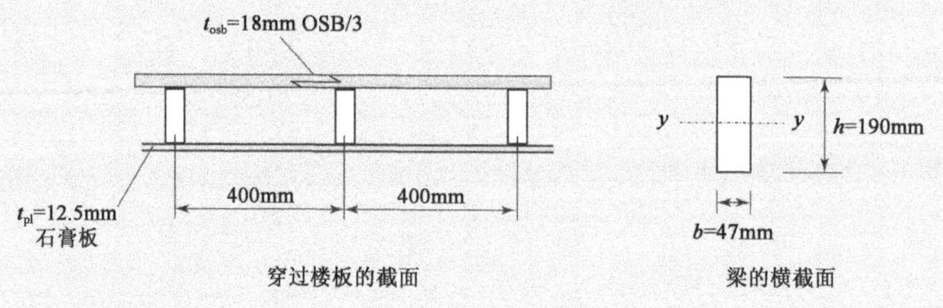


图7.7 楼板的横截面

木梁的弹性模量平均值:

$E_{0,mean}=9kN/mm^2$

平行于梁跨的OSB弹性模量平均值:

$E_{osb,90,mean}=1.98kN/mm^2$

垂直于梁跨的OSB弹性模量平均值:

$E_{osb,0,mean}=4.93kN/mm^2$

石膏板的弹性模量平均值:

条款 *NA*.2.7

$E_{pl,0,mean}=2.00kN/mm^2$(*条款NA.2.7*)

有效跨度:

$L_{ef}=3.85m$

楼板质量：

$m = 40\text{kg/m}^2$

梁间距：

$b_s = 400\text{mm}$

梁绕 $y$-$y$ 轴的 $I$：

$I_y = bh^3/12 = 47 \times 190^3/12 = 2.686 \times 10^7(\text{mm}^4)$

OSB 绕其 $y$-$y$ 轴的 $I$：

$I_{osb,y} = b_s t_{osb}^3/12 = 400 \times 18^3/12 = 1.944 \times 10^5(\text{mm}^4)$

石膏板绕其 $y$-$y$ 轴的 $I$：

$I_{pl,y} = b_s t_{pl}^3/12 = 400 \times 12.5^3/12 = 6.51 \times 10^4(\text{mm}^4)$

基于式（7.5），楼板的基频 $f_1$，其中 $EI$ 值以 $\text{Nm}^2/\text{m}$ 为单位：

$$f_1 = \frac{\pi}{2L_{ef}^2}\sqrt{\frac{E_{0,mean}I_y + E_{osb,90,mean}I_{osb,y} + E_{pl,0,mean}I_{pl,y}}{b_s m}}$$

$$= \frac{\pi}{2 \times 3.85^2}\sqrt{\frac{9 \times 2.686 \times 10^4 + 1.98 \times 1.944 \times 10^2 + 2 \times 6.51 \times 10}{0.4 \times 40}}$$

$$= 13.04(\text{Hz})$$

（注：如果忽略楼板和石膏板的贡献，$f_1 = 13.027\text{Hz}$。）

住宅楼盖结构的设计荷载是基于在楼盖结构上行走所产生的效应，包括：

(a)由在地板上行走的人的重量而产生的低频力；

(b)由脚跟撞击引起的高频力。

由于阶跃频率低于楼盖结构的基频，由(a)产生的力可以被认为是静态竖向荷载 $F_d$(kN)，并且考虑到楼盖结构内的荷载分布，由此产生的最大瞬时竖向挠度 $w$ 必须符合条款*7.3.3* 中式(*7.3*)的要求： *条款7.3.3*

$$w/F_d \leqslant a \qquad (\text{mm/kN}) \qquad (7.3)$$

比值 $w/F_d$ 相当于楼盖结构在 1kN 竖向力下的瞬时竖向挠度，通过将该力置于楼盖中心获得最大挠度。用于计算挠度的表达式在 EN 1995-1-1 国家附件的条款*NA.2.7.2* 中给出，并且为： *条款NA.2.7.2*

$$w/F_d = 1000k_{dist}l_{eq}^3k_{amp}/48(EI)_{joist} \leqslant a \qquad (D7.3)$$

其作用如国家附件中所述。

式(*7.3*)中 $a$ 的限值在国家附件的表*NA.6* 中给出，并且对于跨度为 $l$(mm)的楼盖为：

楼盖跨度≤4000mm 时，$a \leqslant 1.8\text{mm}$

楼盖跨度 >4000mm 时，$a \leqslant 16500/l^{1.1}(\text{mm})$

在设计脚跟高频冲击效果时，上面(b)的荷载被认为是在楼盖位置施加的

1.0Ns的竖向单位脉冲给出的最大振动响应。这会在楼盖上产生竖向振动,并且在此脉冲 $v$ 下的竖向楼盖振动速度响应必须显示为小于从式(*7.4*)获得的限值,如下所示:

$$v \leqslant b^{(f_1 \xi - 1)} \tag{7.4}$$

$v$ 取决于激发的固有频率和模态质量。通过研究得出结论,只需要考虑小于40Hz的固有频率,并且模态质量是楼盖的质量(如用于推导基频 $f_1$)加上来自受到这种振动干扰的地板上人的50kg余量。考虑到这些因素,$v$ 从式(*7.6b*)中得出,是一个取决于 $a$ 值的常数,并且通过 $a = w/F_d$(mm)从表*NA.6*中给出的公式中得到:

当 $a \leqslant 1$mm 时, $b = 180 - 60a$ (7.4)

当 $a > 1$mm 时, $b = 160 - 40a$ (7.5)

式中,$f_1$ 是楼盖结构的基频(Hz);$\zeta$ 是模态阻尼比,在EN 1995-1-1国家附件的表*NA.6*中说明,并在第7.3.1节中指出,取2%。

由于英国采用了很高的阻尼比值,因此单位脉冲速度响应不可能成为楼盖设计的限制因素。

**示例7.4:在例7.3中检查楼盖结构的楼板挠度和单位脉冲速度响应**

楼板宽度 $w$ 为4.5m,基频 $f_1$ 为13.04Hz。木梁的弹性模量平均值 $E_{0,\text{mean}} = 9\text{kN/mm}^2$;垂直于梁跨的OSB弹性模量平均值 $E_{\text{osb},0,\text{mean}} = 4.93\text{kN/mm}^2$;石膏板的弹性模量平均值 $E_{\text{pl},0,\text{mean}} = 2.0\text{kN/mm}^2$(条款*NA.2.7*)。梁绕其 $y$-$y$ 轴的 $I$,$I_y = 2.686 \times 10^7\text{mm}^4$;梁有效跨度 $L_{\text{ef}} = 3850\text{mm}$。

*条款NA.2.7*

(1)根据EN 1995-1-1国家附件的要求验算静态楼板挠度。

最大允许挠度小于1kN:

$a_p = 1.8\text{mm}$ (表*NA.6*)

*条款NA.2.7.2*

系数 $k_{\text{strut}} = 1.0$(条款*NA.2.7.2*)

$k_{\text{amp}} = 1.05$ (对实木梁)

$EI_{\text{joist}} = E_{0,\text{mean}} \times I_y = 9 \times 2.686 \times 10^{10} = 2.418 \times 10^{11}\,(\text{Nmm}^2)$

计算宽度 $b_t = 1000$mm,梁间距 $b_s = 400$mm 时的系数 $k_{\text{dist}}$。

OSB翼缘垂直于梁的 $I$:

$I_{\text{osb,b}} = b_t t_{\text{osb}}^3/12 = 10^3 \times 18^3/12 = 4.86 \times 10^5\,(\text{mm}^4)$

石膏板垂直于梁的 $I$:

$I_{\text{pl}} = b_t t_{\text{pl}}^3/12 = 10^3 \times 12.5^3/12 = 1.628 \times 10^5\,(\text{mm}^4)$

$$EI_b = E_{\text{osb},0,\text{mean}} I_{\text{osb,b}} + E_{\text{pl},0,\text{mean}} I_{\text{pl}} = (4.93 \times 4.86 + 2.0 \times 1.628) \times 10^8 = 2.722 \times 10^9\,(\text{Nmm}^2/\text{m})$$

$k_{\text{dist}} = \max\{k_{\text{strut}} \times [0.38 - 0.08\ln(14 \times EI_b/b_s^4)], 0.3\} = 0.348$

$\delta=(10^3k_{dist}L_{ef}^3k_{amp})/(48EI_{joist})=(10^3\times0.348\times3850^3\times1.05)/(48\times2.418\times10^{11})$

$=1.8(mm)$

该值与 $a_p$ 相同，即满足要求。

(2)根据 EN 1995-1-1 及其国家附件的组合要求验算楼板的单位脉冲速度响应。

控制单位脉冲响应的常数：

$b=160-40a=(160-40\times1.8)=88$ (表*NA.6*)

模态阻尼比：

$\xi=0.02$ (条款*NA.2.7*)　　条款*NA.2.7*

允许的单位脉冲速度响应：

$b^{(f_1\xi-1)}=88^{(13.04\times0.02-1)}=0.037m/(Ns^2)$ [式(*7.4*)]

楼盖绕平行于梁方向轴的板等效抗弯刚度(见例7.3)：

$$EI_1=\frac{E_{0,mean}I_y+E_{osb,0,mean}I_{osb,y}+E_{pl,0,mean}I_{pl,y}}{J_s}=6.057\times10^5Nm^2/m$$

固有频率高达40Hz的一阶模式数：

$$n_{40}=\left\{\left[\left(\frac{40}{f_1}\right)^2\right]-1\left(\frac{w}{L_{ef}}\right)^4\frac{(EI)_1}{(EI)_b}\right\}^{0.25}$$

$$=\left\{\left[\left(\frac{40}{13.04}\right)^2\right]-1\left(\frac{4.5}{3.85}\right)^4\frac{6.057\times10^5}{2.722\times10^3}\right\}^{0.25}=7.69$$

单位脉冲速度响应：

$$v=\frac{4(0.4+0.6n_{40})}{mwl+200}=\frac{4(0.4+0.6\times7.69)}{40\times4.5\times3.85+200}=0.022[m/(Ns^2)]$$

小于0.037[(式*7.4*)]，即满足要求。

## 参考文献


BSI (2011) BS EN 912:2011. Timber fasteners. Specifications for connections for timber. BSI, London.

Dias AMPG, Cruz HMP, Lopes SMR and van de Kuilen JW (2010) Stiffness of dowel-type fasteners in timber-concrete joints. *Proceedings of the ICE: Structures and Buildings* **163**(**584**):257-266.

ISO (2003) ISO 2631-2:2003. Mechanical vibration and shock—Evaluation of human exposure to whole-body vibration—Part 2: Vibrations in buildings. International

Organization for Standard-ization, Geneva.

Ohlsson S (1982) Floor vibrations and human discomfort. PhD thesis, Chalmers University of Technology, Gothenburg.

Wyatt TA (1989) *Design Guide on the Vibration of Floors*. SCI Publication 076. The Steel Construc-tion Institute, Ascott.

Young WC (1989) *Roark's Formulas for Stress and Strain*, 6th edn. McGraw-Hill, New York.

# 第 8 章　金属紧固件连接

本章涉及金属紧固件的连接要求。内容主要覆盖 EN 1995-1-1 中的第 8 章，章节设置如下：



## 8.1　一般规定

在大多数木结构中，连接中紧固件的强度、刚度和空间要求将决定结构的强度和刚度特性以及所采用的构件尺寸。EN 1995-1-1 的第*8*章内容主要包括连接强度性能，连接刚度要求在第 *7* 章阐述。当连接承载力和刚度标准值的计算规定未给定时，其值必须通过试验确定。

第*8*章中涉及的木材构件，除非有专门说明，否则所有规定均适用于针叶材、阔叶材、层板胶合木和旋切板胶合木加工成的构件。

EN 1995-1-1 仅给出了金属紧固件的有关设计规定，此类紧固件包括钉、扒钉、螺栓、圆钢销、螺钉、齿板以及裂环、剪板和齿盘等连接件。

连接强度与一些参数有关，表 8.1 给出了由 EN 338（BSI，2009a）规定的由 C24 等级木材和不同类型及尺寸的紧固件构成的如图 8.1 所示的顺纹受荷木-木连接的侧向承载力标准值的相互对比。表 8.1 中的数值表示的是单个紧固件的

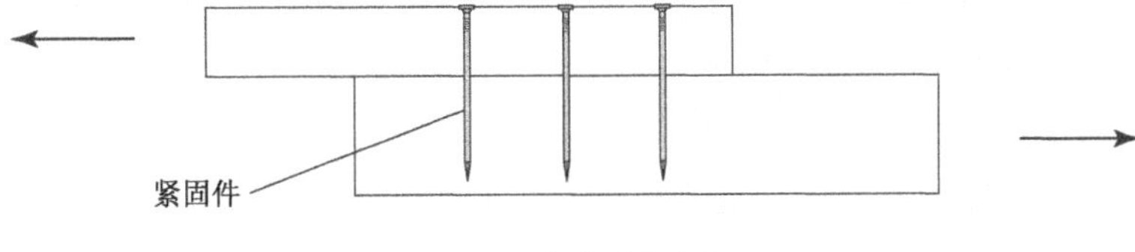


图 8.1　侧向受荷连接

性能,但此值是基于多紧固件连接推导的。利用表*7.1*给出的正常使用极限状态下的滑移模量,表中还给出了每类紧固件的刚度。

**不同类型紧固件的强度与刚度**　　表 8.1

| 紧固件标称直径 $d$(mm) | 紧固件侧向承载力标准值[a](kN) | | | | | 刚度(kN/mm)(依据表7.1) |
|---|---|---|---|---|---|---|
| | 光滑钉[b] $f_u=600\text{N/mm}^2$ | 螺钉[b] $f_u=500\text{N/mm}^2$ | 螺栓/销钉[c] $f_{uk}=500\text{N/mm}^2$ | 裂环(EN 912,A2 型) | 齿盘(EN 912,C1 型) | |
| 3.0 | 0.72 | 0.42 | — | — | — | 0.69(钉);1.12(螺钉) |
| 6.0 | 2.25 | 1.33 | 2.6 | — | — | 1.20(钉);2.25(螺钉) |
| | | | | | | 2.25(螺栓) |
| 20.0 | — | — | 14.3 | — | — | 7.48 |
| 64 | — | — | — | 21.4 | — | 15.12 |
| 62(螺栓直径为20mm) | — | — | — | — | 21.07 | 9.77 |

[a] 强度取每个剪切面的值,并且排除绳索效应的影响。
[b] 钉和螺钉不预钻孔,螺钉强度根据 $d_{ef}=1.1(0.7d)$ 的情况得出。
[c] 对于不同的螺栓尺寸,采用的构件厚度均相同

单剪或双剪中侧向受荷紧固件组成的连接,其不同类型的连接示例见图 8.1。已连接构件之间的平面定义为剪面,单剪连接有一个剪面,双剪连接有两个剪面。

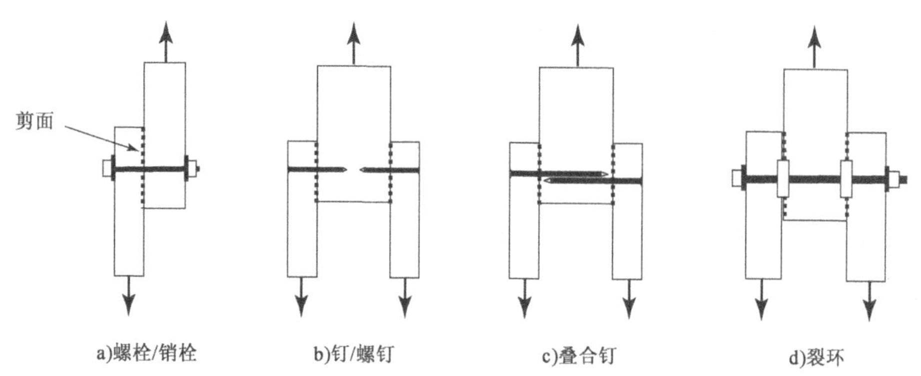


图 8.2　侧向受荷紧固件

a)~c)单剪;d)双剪

当承受侧向荷载作用时,连接的破坏模式分为延性和脆性两种形式,发生延性破坏时,连接在没有明显的强度损失下屈服;而发生脆性破坏时,由于发生了木材劈裂、木材撕裂或紧固件剪断等,连接将会在没有明显征兆的情况下突然破坏。在 EN 1995-1-1 的条文规定中,力图确保破坏模式始终为延性破坏形式;当同时存在延性和脆性破坏的可能性时,应尽力保证设计条件仍是基于延性破坏机理的。

*条款2.1.4*　在第*8*章中,针对紧固件的规定通常是以**单个紧固件、单个剪面的承载力标准值**给出来的,*条款2.1.4* 规定了如何将其转换为设计值。例如,可由侧向受荷

钉的承载力标准值 $F_{v,Rk}$ 得到其设计值 $F_{v,Rd}$：

$$F_{v,Rd} = \frac{k_{mod}}{\gamma_M} F_{v,Rk} \tag{D8.1}$$

式中，$k_{mod}$ 为*条款3.1.3* 中所规定的调整系数；$\gamma_M$ 为 EN 1995-1-1 国家附件中给出的关于连接的分项系数；上述两个系数也可参考本指南第 2 章和第 3 章的相关内容。 **条款3.1.3**

*第8章*的规定包含了紧固件以及连接中会出现的所有脆性破坏情形的设计要求。根据*第6章*相关规定，还需要对连接中构件的强度进行验算，计算过程中需要考虑由紧固件开孔开槽而造成的截面折减，*条款5.2* 给出了有关截面面积损失和多个紧固件连接的设计规定。 **条款5.2**

除非 EN 1995-1-1 中另有说明，否则侧向受荷紧固件的强度规定假定所有紧固件均在横纹方向设置。

EN 1995-1-1 中没有给出有关胶接连接设计要求的指导，但在 PD 6693-1 中给出了胶黏搭接连接的设计规定，并且在 EN 1995-1-1 的*条款10.3* 以及本指南的第 10.3 节中给出了质量控制要求。 **条款10.3**

### 8.1.1　紧固件要求

*第8章*没有关于连接刚度和承载力标准值计算的设计规定，必须通过试验确定，试验应遵循的标准已在*条款8.1.1* 中给出。 **条款8.1.1**

### 8.1.2　多个紧固件连接

多数情况下，连接中会有多个紧固件，尤其是当使用钉、螺钉和螺栓等时，通常做法是尽可能在同一连接中不要改变紧固件的类型和尺寸，EN 1995-1-1 中的规定是基于此原则起草的，如果采用了不同类型和尺寸的紧固件，设计人员必须验证设计规定的兼容性。

连接能承受有力矩或无力矩的侧向力、轴力或两者的组合作用。当确定连接破坏形式仅为延性破坏时，可采用塑性理论来确定紧固件上的力。然而，由于连接中存在发生脆性破坏的风险（比如，连接为斜纹受力或当采用缀板时），本指南中建议采用线弹性方法来推导紧固件上的设计力，连接设计采用静力学基本理论，同时考虑相对于紧固件群形心的所有荷载偏心的影响。

当连接由销类紧固件组成且承受面内力矩时，本指南假定构件将作为刚体转动，并且连接中变形均来自紧固件的侧向位移。每个紧固件的变形量与其到紧固件群的转动中心的距离呈正比。对于如图 8.3 所示的常见连接布置形式，连接在一个剪面中有 $n$ 个紧固件，每个剪面承受设计力矩 $M_d$，第 $i$ 个紧固件在距离旋转中心半径为 $r_i$ 处，由力矩产生的力 $F_{md,i}$ 为：

$$F_{md,i} = M_d \frac{r_i}{\sum_{i=1}^{n} r_i^2} \tag{D8.2}$$

具有最大半径的紧固件将承受最大的设计力。如果每个剪面都承受侧向设计力 $F_d$,则第 $i$ 个紧固件中的最终力即为力的矢量和,如图 8.3 所示。

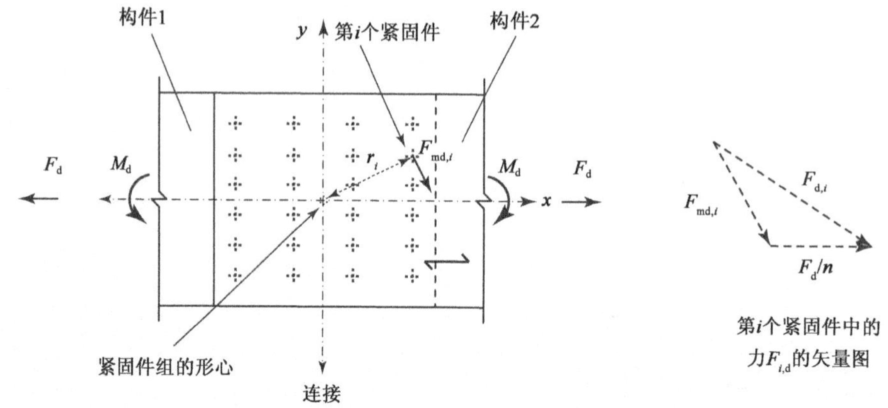


图 8.3　承受面内力矩与直接力作用的销类紧固件连接

在不同荷载条件下,在常见的连接布置中,单个紧固件在每个剪面的受力大小能从图 8.4中给出的关系得到。

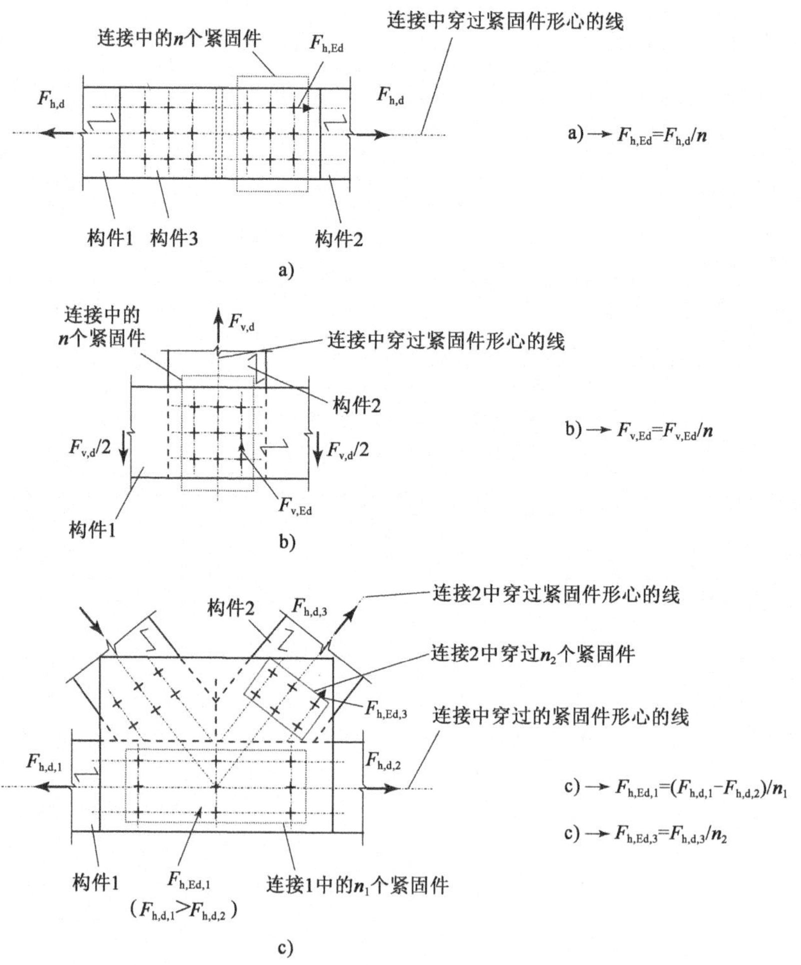


图　8.4

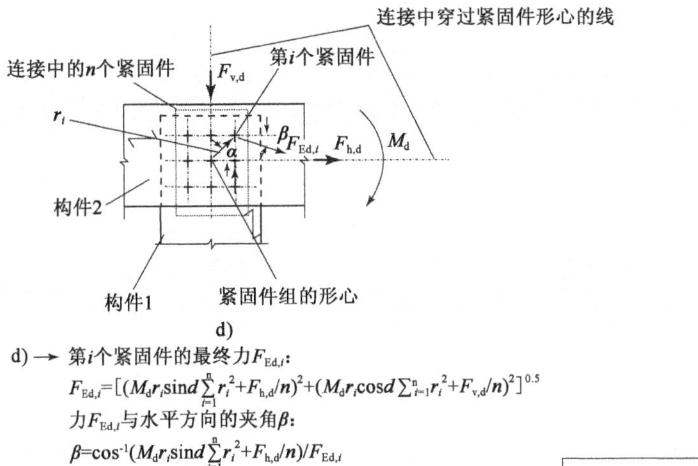


d)

d) → 第$i$个紧固件的最终力$F_{Ed,i}$:

$F_{Ed,i}=[(M_d r_i \sin d\sum_{i=1}^{n} r_i^2+F_{h,d}/n)^2+(M_d r_i \cos d\sum_{i=1}^{n} r_i^2+F_{v,d}/n)^2]^{0.5}$

力$F_{Ed,i}$与水平方向的夹角$\beta$:

$\beta=\cos^{-1}(M_d r_i \sin d\sum_{i=1}^{n} r_i^2+F_{h,d}/n)/F_{Ed,i}$

力$F_{Ed,i}$的水平分力$F_{h,Ed,i}$:

$F_{h,Ed,i}=M_d r_i \sin d\sum_{i=1}^{n} r_i^2+F_{h,d}/n$

力$F_{Ed,i}$的竖向分力$F_{v,Ed,i}$:

$F_{v,Ed,i}=M_d r_i \cos d\sum_{i=1}^{n} r_i^2+F_{v,d}/n$

图例:
1.紧固件的数量为连接中单个剪面的数量
2.所施加力与力矩为单个剪面的值

图 8.4　不同连接形式下单个紧固件在每个剪面上的受力值

当 $n$ 个紧固件顺纹布置成一行时,在沿着行方向侧向受荷情形下,每行紧固件在单个剪面上的有效承载力标准值 $F_{v,ef,Rk}$ 为:

$$F_{v,ef,Rk} = n_{ef}F_{v,Rk} \tag{8.1}$$

式中,$F_{v,Rk}$为单个紧固件顺纹受荷时每个剪面上的承载力标准值;$n_{ef}$为一行紧固件的有效数量。如果连接中有 $r$ 行紧固件,则每个剪面的承载力标准值为 $rF_{v,ef,Rk}$。

$n_{ef}$的值取决于所采用的紧固件类型,*条款8.3.1.1(8)*给出了钉、螺钉(直径≤6mm)和扒钉的 $n_{ef}$值;*条款8.5.1.1(4)*给出了螺栓、销钉和直径>6mm 螺钉的 $n_{ef}$值;而*条款8.9(12)*则给出了裂环和剪板连接件的 $n_{ef}$值。当采用钉、螺钉、螺栓和扒钉时,紧固件有效数量还取决于紧固件在木纹方向的间距。当连接中所有木构件的木纹方向不一致或采用连接板或缀板时,螺栓/销钉连接中有效紧固件数量 $n_{ef}$的计算示例如图 8.5 所示。

*条款8.3.1.1(8)*
*条款8.5.1.1(4)*
*条款8.9(12)*

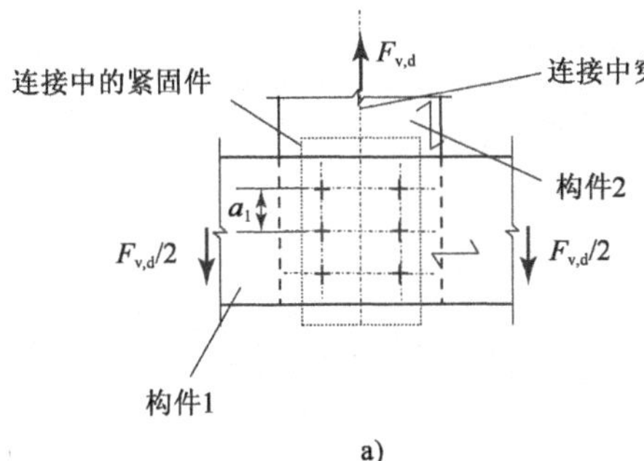


a)

抵抗$F_{v,d}$的连接设计,构件1为木材:
构件2——木材——式*(8.34)*中2排紧固件,每排紧固件$n_{ef}$的设计基于紧固件的间距$a_1$
构件2——板材或钢材——2排紧固件,每排紧固件$n_{ef}$的设计为各排紧固件的数量(比如示例中所示数量为3)

图 8.5

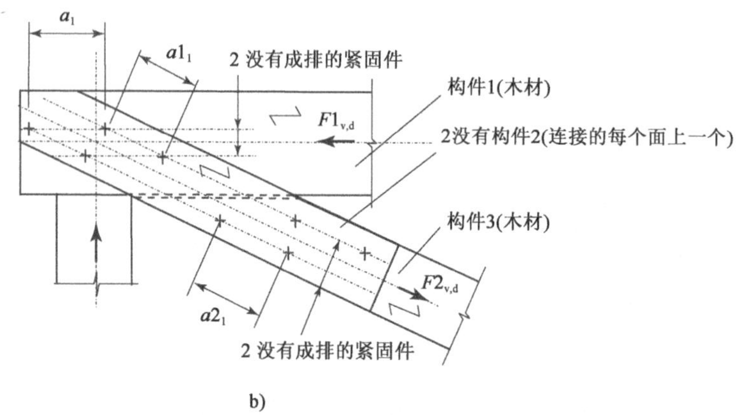


b)

抵抗连接分力$F1_{v,d}$的连接设计:
构件2——木材，板材或者钢材——式*(8.34)*中2排紧固件，每排紧固件$n_{ef}$的设计基于紧固件的间距$a_1$

抵抗连接剪面力$F2_{v,d}$的连接设计:
构件2——木材——式*(8.34)*中2排紧固件，每排紧固件$n_{ef}$的设计，对于构件1基于紧固件的间距$a_1$，对于构件3基于紧固件的间距$a_2$;
构件2——板材或钢材——连接中构件1中2排每排数量$n_{ef}$由

*条款8.5.1.1(4)* *条款8.5.1.1(4)*的最后一段确定。比如，通式*(8.34)*和式*(8.35)*线性插值确定，其中式*(8.34)*的紧固件间距为$a_1$。对于连接中的构件3，每排的$n_{ef}$由式*(8.34)*确定，紧固件间距为$a_2$。

图 8.5　连接中紧固件(螺栓/销钉)的有效数量

当连接剪面中力的方向与顺纹布置的紧固件的行方向呈一定角度时,与紧固件行平行的力分量不得超过由式(*8.1*)计算得到的行有效承载力。木材构件横纹方向

*条款8.1.4* 的力分量同样必须进行验算,从而保证其不超过*条款8.1.4* 中规定的劈裂强度。

### 8.1.3　多个剪面连接

当连接中存在超过两个受剪面并且构件之间角度彼此不同时,连接性能比较复杂,而且也不能采用在单剪连接和双剪连接设计中的简单静力学方法来求解。这在桁架结构中是常见情况,图 8.6 给出了典型的五构件连接示例。

*条款8.1.3(1)* 对于这类连接,*条款8.1.3(1)*规定通过假定每个剪面是一系列三构件连接的一部分进行连接分析来确定每个剪面的承载力。

三构件连接的构成从连接的一侧开始(本指南是从左侧开始),从而形成一系列对称型三构件连接,其中的中心构件为实际的连接构件,侧构件在原连接中是与其相邻的构件。当相邻构件的性能不同(如材料、截面或方向)时,将连接的右侧构件替换为左侧构件从而形成对称连接。如图 8.6 所示,连接(a)、(b)和(c)分别由构件1-2-1、2-3-2 和 3-2-3 形成。对于每个三构件连接,假定紧固件表现为刚性构件,每个剪面上的力及其与构件之间的角度均可通过静力学方法得到。

*条款8.2* 得到了剪面受力方向后,利用*条款8.2* 中的设计规定,能推导出每个连接的强度,对于每个三构件连接,必须证明其剪面设计强度不低于其设计力。当推导连接强度时,EN 1995-1-1 要求相应剪面上紧固件的控制性破坏模式应相互一致,且禁止包含第 1 种破坏模式的组合[如*图8.2* 所示的破坏模式 a)、b)、g)和 h),或*图8.3* 所示的其他破坏模式 c)、f)和 j/l)]。

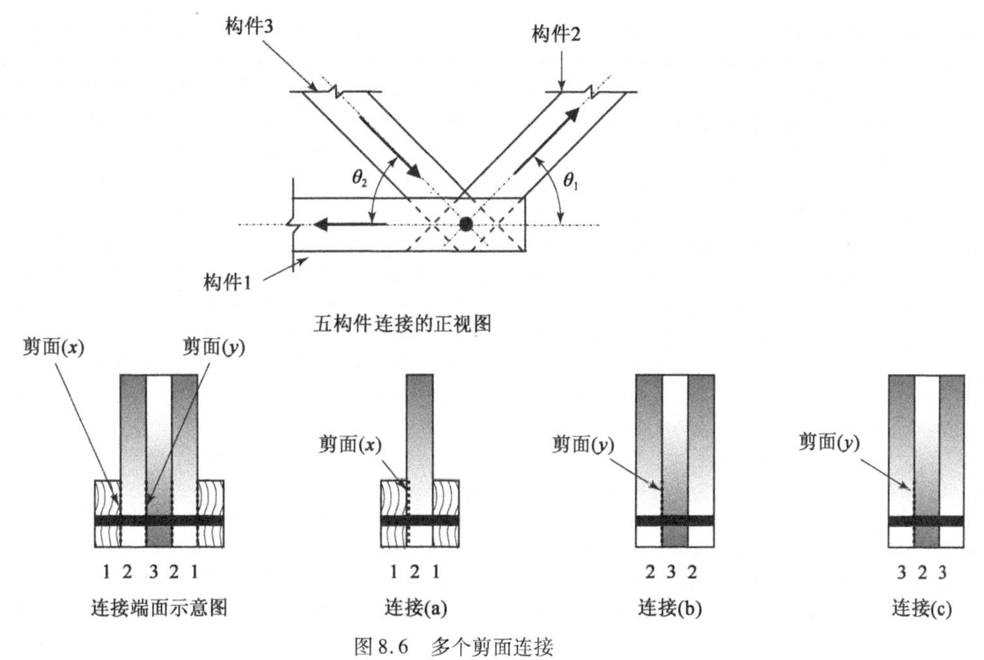


图8.6　多个剪面连接

## 8.1.4　连接斜纹受力

在包含木构件的连接中，如果所有构件都为斜纹受力，则与木纹呈直角方向的力的分量会导致木构件的受拉劈裂，因此要求验算木构件的劈裂强度。*图8.1*中给出了此类情形的示例，复制为图8.7。

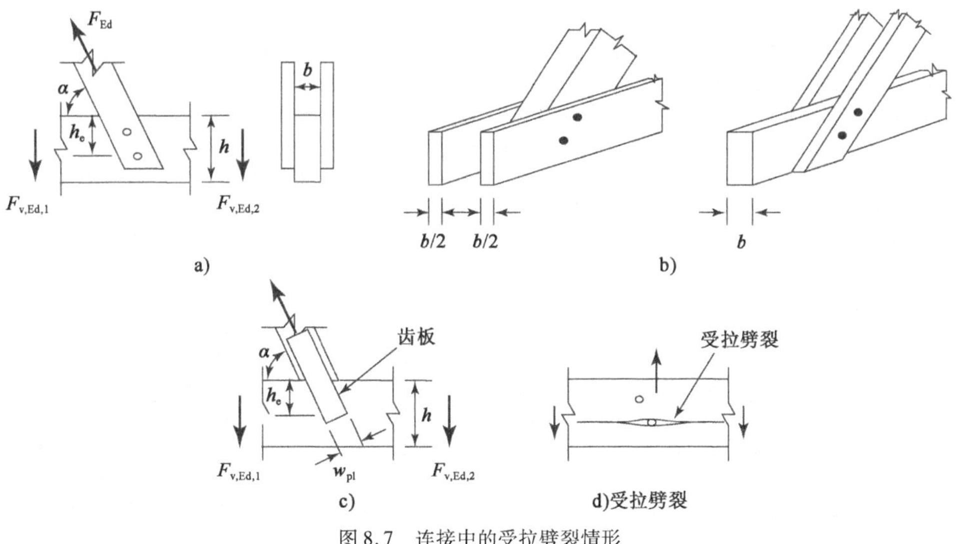


图8.7　连接中的受拉劈裂情形

考虑如图8.7所示的连接a)。斜向构件中的设计荷载$F_{Ed}$来自水平构件作用，由静力学方法可知，此力的竖向分量$F_{Ed}\sin\alpha$等于剪力$F_{v,Ed,1}$与$F_{v,Ed,2}$之和。这种力的分布能导致水平构件的受拉劈裂破坏，如图8.7d)所示，*条款8.1.4*中的设计规定要求$F_{v,Ed,1}$和$F_{v,Ed,2}$中的较大值不得超过分布的抗劈裂承载力设计值，*条款8.1.4(3)*中的设计规定**仅适用于**针叶材构件并且在劈裂构件中不含多行紧固件。　*条款8.1.4*　*条款8.1.4(3)*

针叶材的劈裂强度标准值$F_{90,Rk}$从式(*8.4*)中得到，而劈裂强度设计值

$F_{90,Rd}$为:

$$F_{90,Rd} = \frac{k_{mod}}{\gamma_M} F_{90,Rk} \tag{D8.3}$$

式中,$k_{mod}$和 $\gamma_M$的定义见式(*D8.1*),且有:

$$F_{90,Rk} = 14bw\sqrt{\frac{h_e}{1 - h_e/h}} \tag{8.4}$$

在式(*8.4*)中所示的符号,如图 8.7 所示,对于调整系数 $w$,除了齿板紧固件以外,其他所有类型的紧固件均取值为 1。

验算设计条件:

$$\mathrm{Max}(F_{v,Ed,1}, F_{v,Ed,2}) \leqslant F_{90,Rd} \tag{D8.4}$$

**示例 8.1:连接中劈裂力设计值的计算**

由针叶材构件制作而成的桁架的角连接支承于两端,如图 8.8 所示。由永久和中期可变荷载组合引起的支承反力设计值为 8.9kN($V_d$),桁架作用于服役等级 2 的条件下。请根据 EN 1995-1-1 相关要求验算水平构件($t \times h = 50\text{mm} \times 120\text{mm}$)的劈裂强度。

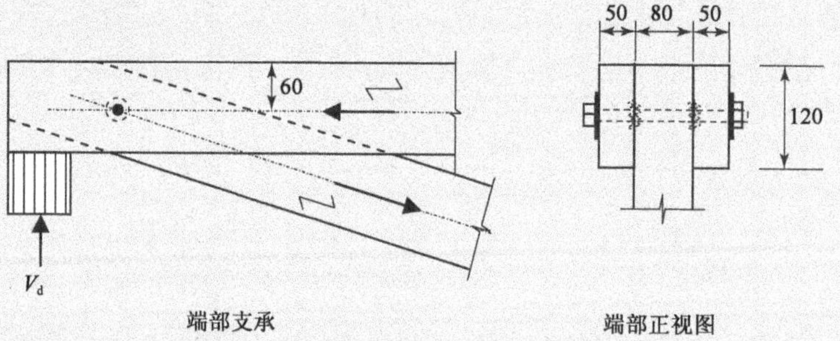


图 8.8 桁架的角连接(尺寸单位:mm)

剪力设计值:

$V_d = 8.9\text{kN}$

已知:距受荷边的距离 $h_e = 60\text{mm}$,构件厚度 $t = 50\text{mm}$,$b = 2 \times 50\text{mm}$,$w = 1$,连接的劈裂承载力标准值 $F_{90,Rk}$为[式(*8.4*)]:

$F_{90,Rk} = 14bw[h_e/(1 - h_e/h)]^{0.5}$

$= 14 \times (2 \times 50) \times (1) \times [60/(1 - 60/120)]^{0.5} = 15.34(\text{kN})$

$k_{mod} = 0.8$,$\gamma_M = 1.3$,则根据式(*2.14*)可得连接的劈裂承载力设计值 $F_{90,Rd}$为:

$F_{90,Rd} = k_{mod}F_{90,Rk}/\gamma_M = 0.8 \times 15.34/1.3 = 9.44(\text{kN})$

$V_d/F_{90,Rd} = 8.9/9.44 = 0.94 < 1$

故满足要求。

### 8.1.5 连接受交变力

当连接中构件承受由于长期或中期作用引起的交变力时,连接强度必须进行折减。当构件中力的设计值在受拉值 $F_{t,Ed}$和受压值 $F_{c,Ed}$之间变化时,强度必须根据如下力设计值进行验算:

$$拉力设计值 = (F_{t,Ed} + 0.5|F_{c,Ed}|) \quad (D8.5)$$

$$压力设计值 = (F_{c,Ed} + 0.5|F_{t,Ed}|) \quad (D8.6)$$

## 8.2 销轴类金属紧固件的侧向承载力

*条款8.2* 包括用以验算承受侧向荷载的销轴类紧固件(如钉、扒钉、螺钉、螺栓和销钉)连接强度所需的设计计算公式。当连接承受作用于连接构件平面内的作用时,将产生侧向荷载。如本指南第8.1节所述,计算公式假定破坏以延性屈服方式而非突然的脆性方式产生。通过将理想塑性理论应用于连接性能而得出。木连接的基本强度计算公式最早是由Johansen在1949年提出的,*条款8.2.2* 和*条款8.2.3* 中的公式就是基于他的成果而形成的,同时对其进行了改进并借鉴了最新研究成果。 **条款8.2** **条款8.2.2** **条款8.2.3**

为了避免劈裂破坏,针对每种销轴类紧固件,提出了最小间距、边距和端距、必要时的材料厚度等相关要求。满足这些要求的条件下,能假定连接破坏为延性而非脆性的。然而,就像在本指南8.1.4节、8.2.3节和11.2节所指出的那样,当连接构件斜纹受荷或有可能发生块状剪切破坏与塞状剪切破坏时,必须对其进行验算。

*条款8.2.2* 给出了木-木连接和木-板材连接的强度计算公式,*条款8.2.3* 给出了木-钢连接的强度计算公式。 **条款8.2.2** **条款8.2.3**

### 8.2.1 一般规定

当计算销轴类金属紧固件连接的承载力标准值时,必须考虑屈服力矩、销槽承压强度和抗拔强度的贡献。

### 8.2.2 木-木连接与板材-木连接

考虑本指南第8.2节所述内容,当木-木连接和板材-木连接承受侧向荷载作用时,对于单剪连接和双剪连接,会出现如图8.9所示的多种延性破坏模式。

破坏模式a)~f)适用于单剪连接,而破坏模式g)~k)适用于双剪连接。在破坏模式a)、b)、c)、g)和h)中,破坏仅源于木材或板材的压溃或屈服,称为销槽承压破坏,这些破坏模式通常定义为破坏模式1。在发生销槽承压破坏的同时,当紧固件在单剪连接的一个构件中出现一个塑性铰或在双剪连接的中心构件中出现两个塑性铰并且销钉在其他构件中仍无变形[如d)、e)和j)等情形]时,这些破坏模式定义为破坏模式2。当在所有构件中同时出现销槽承压破坏与销钉屈服破坏[f)和k)]时,称之为破坏模式3,当所采用的紧固件较为细长(如其长度与直径的比值较大)时,通常最小强度将与破坏模式3有关。

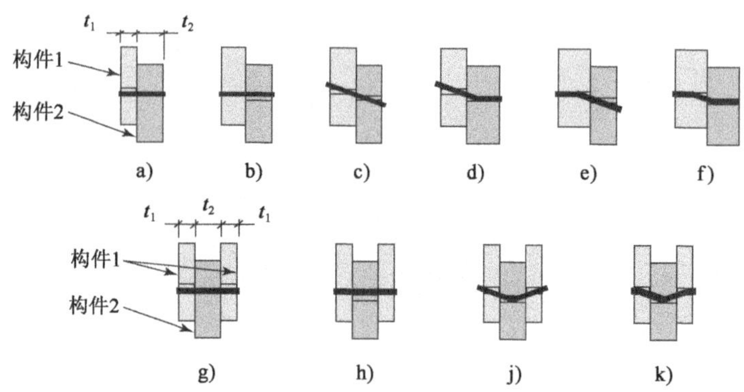


图 8.9　木连接和板连接的破坏模式。t 的下角标为构件编号

[基于 EN 1995-1-1(图 8.2).复制得到 EN 1995-1-1 的许可,

© British Standards Institute,2004]

*条款8.2.2*

针对**单个紧固件每个剪面的每种破坏模式推导出强度公式**,在*条款8.2.2* 中的式(*8.6*)和式(*8.7*)中已给出。针对单剪连接,从式(*8.6a*)~式(*8.6f*)中得到的最小值,以及针对双剪连接,从式(*8.7g*)~式(*8.7k*)中得到的最小值就是单个紧固件在每个剪面的承载力标准值 $F_{v,Rk}$。对于双剪连接,假定边部构件中所用材料在各方面(如材料、厚度、木纹方向以及材料密度)均相同。如果不符合上述假定,当边部构件分别由 $m_1$ 和 $m_2$ 两种材料制成时,可分别针对单纯采用 $m_1$ 和单纯采用 $m_2$ 两种连接的情形进行分析,得到其保守的近似值。根据式(*8.7*)得到的上述两种情形的较小值可视作 $F_{v,Rk}$。

$F_{v,Rk}$是若干变量的函数,它取决于所采用紧固件的类型,其中下角标 $i$ 的数字代表的是图 8.9 中的构件 1 或构件 2。其中的变量为:

*条款8.3.1.1*
*条款8.5.1.1*

$t_i$——木材或板材厚度,或在第 $i$ 个构件中的贯入深度(对于钉、螺钉和扒钉,其定义可参考*条款8.3.1.1*;对于螺栓,其定义可参考*条款8.5.1.1*)。

$f_{h,i,k}$——第 $i$ 个构件的销槽承压强度标准值(如对于构件 1 和构件 2,分别采用 $f_{h,1,k}$和$f_{h,2,k}$来表示);

$d$——紧固件公称直径,对于螺钉,为其有效直径;

$M_{y,Rk}$——紧固件屈服力矩标准值;

$\beta$——构件 2 与构件 1 的销槽承压强度之比;

$F_{ax,Rk}$——紧固件的抗拔强度标准值。

*条款8.3,条款8.4,*
*条款8.5,条款8.6,*
*条款8.7*

关于这些变量的定义:*条款8.3* 给出了钉的,*条款8.4* 给出了扒钉的,*条款8.5* 给出了螺栓的,*条款8.6* 给出了销钉的以及*条款8.7* 给出了螺钉的,根据上述这些条文的相关规定,同样可以得到每种紧固件的 $F_{ax,Rk}$值。

强度计算公式由如下两个部分组成:

(i)**"约翰森(Johansen)"**部分通过屈服理论得到,其作为公式中的第一部分在*条款8.2.2(1)*中给出了相关规定;

*条款8.2.2(1)*

(ii)作为公式第二部分,对于**"绳索效应"**的贡献,从 $F_{ax,Rk}/4$ 中导出,绳索效应一般仅适用于紧固件屈服的破坏模式(如破坏模式 2 和破坏模式 3)。

式(*8.7j*)给出了上述两部分的示例：

$$F_{v,Rk} = \underbrace{1.05\frac{f_{h,1,k}t_1 d}{2+\beta}\left[\sqrt{2\beta(1+\beta)+\frac{4\beta(2+\beta)M_{y,Rk}}{f_{h,i,k}dt_1^2}}-\beta\right]}_{\text{Johansen}} + \underbrace{\frac{F_{ax,Rk}}{4}}_{\text{绳索效应}} \qquad (8.7j)$$

对于所有紧固件类型，绳索效应的贡献均有一定限度，在所有涉及绳索效应的公式中，$F_{ax,Rk}/4$ 为公式中 Johansen 部分的百分比，不得超过条款*8.2.2(2)*中给出的值。对于扒钉，不考虑绳索效应。 条款*8.2.2(2)*

对于单剪连接中的紧固件，$F_{ax,Rk}$是两个构件承载力中的较小值，对于螺栓，可考虑基于条款*10.4.3* 中允许的最大尺寸垫圈提供的承载力。$F_{ax,Rk}$值是从本指南第 8.3.2 节关于钉，8.5.2 节关于螺栓，8.7.2 节关于螺钉的规定中推导的。当$F_{ax,Rk}$未知时，$F_{ax,Rk}/4$ 必须取为零。 条款*10.4.3*

当连接中紧固件为任意直径的钉(即最大直径为 8mm)或有效直径≤6mm 的螺钉时，$F_{v,Rk}$值与剪面力的方向和木纹方向之间的夹角**无关**；当采用螺栓或有效直径>6mm 的螺钉时，$F_{v,Rk}$值与剪面力的方向和木纹方向之间的夹角**有关**。对于有 $n_{sp}$个剪面、$r$ 行、每行 $n$ 个紧固件、每行顺纹受荷的有效紧固件个数为 $n_{ef}$的连接，通过以下方式计算其承载力标准值 $Fc_{v,Rk}$为：

(i)当连接斜纹受力时，且作用在连接上的力与木纹呈夹角 $\alpha$ 时：

$$Fc_{v,Rk} = nrn_{sp}F_{v,Rk} \qquad (D8.7)$$

其中，$F_{v,Rk}$为斜纹受力的单个紧固件每个剪面的承载力标准值。当采用螺栓时，$n$ 由 $n_{ef}$[从条款*8.5.1.1(4)*中得出]替代，本指南中可参考 8.5.1.1 节。 条款*8.5.1.1(4)*

(ii)当连接为顺纹受力时：

$$Fc_{v,Rk} = n_{ef}rn_{sp}F_{v,Rk} \qquad (D8.8)$$

其中，$F_{v,Rk}$为顺纹受力的单个紧固件每个剪面的承载力标准值。$n_{ef}$在本指南的第 8.1.2 节和其他章节中进行了论述。

连接的强度设计值为：

$$Fc_{v,Rd} = k_{mod}\frac{Fc_{v,Rk}}{\gamma_M} \qquad (D8.9)$$

式中，$k_{mod}$和 $\gamma_M$的取值见式(*D8.1*)。

当连接中木构件斜纹受力时，连接承载力还必须针对如下内容进行验算：

(i)本指南第 8.1.4 节描述的横纹方向的荷载分量。

(ii)本指南第 8.1.2 节描述的顺纹方向的荷载分量。

### 8.2.3　钢-木连接

根据本指南第 8.2 节所述内容，当钢-木连接侧向受荷时，会出现不同的延性破坏模式，如图 8.10 所示的单剪连接和双剪连接。

破坏模式 a)~e)适用于单剪连接，而破坏模式 f)~m)适用于双剪连接。如第 8.2.2 节所解释的原因,模式 a)、c)、f) 和 j/l) 属于破坏模式 1,模式 b)、d)、g) 和 k) 属于破坏模式 2,而模式 e)、h) 和 m) 属于破坏模式 3。

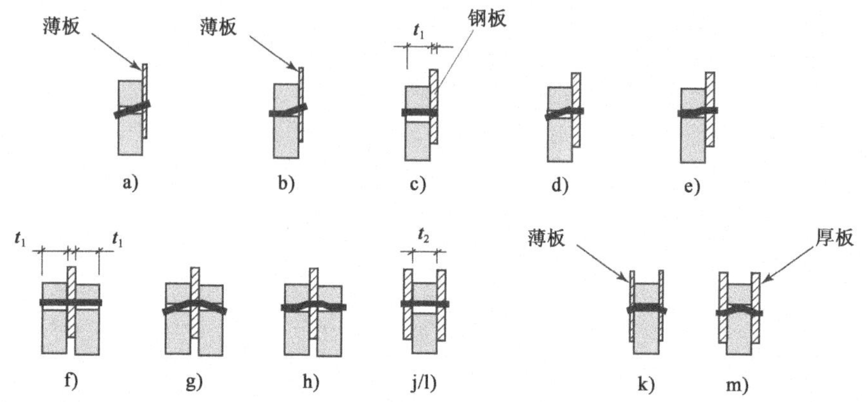


图 8.10　钢-木连接的破坏模式。$t$ 的下角标指的是构件编号(复制于 EN 1995-1-1 图 8.3, © British Standards Institute,2004)

对于含缀板连接的钢-木连接形式,其承载力标准值还与钢板厚度有关。当钢板厚度 $t \leqslant 0.5d$($d$ 为紧固件公称直径)时,归为薄钢板;当 $t \geqslant d$,且紧固件钻孔直径的公差小于 $0.1d$ 时,归为厚钢板。对于薄钢板,由于不能对紧固件端头提供足够的刚度,所以此种情形下不可能出现破坏模式 3。

与木-木连接类似,强度计算公式是针对单剪连接中的单个紧固件每个剪面的不同破坏模式推导出的,并且分为薄钢板连接[式(*8.9*)]和厚钢板连接[式(*8.10*)]。双剪连接同样分为薄钢板连接和厚钢板连接[承载力计算公式分别为式(*8.12*)和式(*8.13*)];同样地,当作为中心构件时,也可给出任意厚度钢板的钢-木连接计算公式[式(*8.11*)]。方程组中对应所考虑连接类型[如对应于厚钢板单剪连接的式(*8.10c*)、*d*)和 *e*)]的最小值即为此类连接中单个紧固件每个剪面的标准值 $F_{v,Rk}$ 限值。当钢板厚度介于薄钢板和厚钢板时,连接承载力可在薄钢板和厚钢板限值之间通过线性插值求得。

$F_{v,Rk}$ 是若干变量的函数,它取决于所采用紧固件的类型,其中变量为:

$t_1$——侧木构件的厚度或紧固件尖侧的贯入深度;

$f_{h,k}$——木构件的销槽承压强度标准值;

$d$、$M_{y,Rk}$、$F_{ax,Rk}$——可参考本指南第 8.2.2 节相关内容。

*条款8.3,8.4,8.5,8.6,8.7*

关于这些变量的规定:钉见*条款8.3*,扒钉见*条款8.4*,螺栓见*条款8.5*,销钉见*条款8.6*,螺钉见*条款8.7*,各紧固件类型的 $F_{ax,Rk}$ 值也从这些条款中推导。

如本指南第 8.2.2 节所述,强度计算公式包含两个部分:Johansen 部分和绳索效应部分。对于所有紧固件类型,绳索效应的贡献均有一定限度,在所有涉及绳索

*条款8.2.2(2)*

效应的公式中,$F_{ax,Rk}/4$ 为公式中 Johansen 部分的百分比,不得超过*条款8.2.2(2)*中给出的值。

连接的承载力标准值估算以及强度设计值的确定与本指南第 8.2.2 中木-木连接中的规定相同。

当钢-木连接是由多个销轴类紧固件组成，同时存在作用于顺纹方向的力分量和承载端的力分量（如*图8.7*所示）时，除了上述延性破坏模式外，还存在由块状剪切和/或塞状剪切破坏而引起的脆性破坏风险。EN 1995-1-1 国家附件的*条款NA.3.1*要求：当紧固件直径≤6mm 且一行中紧固件数量 ≥10 时，或紧固件直径 >6mm 且一行中紧固件数量 ≥5 时，检查此类破坏。本指南第 11 章是有关此类破坏类型的设计要求。 *条款NA.3.1*

## 8.3 钉连接

在 EN 1995-1-1 设计规定中包含的钉类型可参考 EN 14592（BSI，2008a）和 EN 10230-1（BSI，2000），且可分为：

■ 普通直纹钉（光滑钉）——沿整个长度的截面保持不变（如：圆钉、方钉和槽钉）。

■ 螺纹钉——钉杆的非光圆部分的最小长度为公称直径的 4.5 倍，当在服役等级 1 条件下使用密度标准值为 350kg/m$^3$ 的木材时（如等级为 C24 的木材），抗拔参数标准值$f_{ax,k}$不得低于 6N/mm$^2$（虽然 EN 14592 中仅要求为 4.5N/mm$^2$）。在 EN 1995-1-1 中，这些钉通常是指"*除了光滑钉之外的其他钉*"。

图 8.11 给出了光滑钉和螺纹钉的示意图。

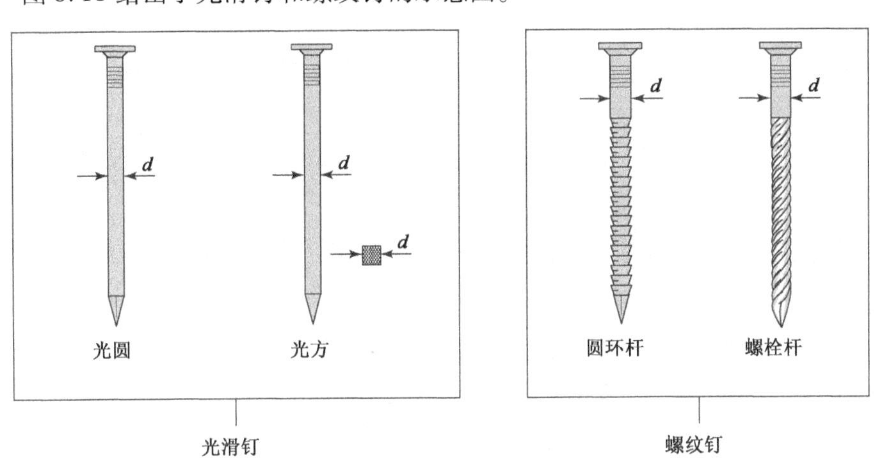


图 8.11 部分钉的类型及其名义直径 $d$

钉可采用手工或更常用的射钉枪钉入，EN 1995-1-1 中的设计规定对上述两种方式均适用。实际上当木材密度超过 500kg/m$^3$、钉的公称直径超过 6mm，或出现木材劈裂情况时，必须进行预钻孔［相关要求见*条款8.3.1.2(6)*］；当进行预钻孔时，木材的销槽承压强度将会提高，同时钉间距要求会降低。对于板材虽不要求进行预钻孔，但对于硬木板材而言，预钻孔降低了打钉时板材下表面发生物理损坏的风险。一般情况下，预钻孔将会增加项目的直接或间接成本，当连接中对预钻孔不做要求时，其应用的经济性就较差。 *条款8.3.1.2(6)*

### 8.3.1 侧向受荷钉

*条款8.3.1.1*

8.3.1.1 侧向受荷钉——一般规定 *条款8.3.1.2*

*条款8.3.1.1*、*条款8.3.1.2* 和*条款8.3.1.3* 的规定适用于本指南第 8.1 节和 *条款8.3.1.3*

*条款8.2.2*
*条款8.2.3*

第8.2节所定义的侧向受荷钉。鉴于钉的抗剪强度总是大于从*条款8.2.2*和*条款8.2.3*强度计算公式中推导出的承载力,因此不要求检查钉的抗剪强度。然而,当采用缀板时,由于在钢板预钻孔边缘处较高的应力集中而导致钉在荷载处低于其抗剪强度受剪。

在钉连接中,钉帽侧厚度是指包含钉帽的木构件的厚度;而钉尖贯入深度是指钉在钉尖侧木构件中的钉入深度。

*条款8.3.1.1(6)*

当涉及钉直径 $d$ 时,所采用的尺寸为"公称直径",EN 14592 中给出了相关规定,对于常见的钉类型,其公称直径如图 8.11 所示。EN 14592 中所述的钉最大直径为 8mm,EN 1995-1-1 中有关钉的设计规定适用于 8mm 及以下直径的钉,虽然EN 1995-1-1 *条款8.3.1.1(6)*指出当钉直径大于 8mm 时,其销槽承压强度的计算必须符合螺栓相关规定,此类钉并不符合 EN 14592 的规定,同时对于其能否采用EN 1995-1-1 的规定存在疑问。

式(*8.14*)中规定的屈服力矩标准值仅适用于光滑钉。对于螺纹钉,其值必须通过制造商获得或者根据 EN 409(BSI,2009b)的要求通过试验确定。

虽然当钉顺纹受荷时的实际销槽承压强度标准值与其横纹受荷时的强度不同,但在 EN 1995-1-1 的设计规定中,在任意角度受荷强度都是相同的,当不进行预钻孔时,通过式(*8.15*)计算得出;而进行预钻孔时,通过式(*8.16*)得出。当进行预钻孔时,其强度相对于无预钻孔连接情形会增加,如图 8.12 所示。图中给出了式(*8.16*)与式(*8.15*)的比值(以"承载力系数"表示)相对于公称直径的关系曲线,当钉的直径为 3.00mm 时,有预钻孔情形的销槽承压强度将会提高 35%;当钉的直径为 8mm 时,其提高幅度超过 65%。

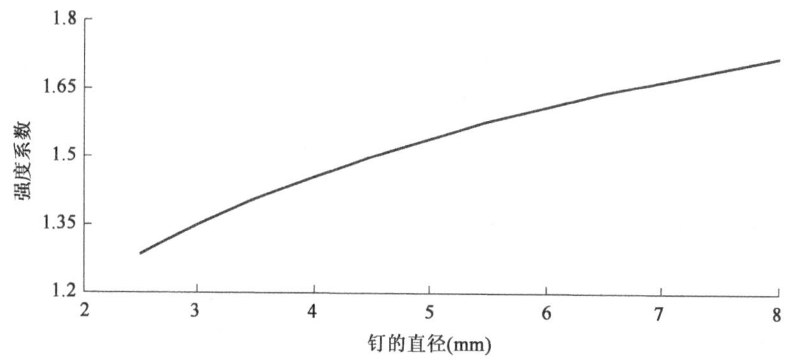


图 8.12　钉直径不超过 8mm 情形下的式(*8.16*)与式(*8.15*)的比值

如果在一个三构件连接中钉设置于正反两面的同一位置,则它们将在中心构件重叠。此时,为了防止在重叠区域由增加的劈裂力引起的劈裂破坏,必须限制钉的搭接长度。此处所采用的原则是 $(t-t_2)>4d$,如*图8.5*所示,虽然可能增大了搭接长度,但钉间距和端距也必须增大,EN 1995-1-1 中并没有给出相关规定。

如前文所述,当钉在木构件顺纹方向布置成一条直线时,形成一行钉。钉在一行中能交错布置,如果此种情况下钉间距小于 $1d$,仍可视作是一行钉;但当交错布置的行间距 $>1d$ 时,应视为相互独立的行,如图 8.13 所示,对于此种情形,*条款*

8.3.1.2(5)要求相邻两行的最小间距为 $a_2$,表 8.2 给出了钉连接中 $a_2$ 的值。　　**条款8.3.1.2(5)**

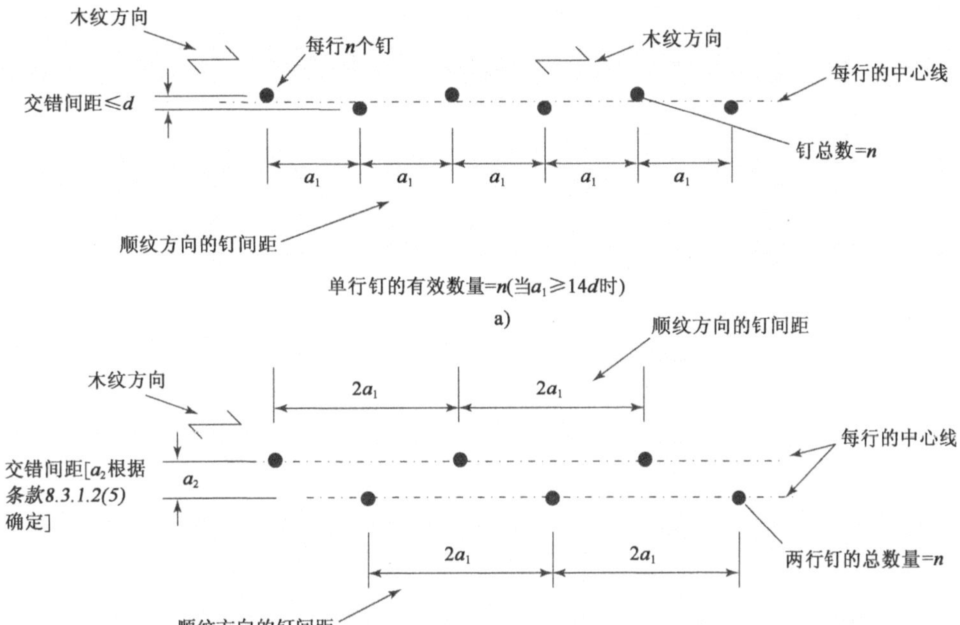


图 8.13　交错布置的钉

$k_{ef}$ 的 值　　表 8.2

| 图8.7a)中的间距 $a_1$ | 系数 $k_{ef}$ | |
|---|---|---|
| | 是否预钻孔 | 仅适用于预钻孔 |
| 14$d$ | 1.0 | |
| 12$d$ | 0.925 | |
| 10$d$ | 0.85 | |
| 9$d$ | 0.8 | |
| 8$d$ | 0.75 | |
| 7$d$ | 0.7 | |
| 4$d$ | — | 0.5 |
| 数据来源于 EN 1995-1-1。<br>$d$ 为钉的直径;对于位于上述值中间的值,采用线性插值法计算 | | |

当采用重叠钉时,虽然在 EN 1995-1-1 中未说明,但超出两行形成的统一交错间距的限值 2$d$。

当一行钉顺纹受荷时,在强度计算中采用的是钉的有效数量 $n_{ef}$,而非一行中钉的实际数量 $n$。$n_{ef}$ 是与钉个数和顺纹方向的钉间距 $a_1$ 有关的函数,对于等间距的钉,可由式(8.17)求得:

■ 对于单剪或双剪连接中的单个钉:

$$n_{ef} = n^{k_{ef}} \tag{8.17}$$

■ 对于一行中的重叠钉:

$$n_{ef} = n_{ol}^{k_{ef}} \tag{D8.10}$$

式中,$k_{ef}$的值参考表 8.2;$n_{ol}$为重叠钉连接中在每个剪面的钉数量;除了在钉间距$a_2$介于 5$d$ 和 4$d$(这是预钻孔时会采用的方案)之间时,将不会考虑预钻孔的影响。

在能承受侧向荷载作用的钉连接设计中,钉的数量至少为 2 个。

**示例 8.2:一行钉的有效个数计算**

某木构件接头中有两行重叠钉,如图 8.14 所示。试问每个剪面上每行钉的有效个数是多少?已知:钉直径 $d$ 为 3mm,无预钻孔,图中所有尺寸单位为 mm。

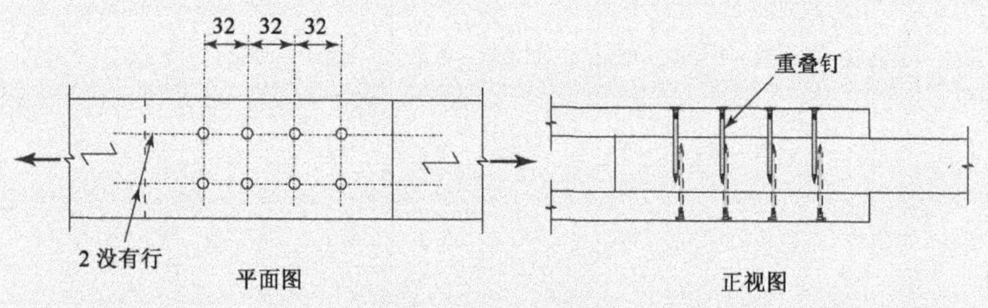


图 8.14　两行重叠钉

在每个剪面上每行钉的数量为:

$n = 4$

顺纹方向的间距为:

$a_1 = 32\text{mm} \equiv 10.67d$

由表 8.2 可得:

$k_{ef} = [(a_1 - 10d)(1 - 0.85)/(14d - 10d)] + 0.85$

$= (32 - 30)(0.15)/(4 \times 3) + 0.85 = 0.875$

每个剪面上每行钉的有效个数为:

$n_{ef} = n^{kef} = 4^{0.875} = 3.36$

8.3.1.2　侧向受荷的木-木钉连接

对于光滑钉,只有当其在钉尖侧构件上的贯入深度不小于 8$d$ 时才能用于钉连接;而对于螺纹钉,必须至少为 6$d$。

*条款8.3.1.2(3)*
*条款8.3.1.2(4)*

虽然*条款8.3.1.2(3)*指出木纹端头处的钉不得承受侧向力,但当符合*条款8.3.1.2(4)*给出的限制要求时,EN 1995-1-1 国家附件容许采用备选条款:允许在次要结构(如挂板条)中使用光滑钉,在除次要结构之外的其他结构中允许使用螺纹钉,前提是符合*条款8.3.1.2(4)*提出的限制条件。

*条款8.2.2*
*条款8.2.3*

*表8.2* 规定了钉连接的最小间距、边距和端距,除非完全满足这些规定,否则不得采用*条款8.2.2* 和*条款8.2.3* 中的侧向强度计算公式。当间距或距离中包含角度的绝对值(如 $|\cos\alpha|$)时,这意味着这些公式的求解结果总为正。

*条款8.3.1.2(7)*

根据 EN 1995-1-1 国家附件的要求,*条款8.3.1.2(7)*与对劈裂特别敏感的树种的预钻孔相关,不适用于英国的钉连接设计。

8.3.1.3 侧向受荷的板材-木钉连接

此类连接的最小间距为表8.2中的数值乘以系数0.85。除了胶合板构件以外,边距和端距要求仍按表中的相关要求取值;使用胶合板构件形成的连接中,胶合板构件的最小边距和端距取值:对于非受荷边(或非受荷端),取为$3d$;对于受荷边(或受荷端),取为$(3+4\sin\alpha)d$,注意$\alpha$为荷载作用方向与受荷边(或受荷端)之间的夹角。

对于所有受荷角度,板材的销槽承压强度均相同,并且与木材不同的是,无论是否采用预钻孔,其取值都相同。

**示例8.3:板材-木连接的销槽承压强度**

图8.15中的木-OSB缀板T形钉接头,由直径($d$)为2.85mm的光滑钉,9mm厚的OSB和C18强度等级的木材构成。求解此连接的构件A中木材和胶合板的销槽承压强度标准值,无预钻孔。

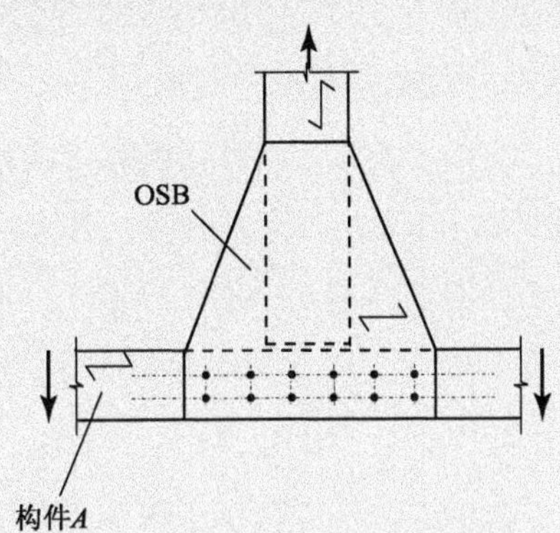


图8.15 采用木-OSB缀板T形钉接头

木材的密度标准值为:

$$\rho_k = 320\text{kg/m}^3$$

OSB的密度标准值为:

$$\rho_{osb,k} = 550\text{kg/m}^3$$

木材的销槽承压强度标准值$f_{h,k}$[式(8.15)]为:

$$f_{h,k} = 082\rho_k d^{-0.3} = 0.082 \times 320 \times 2.85^{-0.3} = 19.17(\text{N/mm}^2)$$

OSB的销槽承压强度标准值$f_{osb,h,k}$[式(8.22)]为:

$$f_{osb,h,k} = 65d^{-0.7}t^{0.1} = 65 \times 2.85^{-0.7} \times 9^{0.1} = 38.9(\text{N/mm}^2)$$

8.3.1.4 侧向受荷的钢-木钉连接

此类连接的最小间距为表8.2中的数值乘以系数0.7,但其边距和端距要求仍按表中的相关要求取值。

### 8.3.2 轴向受荷钉

此条文的规定涉及承受轴向拔出荷载的钉,并且由于钉杆自身的轴向强度总是大于抗拔强度,因此不需要检查其抗拉强度。当钉直径符合设计规定的要求时,为本指南第 8.3.1.1 节给出的公称直径。

鉴于采用光滑钉时,随着时间的持续,存在摩擦损失和滑移风险,尤其是对于经常处于干湿循环环境下的连接,因此只允许采用螺纹钉来抵抗永久或长期的轴向荷载作用,而光滑钉可用于其他作用情形。

螺纹钉的抗拔承载力取决于所采用的螺纹钉类型。对于钉尖侧的构件,承载力仅由钉的螺纹长度部分提供;而对于钉帽侧的构件,仅利用其拔出强度。对于光滑钉,除了钉帽的拔出强度以外,还包括钉帽侧长度部分的表面摩擦力,及由钉尖侧的整个贯入长度部分提供的摩擦力。木纹端头的钉不能用来抵抗轴向荷载。

当钉连接承受轴向拔出作用时,其破坏或为钉帽拔穿钉帽侧构件(**钉帽侧拔出**),或为钉尖侧拔出(**钉尖侧拔出**),则钉的拉拔承载力标准值 $F_{ax,Rk}$ 取两者的较小值。对于横纹打入的钉和如*图 8.8* 所示的斜纹打入的成对钉,螺纹钉采用式(*8.23*)进行计算,而光滑钉则采用式(*8.24*)计算。在式(*8.23*)中,$t_{pen}$ 为钉尖侧构件中钉的螺纹部分长度,而在式(*8.24*)中,其为钉尖侧钉尖的贯入深度,上述两种情形均不包括钉尖长度(如附录 A 中所述)。

$F_{ax,Rk}$ 是与钉尖侧抗拔强度标准值 $f_{ax,k}$ 和钉帽侧抗拔强度标准值 $f_{head,k}$ 有关的函数。这些强度值是根据 EN 1382(BSI,1999a)、EN 1383(BSI,1999b)和 EN 14358(BSI,2006)规定的试验方法确定的,对于光滑钉,当其钉尖贯入深度不小于 $12d$ 时,其值以 N/mm² 为单位在式(*8.25*)和式(*8.26*)中给出,当贯入深度大于 $12d$ 时,$f_{ax,k}$ 的值为恒定值,但是小于 $12d$ 时,$8d$ 时其值线性折减至零,此时即为光滑钉所允许的最小贯入长度。对于螺纹钉,$f_{ax,k}$ 根据 $8d$ 的钉尖贯入长度得出,且当最小贯入长度为 $6d$ 时,同样地其值线性折减至零。当缺少钉关于 $f_{head,k}$ 值的实测结果时,光滑钉的 $f_{head,k}$ 值将偏于保守。

图 8.16 给出了公称直径为 3.0mm 的光滑钉与螺纹长度为 $6d$ 的螺纹钉的抗拔承载力($f_{ax,k}=36.7\times10^{-6}\rho_k^2$,基于 EN 14592 中允许的最小值为 4.5N/mm²)对比,其中木材等级均为 C24,由图可知:同样强度下,螺纹钉的贯入长度比光滑钉的贯入长度短;相对于光滑钉,螺纹钉的强度增加速度要大得多。

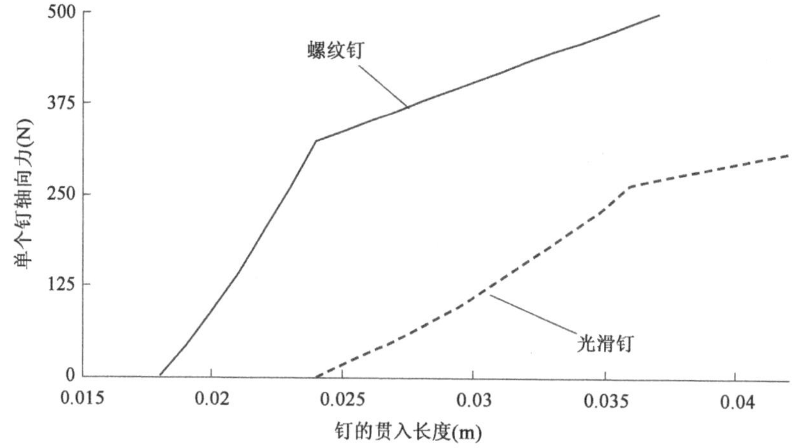


图 8.16　直径为 3.0mm 的光滑钉与螺纹钉的抗拔强度对比

当结构用木材在施工时处于或接近其纤维饱和点且可能在荷载作用下失水时，$f_{ax,k}$ 的值必须乘以 2/3。

对于由 $n$ 个钉组成的连接，当其承受轴向拔出作用时，没有给出强度连接中钉的有效个数的建议，本指南建议有效个数取钉的总数。当单个钉的抗拔承载力标准值为 $F_{ax,Rk}$ 且连接中有 $n$ 个钉时，则钉连接的抗拔承载力设计值 $F_{ax,Rd}$ 为：

$$F_{ax,Rd} = \frac{k_{mod}}{\gamma_M} n F_{ax,Rk} \tag{D8.11}$$

式中，$k_{mod}$ 和 $\gamma_M$ 可参考式(D8.1)中的规定。

当钉连接侧向受荷且通过绳索效应考虑轴向抗拔承载力时，用于推导连接侧向强度的钉的个数取有效个数 $n_{ef}$，如*条款 8.3.1.1(8)* 和本指南第 8.3.1.1 节顺纹受荷的有关规定；对于其他斜纹受荷，根据 EN 1995-1-1 的规定，宜取为 $n$。 *条款 8.3.1.1(8)*

### 8.3.3　轴向与侧向组合受荷的钉

对于此种情况，当采用光滑钉时，可使用线弹性强度方法；但当采用螺纹钉时，轴向抗拔强度的增加允许使用非线性幂函数方法。式(*8.27*)和式(*8.28*)给出了相关验算要求，图 8.17 显示了上述关系间强度的增加。

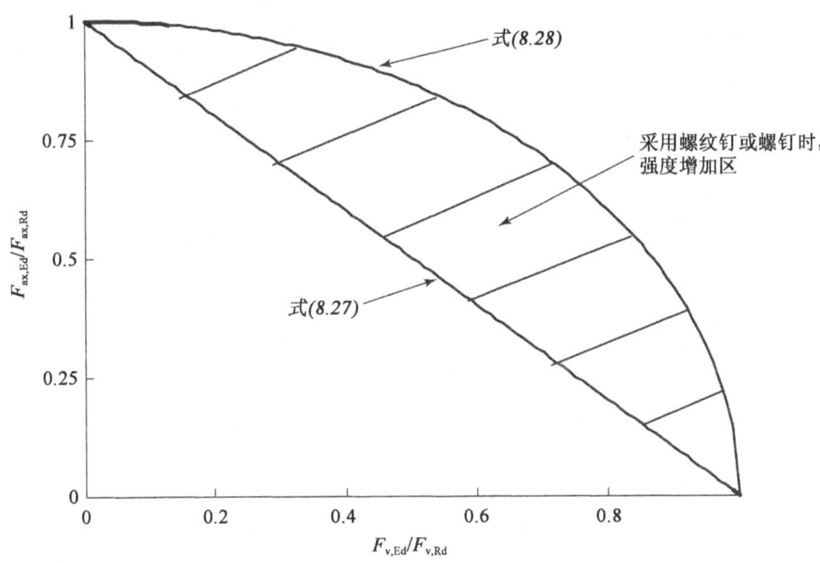


图 8.17　轴向与侧向组合受荷的光滑钉连接与螺纹钉连接的对比[式(*8.27*)和式(*8.28*)]

## 8.4　扒钉连接

扒钉通常具有圆形的、接近圆形的或矩形的断面，并且具有斜尖肢或对称尖肢，打入时不预钻孔。对于此类扒钉，*条款 8.3* 关于钉打入时不预钻孔和直径小于等于 8mm 时的规定适用。当推导其屈服力矩标准值时，宜参考附录 A 的相关内容，需要注意的是，对式(*8.29*)进行了修订。 *条款 8.3*

当扒钉是由矩形截面线材加工而成时，计算中所采用的直径 $d$ 为扒钉单肢截面尺寸乘积的平方根。扒钉的截面和钉尖贯入深度必须符合*条款 8.4(3)* 的要求，且连接中至少宜有两个扒钉。 *条款 8.4(3)*

如图8.10 所示,若扒钉顶部与木纹之间的夹角 $\theta$ 大于 30°,则扒钉单肢在每个剪面上的承载力标准值宜根据用于同等直径光滑钉的承载力标准值的相关规定进行计算,但需要采用式(8.29)(参考附录 A)计算屈服力矩标准值。对于 $\theta \leq$ 30°的情况,承载力取为上述值的 0.7 倍。扒钉连接不考虑绳索效应,如附录 A 所述,顺纹方向一行扒钉的有效个数 $n_{ef}$ 就等于此行扒钉的实际个数 $n$。

## 8.5 螺栓连接

EN 14592 规定木结构连接中能用于螺栓的钢材等级为 4.6、4.8、5.6 或8.8,其抗拉强度标准值根据 EN 1993-1-8(BSI,2005)得到,并列于表 8.3。

螺栓的抗拉强度标准值 表 8.3

| 螺栓等级 | 4.6 | 4.8 | 5.6 | 8.8 |
|---|---|---|---|---|
| 抗拉强度标准值 $f_{u,k}$ (N/mm$^2$) | 400 | 400 | 500 | 800 |

螺栓的最小直径应为 6mm,最大直径应为 30mm;第10 章给出了有关木材或钢材中螺栓孔的最大尺寸要求,以及螺栓垫圈的相关要求。

### 8.5.1 侧向受荷的螺栓

8.5.1.1 侧向受荷的螺栓——一般规定和木-木螺栓连接

条款8.5.1.1 条款8.5.1.2 条款8.5.1.3 条款8.2.2,条款8.2.3

*条款8.5.1.1*、*条款8.5.1.2* 和*条款8.5.1.3* 的规定适用于本指南第 8.1 节和第 8.2 节规定的侧向受荷螺栓。由于螺栓的抗剪强度总是大于由*条款8.2.2* 和*条款8.2.3* 中强度计算公式推导的强度,所以不需要对螺栓的剪切破坏进行检查。

采用螺栓时,木材的销槽承压强度取决于荷载与构件木纹方向之间的夹角,从式(8.31)、式(8.32)和式(8.33)中得到。式(8.33)中的系数 $k_{90}$ 为顺纹与横纹销槽承压强度标准值的比,且(除了阔叶材中的 6mm 螺栓以外)总大于 1。$k_{90}$ 的最大值与针叶材有关,而其最小值则与阔叶材有关。

条款8.2.2,条款8.2.3

对于螺栓连接,*条款8.2.2* 或*条款8.2.3* 中给出的用于计算承载力标准值 $F_{v,Rk}$ 的强度计算公式所采用的值为:

$t_1$——单剪或双剪连接(假定为对称连接)中螺帽侧的构件厚度;

$t_2$——单剪连接中螺纹端侧的构件厚度和双剪连接中中心构件的厚度。

通常来说,螺栓会嵌进木材内,此时上述取值等于螺栓在木构件内的承压长度,如图 8.18 所示。

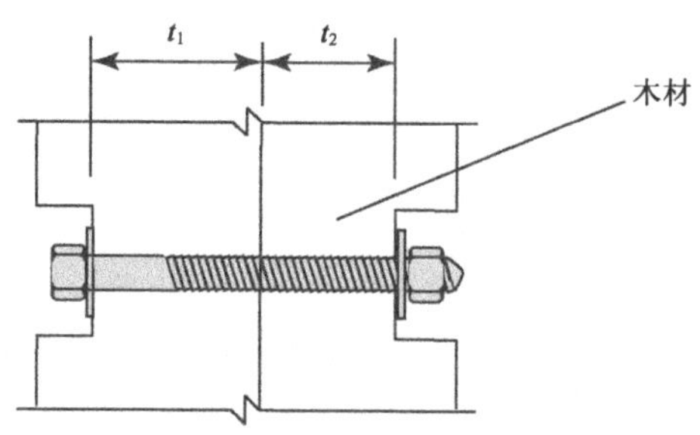


图 8.18 当嵌进螺栓时的承压长度

*表8.4* 中给出了螺栓的最小间距、边距和端距。如本指南第 8.3.1.2 节中所述，只有当完全满足这些要求时，*条款8.2.2* 和 *条款8.2.3* 所提及的侧向强度计算公式才适用。当间距或距离中包含角度的绝对值（如 $|\cos\alpha|$）时，这意味着这些公式的计算结果总为正。 *条款8.2.2* *条款8.2.3*

当一行中 $n$ 个螺栓顺纹受荷时，如图 8.19 所示，从式（*8.34*）中得出用以此方向一行螺栓强度的有效螺栓个数 $n_{ef}$。表 8.4 中给出了一行内不同螺栓数量和间距的 $n_{ef}$ 值。

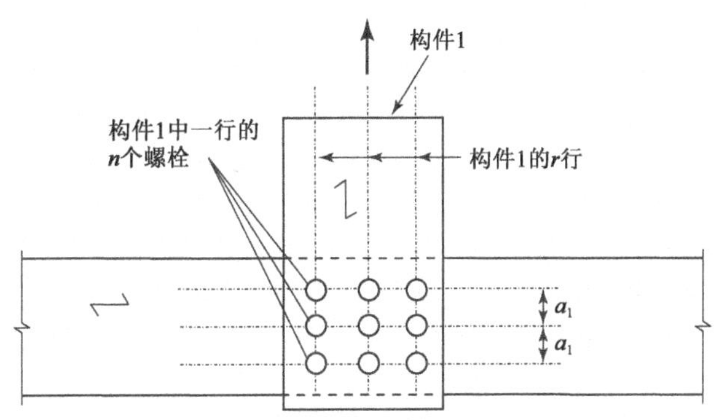


图 8.19　一行螺栓

**由公式（*8.34*）推导的对于一行内直径为 $d$、间距为 $a_1$ 的 $n$ 个螺栓的 $n_{ef}$ 值**　　表 8.4

| 单行螺栓数量 $n$ | 螺栓间距［见式（*8.34*）］ | | |
|---|---|---|---|
| | $5d$ | $10d$ | $15d$ |
| 2 | 1.47 | 1.75 | 1.93 |
| 3 | 2.12 | 2.52 | 2.79 |
| 4 | 2.74 | 3.26 | 3.61 |
| 5 | 3.35 | 3.99 | 4.41 |

当一行中 $n$ 个螺栓横纹受荷时，$n_{ef}=n$；当一行中 $n$ 个螺栓斜纹（荷载与木纹方向的夹角 $\alpha$ 介于 0°～90°之间）受荷时，$n_{ef}$的值可在 $n$ 和式（*8.34*）的计算值之间进行线性插值确定。有关多行螺栓连接的常见情形可参考示例 8.4。

**示例 8.4：连接中螺栓有效个数的计算**

在图 8.20 所示的连接 A 和 B 中，每行中直径（$d$）为 12mm 的螺栓在每个剪面上的有效个数 $n_{ef}$是多少？

连接 A 中每行螺栓在每个剪面上的数量为：

$n1=2$

顺纹方向的间距为：

$a_1=100\text{mm}$

因此

$n1_{ef}=\min[n1, n1^{0.9}(a_1/13d)^{0.25}]=\min[2, 2^{0.9}\times(100/13\times12)^{0.25}]=1.67$

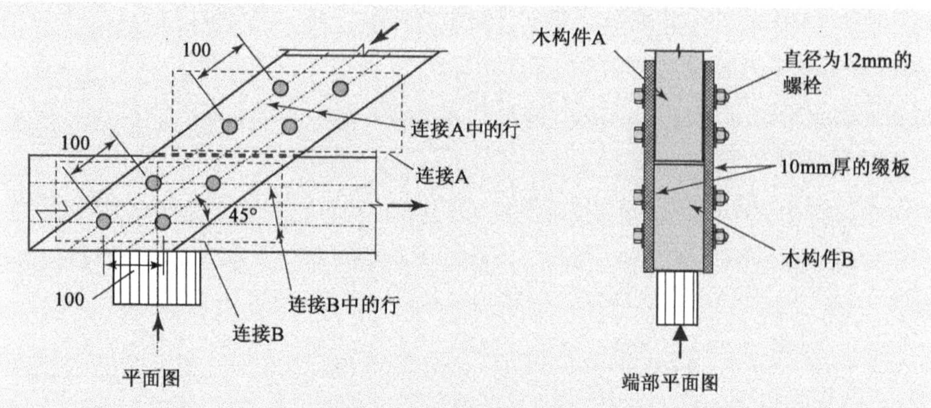


图 8.20　螺栓连接的轴向强度

此连接中螺栓在每个剪面上的有效个数为:

$2nl_{ef} = 3.34$

计算构件 B 中的顺纹荷载。

每行螺栓在每个剪面上的数量为:

$n2 = 2$

顺纹方向的间距为:

$a_1 = 100\text{mm}$

因此,$n2_{ef} = nl_{ef}$,此连接中每个剪面上的螺栓有效个数为 3.34。

*条款8.5.1.1(4)*

对于构件 B 中 45°受荷的情形,可采用*条款8.5.1.1(4)*的最后所述内容确定。此种情况下,当横纹受荷时,每个剪面的螺栓有效个数 = 实际个数 = 4;而当顺纹受荷时,每个剪面的螺栓有效个数为 3.34。所以,每个剪面的有效螺栓个数为:

$3.34 + (4 - 3.34) \times 45/90 = 3.67$ 个螺栓

8.5.1.2　侧向受荷的板材-木螺栓连接

*条款8.5.1.1*

本条款的规定适用于板材-木螺栓连接。当计算此类连接的螺栓有效个数时,*条款8.5.1.1*中针对木-木连接的有关规定同样适用。

与木材不同的是,胶合板和 OSB 的销槽承压强度标准值与荷载方向和材料表面纹理之间的夹角无关,针对上述两种板材可分别从式 (*8.36*) 和式(*8.37*) 中推导出。

## 8.5.2　轴向受荷的螺栓

螺栓受拉时,可能存在超出其抗拉强度的风险,所以除了满足 EN 1995-1-1 中设计所要求的强度以外,还必须对此强度进行验算。采用 EN 1993-1-8 中的规定,$f_{uk}$为螺栓的抗拉强度标准值,则对于木结构设计中的普通凸头螺栓,其抗拉强度标准值 $F_{ax,Rk}$和设计值 $F_{ax,Rd}$分别为:

$$F_{ax,Rk} = \frac{0.9 f_{uk} A_s \gamma_M}{\gamma_{M2}} \quad F_{ax,Rd} = \frac{0.9 f_{uk} A_s}{\gamma_{M2}} \tag{D8.12}$$

式中，$\gamma_{M2}$（=1.25）为EN 1995-1-1国家附件中针对螺栓的分项系数；$\gamma_{M2}$（=1.25）为EN 1993-1-8国家附件中针对受拉螺栓的分项系数；$A_s$为螺栓螺纹端基于内螺纹直径的螺杆承拉面积。当采用沉头螺栓时，系数需采用0.63而不是0.9。

其他的强度要求还包括：不超过垫圈或钢-木连接中钢板的承载力。*条款8.5.2(3)*给出了采用钢板时等效垫圈的最大面积的相关建议；同时，接触面上木材的承压强度标准值取为$3.0f_{c,90,k}$。则单个螺栓的轴向承载力标准值$F_{ax,Rk}$取抗拉承载力设计值和承压承载力设计值中的较小值（如例8.5所示）。 *条款8.5.2(3)*

对于承受轴向拔出作用的包含$n$个螺栓的连接，并没给出所用螺栓有效个数的相关指导，本指南建议取为螺栓的实际数量。当连接中有$n$个螺栓时，轴向承载力标准值$F_{ax,Rk}$为：

$$F_{ax,Rk}=\gamma_{M2}nF_{ax,Rd}\text{（当拉力非常大时），否则 }F_{ax,Rk}=\frac{\gamma_M}{k_{mod}}nF_{ax,Rd} \tag{D8.13}$$

其中，$k_{mod}$与$\gamma_M$参考式（D8.1），$\gamma_{M2}$可参考式（D8.12）。

当连接承受侧向荷载作用且考虑绳索效应时，推导侧向强度所采用的螺栓数量为本指南第8.5.1.1节中定义的有效数量$n_{ef}$。

**示例8.5：计算螺栓连接轴向强度的示例**

确定示例8.4中连接A用于计算绳索效应的螺栓轴向强度标准值。已知：木材等级为C22，$k_{mod}$值为0.8，螺栓强度等级为4.6，木构件中的螺栓孔直径比螺栓直径大1mm，采用最小垫圈直径（图8.20），缀板厚度（$t$）为10mm。

螺栓的抗拉强度为：

$$f_{u,k}=400\text{N/mm}^2$$

螺栓螺纹直径为：

$$d_1=0.7d=0.7\times12=8.4(\text{mm})$$

垫圈直径为：

$$d_w=\min(12t,4d)=4\times12=48(\text{mm})$$ ［*条款8.5.2(3)*］ *条款8.5.2(3)*

垫圈下木材的承压强度为：

$$f_{c,90,k}=3\times2.4=7.2(\text{N/mm}^2)$$ ［*条款8.5.2(2)*］ *条款8.5.2(2)*

螺栓的抗拉强度设计值为：

$$Fs_{ax,Rd}=0.9f_{u,k}(\pi d_1^2/4)/1.2=0.9\times400\times(\pi\times8.4^2/4)/1.25$$
$$=15.96(\text{kN})$$

螺帽的承载力设计值为：

$$Fh_{ax,Rd}=f_{c,90,k}\pi[d_w^2/4-(d+1\text{mm})^2/4]k_{mod}/1.3$$
$$=7.2\times\pi(48^2/4-13^2/4)0.8/1.3=7.43(\text{kN})$$

设计标准值基于最小设计值，即：

$$F_{ax,Rk}=7.43\times1.3/k_{mod}=12.07\times1.03/0.8=12.07(\text{kN})$$

绳索效应计算中单个紧固件所采用的值为下述数值的较小值：

$(F_{ax,Rk}/4)(n_{ef}/n)=(12.07/4)\times(3.34/4)=2.52(kN)$

条款8.2.2(2) 和强度计算公式[条款8.2.2(2)]中的Johansen部分的25%。

## 8.6 销连接

EN 1995-1-1中的规定仅适用于金属紧固件,标准中所涉及的销钉必须为金属材质,其直径必须介于6~30mm之间,对于销钉和预钻孔直径的公差应符合条款10.4.4的要求。

条款10.4.4

承受轴向荷载的连接中不能用销钉,在侧向受荷的接头中,此类固定件的绳索效应为零。

销连接中销钉的最小间距、边距和端距应符合表8.5中的相关规定,需要注意附录A中给出的$a_{3,c}$的变化,具体如下:

$90°\leq\alpha<150°$时,采用$a_{3,t}|\sin\alpha|$

$150°\leq\alpha<210°$时,采用$\max(3.5d;40mm)$

$210°\leq\alpha<270°$时,采用$a_{3,t}|\sin\alpha|$

条款8.5.1 除了上述要求外,有关螺栓的设计规定见条款8.5.1,并且本指南第8.5.1.1节相关内容也适用。

## 8.7 螺钉连接

如EN 14592所述,结构用木材使用的螺钉应通过下述任一方式形成:

(1)通过对钢棒的一部分车螺纹,形成光滑杆直径等于螺纹部分的外部最大横截面直径的螺钉。钢棒的外径即为螺钉的**公称直径**,上述就是传统木螺钉或六角头木螺钉的形成过程,这些就是EN 1995-1-1中所指的光滑螺钉。

(2)滚压螺纹后的硬化。这通常是指自攻螺钉,其外螺纹直径就是**公称直径**。

图8.21给出了光滑螺钉和自攻螺钉的示意图。

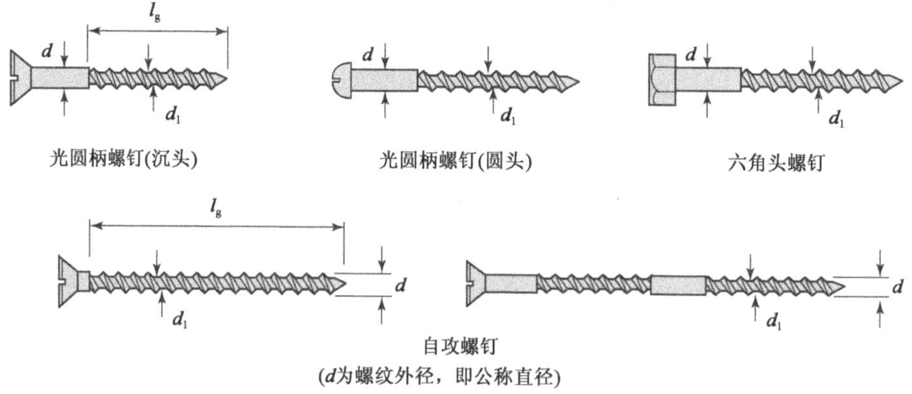


图8.21 光圆柄螺钉和自攻螺钉示意图($d$为公称直径,$d_1$为螺纹内径)

所有螺钉必须有螺纹长度$l_g\geq$螺钉公称直径4倍的螺纹部分。对于新式光滑钉,$l_g$约为螺钉长度的2/3,螺纹内径$d_1$约为螺纹外径的70%;对于六角头螺钉,$l_g$约为光滑杆长度的60%。

由于自攻螺钉在加工过程中做了硬化处理，其强度比光滑螺钉高，对于此类螺钉，$l_g$通常为螺杆长度。

EN 14592 中指出用于结构连接的螺钉允许公称直径范围为 2.4 ~ 24mm。同时，螺钉螺纹内径不应小于其外径的 60%，也不能大于其外径的 90%。

所有螺钉用于阔叶材和密度大于 500kg/m$^3$针叶材的连接时，或者当螺钉螺纹外径大于 6mm 且用于针叶材的连接时，要求进行预钻孔。预钻孔对防止木材劈裂、螺钉扭断或确保螺钉完全钉入是非常有必要的。当螺钉直径小于 6 倍的外螺纹直径且用于针叶材的连接时，不要求进行预钻孔。当进行预钻孔时，螺钉的侧向强度将会提高，同时钉间距会减小。然而，像钉连接一样，除非 EN 1995-1-1 中有规定，否则预钻孔将会增加直接或间接成本，如果不要求预钻孔，则不太可能具有效益成本。

当采用螺钉时，预钻孔要求见*条款 10.4.5*。当采用光滑螺钉时，预钻孔直径 *条款10.4.5*
对于光滑部分必须与光滑部分直径相同，对于螺纹部分，宜取为光滑部分直径的70% 左右。当对自攻螺钉进行预钻孔时，预钻孔直径不宜大于螺纹内径 $d_1$。对于所有阔叶材和密度大于 500kg/m$^3$ 的针叶材，必须通过试验确定预钻孔直径。

除非 EN 1995-1-1 中另有规定，*条款 8.7.1* 中有关侧向受荷螺钉的规定仅适 *条款8.7.1*
用于螺钉横纹钻入的情形。当螺钉斜纹钻入木材且承受侧向荷载作用时，如
图 8.22所示，必须调整侧向强度设计规定，Bejtka 和 Blass (2002) 给出了此种情形
下的建议做法。另一个备选做法是参考*条款 8.7.2* 中有关轴向受荷连接的规定。 *条款8.7.2*

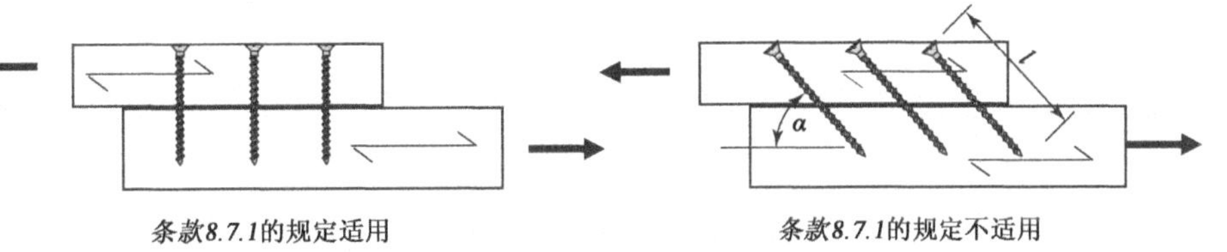


*条款8.7.1*的规定适用　　*条款8.7.1*的规定不适用

图 8.22　针对侧向受荷螺钉的规定

## 8.7.1　侧向受荷的螺钉

*条款 8.7.1* 中的有关规定适用于侧向受荷的螺钉，详见本指南第 8.1 节和第 *条款8.7.1*
8.2 节。因为螺钉的抗剪强度总是大于从*条款 8.2.2* 和*条款 8.2.3* 强度计算公式 *条款8.2.2*
中推导出的承载力，所以不必验算螺钉的抗剪强度。然而，就像钉连接那样，当采 *条款8.2.3*
用缀板时，由于在钢板预钻孔边缘处较高的应力集中而可能出现剪切破坏。

当依据 EN 1995-1-1 中的规定计算螺钉的屈服力矩时，采用在 EN 1995-1-1［在 *条款8.7.1(1)P*
本指南附录 A 中的*条款 8.7.1(1)P*、*条款 8.7.1(4)*、*条款 8.7.1(5)* 和*条款 8.7.1(6)* *条款8.7.1(4)*
中给出的修订建议］中的定义并且在 PD 6693-1 中进一步发展的螺钉有效直径 $d_{ef}$， *条款8.7.1(5)*
通常按如下规定取值： *条款8.7.1(6)*

(a) 对于部分螺纹螺钉，且光滑部分贯入钉尖侧构件的深度不小于 $4d$ 时，$d_{ef} = d$。

(b) 对于部分螺纹螺钉，且光滑部分贯入钉尖侧构件的深度小于 $4d$ 时，或对

于自攻螺钉,不考虑钉尖贯入深度,此时取 $d_{ef}=1.1d_1$,其中 $d_1$ 如图 8.21 所示。

基于上述要求,屈服力矩标准值 $M_{y,Rk}$ 为:

$$M_{y,Rk} = 0.3 f_u d_{ef}^{2.6} \tag{D8.14}$$

式中,$f_u$ 为螺钉材料的抗拉强度标准值。当 $f_u$ 值未知时,$M_{y,Rk}$ 宜根据 EN 409 的要求通过试验获得,同时考虑 EN 14592 的要求。

*条款8.2.2*
*条款8.2.3*

有效直径 $d_{ef}$ 也可用于计算销槽承压强度,并在*条款8.2.2* 和*条款8.2.3* 的侧向强度计算公式中用于钉直径($d$)。

*条款8.3.1*
*条款8.5.1*

当螺纹螺钉的有效直径 $d_{ef} \leq 6$mm 时,其设计必须符合*条款8.3.1* 中有关钉连接的规定;当其有效直径 $d_{ef} > 6$mm 时,其设计必须符合*条款8.5.1* 中有关螺栓连接的规定。虽然这些要求在 EN 1995-1-1 中并没有明确规定,但这些限制条件同样适用于自攻螺钉连接。

*条款8.3.1.1*
*条款8.3.1.2*,
*条款8.3.1.3*,
*条款8.3.1.4*,
*条款8.5.1.1*,
*条款8.5.1.2*,
*条款8.5.1.3*
*条款8.2.2(2)*
*条款8.7.2*

当螺钉视作钉时,*条款8.3.1.1*、*条款8.3.1.2*、*条款8.3.1.3* 和*条款8.3.1.4* 中的相关规定适用;当螺钉视作螺栓时,相关条款为*条款8.5.1.1*、*条款8.5.1.2* 和*条款8.5.1.3*,读者也可参考本指南中的相应内容。然而,无论采用哪条设计规定,当考虑*条款8.2.2(2)* 和本指南第 8.2.2 节提及的绳索效应时,螺钉的轴向抗拔承载力标准值 $F_{ax,Rk}$ 应使用*条款8.7.2* 中的规定确定。

*条款8.7.1*

连接中用以推导侧向承载力标准值的螺钉有效数量应符合*条款8.7.1* 的规定。换句话说,当 $d \leq 6$mm 时,应满足本指南第 8.3.1.1 节的规定;当 $d > 6$mm 时,应满足第 8.5.1.1 节的规定。

**示例 8.6:板-木螺钉连接的销槽承压强度和屈服力矩**

图 8.23 中的抗拉节点是由等级为 C22 的木材与通过 8 个直径为 4.5mm、长度为 75mm、钢材等级为 5.6 的自攻螺钉连接的胶合板组成的。计算每个螺钉的销槽承压强度与屈服力矩标准值。无预钻孔。

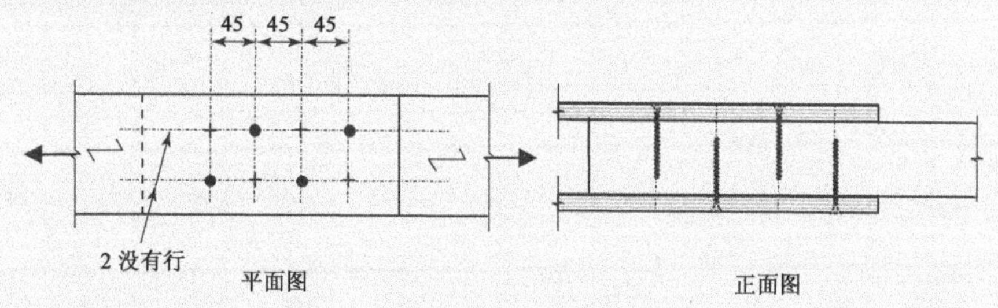


图 8.23　板-木螺钉连接

木材的密度标准值为:

$\rho_k = 340\text{kg/m}^3$

胶合板的密度标准值为:

$\rho_{p,k} = 344\text{kg/m}^3$

螺钉的有效直径为:

$1.1 \times 0.7d = 1.1 \times 0.7 \times 4.5 = 3.465(\text{mm})$

木材的销槽承压强度标准值$f_{h,k}$[式(*8.15*)]为：

$$f_{h,k}=0.082\rho_k d^{-0.3}=0.082\times340\times3.465^{-3}=19.20(\text{N/mm}^2)$$

胶合板的销槽承压强度标准值$f_{p,h,k}$[式(*8.20*)]为：

$$f_{p,h,k}=0.11\rho_{p.k}d^{-0.3}=0.11\times344\times3.465^{-0.3}=26.06(\text{N/mm}^2)$$

计算屈服力矩标准值$M_{y,Rk}$[式(*8.14*)]。

螺钉有效直径为：

$$d_{ef}=3.465\text{mm}$$

螺钉材料的抗拉强度：

$$f_u=500\text{N/mm}^2$$

所以

$$M_{y,Rk}=0.3f_u d_{ef}^{2.6}=0.3\times500\times3.465^{2.6}=3.7959\times10^3(\text{Nmm})$$

### 8.7.2 轴向受荷螺钉

针对轴向受荷螺钉的规定适用于螺钉轴向受荷或有平行于钉杆分力的连接。当螺钉在与木纹之间的夹角为 $\alpha$ 的方向固定且侧向受荷时，连接的侧向承载力标准值可使用*条款8.7.2* 的规定从抗拔承载力标准值 $F_{ax,a,Rk}$ 中得到。当螺钉横纹固定且侧向受荷时，其侧向承载能力使用*条款8.7.1* 的规定推导，采用*条款8.7.2* 的规定计算轴向抗拔承载力标准值，以此获得*条款8.2.2* 中的绳索效应。

***条款8.7.2***

***条款8.7.1***

***条款8.7.2***

***条款8.2.2***

为了确定螺钉连接的轴向强度，必须考虑以下失效模式：

■ 螺钉从钉尖侧构件中拔出破坏。

■ 与钢板结合使用的螺钉钉帽的撕脱破坏——要求其强度超过螺钉的抗拉强度。

■ 螺钉帽从螺帽侧构件中拔出。

■ 超过螺钉的抗拉强度。

■ 受压时，螺钉的屈曲破坏。

■ 与钢板一起使用的一组螺钉沿四周破坏（会引起块状或塞状剪切破坏模式，但 EN 1995-1-1 *附录A* 中关于块状或塞状破坏的公式不能使用，因为其适用于由侧向受荷而非轴向受荷引起的块状或塞状剪切破坏模式）。

EN 1995-1-1 提请注意：钢材和螺钉周围破坏模式属于脆性模式，设计人员宜考虑这点。

为了能够抵抗轴向荷载，螺钉的螺纹部分最小贯入长度必须达到 $6d$，前提是连接中的木材厚度$\geqslant12d$，钉最小间距和边间距见表8.6。

如附录 A 所述，*条款8.7.2(4)* 的规定仅适用于针叶材连接。对于这种连接，螺钉符合 EN 14592 的要求，其中 $6\text{mm}\leqslant d\leqslant12\text{mm}$，并且内螺纹直径 $d_1$ 与外螺纹直径 $d$ 的比符合 $0.6\leqslant d_1/d\leqslant0.75$ 的要求，其抗拔承载力标准值 $F_{ax,a,Rk}$ 可按式(*8.38*)计算。当螺钉直径小于6mm 但仍然满足 $d_1/d$ 的要求时，其横纹抗拔强度

***条款8.7.2(4)***

标准值$f_{ax,k}$的设计要求在 PD 6693-1 中给出。

在式(8.38)中,当螺钉在 $x$-$z$ 和 $y$-$z$ 平面上都倾斜固定时(如图 8.24 所示),$\alpha$ 是螺钉轴线在 $x$-$z$ 平面上的投影角。

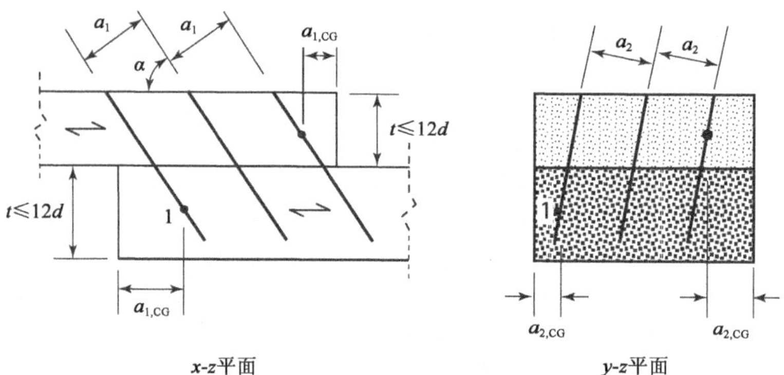


图 8.24 在 $x$-$y$ 和 $y$-$z$ 平面上以倾斜角固定($d$ 为螺钉直径)

当 $d_1/d$ 的比值大于 0.75 时,$F_{ax,a,Rk}$可按式(8.40a)计算。如果横纹抗拔强度标准值$f_{ax,k}$可用连接中木材密度的标准值从试验中得出,并按照 EN 1382 的要求进行试验,可得 $F_{ax,a,Rk}$:

$$F_{ax,\alpha,Rk} = \frac{n_{ef} f_{ax,k} d l_{ef}}{1.2\cos^2\alpha + \sin^2\alpha} \tag{D8.15}$$

并且当基于密度为$\rho_a$的木材的$f_{ax,k}$值是从螺钉生产厂家获得时,可通过下式计算 $F_{ax,a,Rk}$:

$$F_{ax,\alpha,Rk} = \frac{n_{ef} f_{ax,k} d l_{ef}}{1.2\cos^2\alpha + \sin^2\alpha}\left(\frac{\rho_k}{\rho_a}\right)^{0.8} \tag{D8.16}$$

式(D8.15)和式(D8.16)中使用函数的定义见 EN 1995-1-1,其中 $\alpha \geq 30°$。

与木纹夹角为 $\alpha$ 且螺钉轴向受荷的螺钉连接的抗穿透承载力标准值 $F_{ax,\alpha,Rk}$ 使用式(8.40b)进行计算,穿透参数$f_{ax,head}$的标准值可采用连接中木材密度的标准值且按照 EN 1383 的相关规定通过试验推导出。

式(8.40c)中螺钉的抗拉承载力标准值$f_{tens,k}$使用螺帽撕脱强度与螺杆抗拉强度之间的较小值,按照 EN 1383 的要求通过试验推导出。

对于有 $n$ 个螺钉的连接,并且每个螺钉承受与螺杆平行的荷载分量,则连接中螺钉的有效数量 $n_{ef}$为:

$$n_{ef} = n^{0.9} \tag{D8.17}$$

*条款8.7.2*

按照条款8.7.2 的要求,螺钉直径为 $d$,满足 6mm ≤ $d$ ≤ 12mm,受荷方向与木纹间的夹角为 $\alpha$ 的连接的抗拔承载力标准值 $F_{ax,a,Rk}$从设计值 $F_{ax,\alpha,Rd}$中得出,即:

当$0.6 \leq d_1/d \leq 0.75$ 时,$F_{ax,\alpha,Rd}$ = min[式(8.38),式(8.40b),式(8.40c) 的设计值] (D8.18)

或

当$0.75 < d_1/d \leq 0.9$时,$F_{ax,\alpha,Rd}$ = min[式(8.40a),式(8.40b),式(8.40c) 的设计值] (D8.19)

当 $d<6\text{mm}$ 时,式(D8.18)依然适用,但式(*8.38*)从 PD 6693-1 的规定中得出。连接的抗拔承载力标准值 $F_{\text{ax,a,Rk}}$ 按下式确定:

$$F_{\text{ax},\alpha,\text{Rk}} = 1.25F_{\text{ax},\alpha,\text{Rd}}(\text{如果螺钉受拉破坏}),\text{否则} = F_{\text{ax},\alpha,\text{Rd}}\frac{\gamma_{\text{M}}}{k_{\text{mod}}} \qquad (\text{D8.20})$$

式中,$k_{\text{mod}}$ 与 $\gamma_{\text{M}}$ 见式(D8.1)。

如果螺钉横纹固定,并侧向受荷,则连接的侧向承载能力标准值使用*条款8.7.1*中的规定得到,使用*条款8.7.2* 计算绳索效应,以此获得螺钉抗拔承载力标准值。 **条款*8.7.1*** **条款*8.7.2***

对于同时承受拉力与侧向荷载的螺钉连接,*条款8.3.3* 的要求适用,见本指南第 8.3.3 节。 **条款*8.3.3***

## 8.8　齿板紧固件连接

齿板紧固件必须满足 EN 14545(BSI,2008b)的要求,并且用于连接 2 个或多个相邻且具有相同厚度的木构件。齿板紧固件最常用于木框架结构的桁架椽和桁架楼盖结构的制作当中。

金属板包含突出板平面的齿状区域,将其压入木材中形成连接。图 8.25 给出了此类连接的示例。

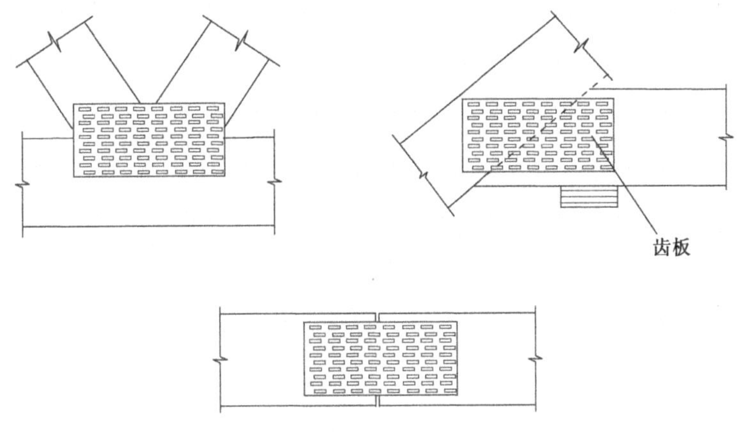


图 8.25　典型齿板连接

这种紧固件的强度取决于齿板的排布和压入齿痕的几何尺寸,这些性能由于制作厂家不同具有差异,所以其强度性能在*条款8.8* 以及其他相关的欧洲标准中都未给出。但是,作为一般性指导,在 $100\text{m}^2$ 金属板表面积上能够传递的侧向荷载可达 500N。 **条款*8.8***

设计所需的信息在*条款8.8.3* 中列出,这些紧固件的设计规定在*条款8.8* 的分项条文中给出。 **条款*8.8.3*** **条款*8.8***

还需参考附录 A,其指出了关于*条款8.8.5.1(1)*、*条款8.8.5.1(2)*、*条款8.8.5.1(4)*和*条款8.8.5.2(1)*建议修改的内容。 **条款*8.8.5.1(1)*,条款*8.8.5.1(2)*,条款*8.8.5.1(4)*,条款*8.8.5.2(1)***

由这些紧固件形成的连接通常由齿板制造商设计,因此本指南中不讨论其设计方法。

## 8.9　裂环和剪板连接件

这几种连接件已经在除了英国外的欧洲普遍使用。这些连接件的侧向承载能力远大于螺栓连接所能达到的承载能力,连接刚度也大得多。它们用于大跨度桁架的连接中,使用剪板连接件的结构,其优点是能够在制造厂进行预装配、拆卸运输,然后安装前在现场重新组装。这些连接件安装在木构件的预制槽中。

裂环连接件要么是实心的,要么在其环中形成裂口,并且仅适用于木-木连接,如图8.26所示。在 EN 912 中,它们被称为 A1 ~ A6 型,直径从 60mm 到 260mm 不等,但 EN 1995-1-1 *条款8.9(1)*规定不允许使用直径大于 200mm 的连接件。连接件由螺栓和垫圈固定到位,其不会直接影响连接的强度。

*条款8.9(1)*

如图 8.26 所示,剪板连接能用于木-木节点,成对背靠背,也可单独用于钢-木连接。在 EN 912 中,它们被称为 B1 ~ B4 型,直径范围为 65 ~ 190mm,并通过螺栓和垫圈固定到位。对于这些连接件,螺栓不会直接影响连接的强度,但需要抵抗连接界面上的剪应力。

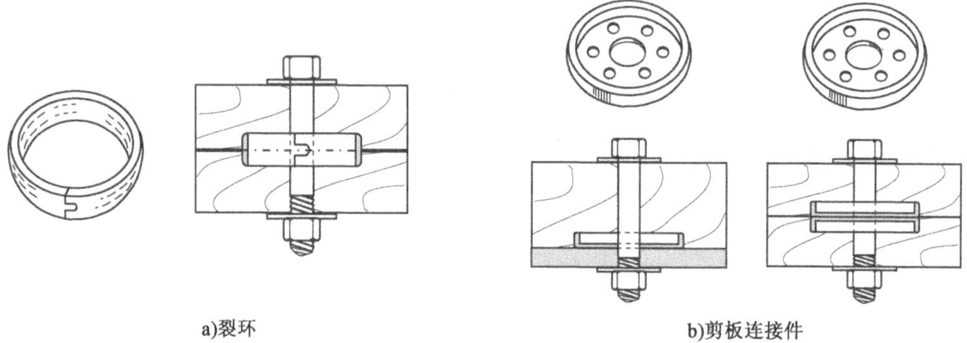


图　8.26

*条款10.4.3(4)*

用于裂环或剪板连接件的螺栓最小直径在*条款10.4.3(4)*和 EN 13271(BSI, 2002)中给出。

用螺栓将连接件固定在一起,在一个环连接件中,通过木材的销槽承压应力和环的抗剪承载力传递荷载。具有剪板连接件时,荷载再次通过木材销槽承压、剪板和螺栓的抗剪承载和支承力传递,不仅能将构件连接在一起,还能为剪板提供支承力和抗剪承载力。

顺纹受荷连接件的强度标准值可由*式(8.61)*得到,其模拟了两种破坏模式。即为在连接受荷端的块状剪切破坏(脆性破坏)和销槽承压破坏。*式(8.61a)*给出了块状剪切,承载力标准值,而*式(8.61b)*给出了销槽承压性能标准值,较低值为顺纹方向单个连接件每个剪面的承载能力标准值 $F_{v,0,Rk}$。由于剪板连接件中螺栓的抗剪强度将始终大于 $F_{v,0,Rk}$,因此不需要进行验算。为防止发生其他形式的脆性破坏,必须遵守厚度标准以及最小间距、端距和边距要求,具体要求分别见*条款8.9(2)*和*表8.7*。需要注意的是,*表8.7* 中受荷端最小间距值($a_{3,t}$)为 $1.5d_c$ 将

*条款8.9(2)*

被修改为 $2.0d_c$，如附录 A 所述。

达到最大值时，连接件强度将受到构件厚度（系数 $k_1$）、木材密度标准值（系数 $k_3$）和块状抗剪强度下受荷端端距（系数 $k_2$）的影响。对于木-钢连接中的剪板连接件，允许强度增加 10%（系数 $k_4$）。由 EN 912 得出的连接件直径 $d_c$ 和销槽深度 $h$，必须以 mm 为单位，并且式（*8.63*）中的 $a_{3,t}$ 值是实际受荷端端距，不能小于表*8.7* 中 $a_{3,t}$ 的最小修正值。这些连接件通常不适用于木材密度标准值大于 $610kg/m^3$ 的情况。

为了给出这类连接件的承载力标准值，表 8.5 给出了使用等级为 C24 木材的 B2 型剪板和 A2 型裂环连接件在最适宜条件下的承载力。

**B2 型和 A2 型连接件的承载力标准值**　　表 8.5

| | 剪板，B2 型（公称直径 64mm） | 裂环，A2 型（公称直径 64mm） |
|---|---|---|
| 承载力标准值 | 19.1kN | 21.4kN |

当连接件交错布置时，*条款8.9(10)* 和*条款8.9(11)* 给出了间距规定，允许按照式（*8.69*）进行椭圆形排列，如图 8.27 所示。 *条款8.9(10)* *条款8.9.(11)*

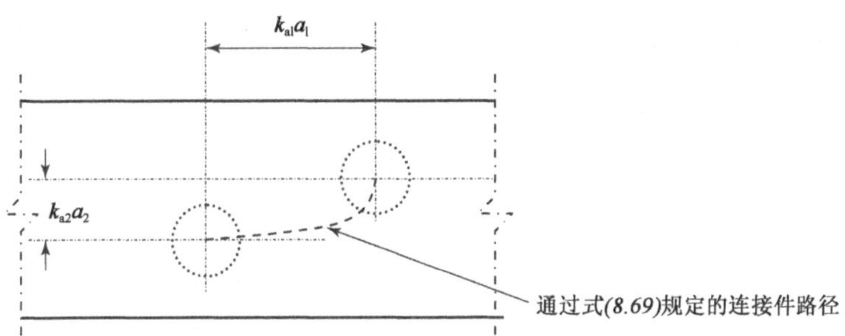


图 8.27　连接件的折减间距［基于 EN 1995-1-1（图 8.13），复制得到 EN 1995-1-1 允许，© British Standards Institute，2004］

如*条款8.9(11)* 所述，顺纹间距 $k_{a1}a_1$ 能通过使用系数 $k_{s,red}$ 进一步折减，但相关的强度也会折减。当 $k_{a2}a_2 < 0.5k_{a1}a_1$ 时，连接件宜视为顺纹布置成一行。 *条款8.9(11)*

当连接件斜纹受荷时，该方向的承载力标准值减小，并按式（*8.67*）确定。在这种情况下，横纹方向的力分量也不得超过*条款8.1.4(3)* 所述的强度，如本指南第 8.1.4 节所讨论的，并且必须根据顺纹的承载力标准值和有效连接件的数量来验算顺纹方向的力分量。 *条款8.1.4(3)*

对于顺纹受荷的具有 $n_{sp}$ 个剪面的连接，一行连接件的有效数量从式（*8.71*）得出，并且该行的强度标准值为：

$$F_{v,0,Rk,con} = [2 + (1 - n/20)](n - 2)n_{sp}F_{v,0,Rk} \qquad (D8.21)$$

式中，$n$ 为一行中的螺栓数量；$F_{v,0,Rk}$ 为顺纹方向单个连接件每个剪面的承载力标准值。

关于刚度，在正常使用极限状态下，单个紧固件每个剪面滑移模量 $K_{ser}$ 从*条款7.1* 中得到，并且与金属销轴类紧固件一样，本指南建议连接的侧向刚度是基于每 *条款7.1*

个剪平面所使用螺栓连接件数量,而不是与每个剪面的有效数量。

对于这些类型的连接件,EN 1995-1-1 中未给出间隙的要求;但是,特别地,在使用剪板连接件时,本指南中建议考虑公差/空隙占用导致的初始滑移。

## 8.10　齿盘连接件

与裂环和剪板连接件一样,齿盘连接件也常用于除了英国外的其他欧洲国家。其侧向承载力小于裂环和剪板类连接件的承载力,但比螺栓连接具有更高的强度和更大的刚度。钉板被用于大跨度桁架中的连接,对于单侧连接的类型,其具有能够预装配、拆卸和重新组装的优势,就像剪板连接件一样。齿盘连接件由沿板的边缘有三角形齿或板面上有尖状物的金属板制成,通过压入木材形成连接。它们可分为单侧连接和双侧连接,如图 8.28 所示。

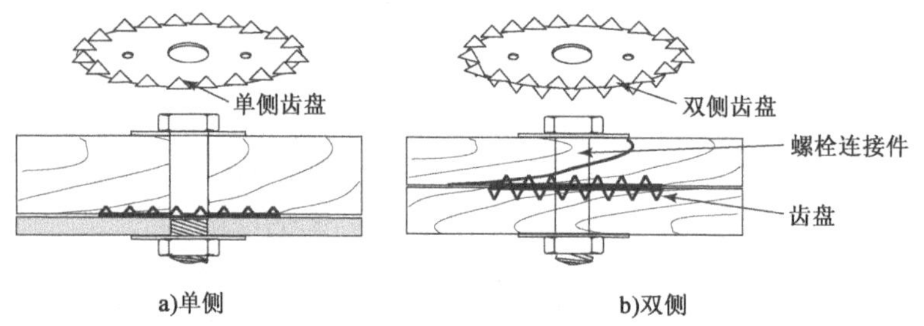


图 8.28　圆齿盘连接件

它们有圆形、方形和其他形状,尺寸 38 ~ 165mm 不等,并按照 EN 912 的要求制造。连接件定义为 C1 ~ C11 型,并根据板材料、形状以及单侧或双侧进行分类。

单侧齿盘连接件能用于连接木材和钢材,或在背靠背布置中,用于连接木-木。双侧齿盘适用于不可拆卸的木-木连接处。如前所述,这些连接件压入木材形成连接,由于将凸齿完全压入木材所需力很大,因此其不适用于木材的密度标准值大于约 500kg/m$^3$的情况。它们与螺栓一起使用,连接承载力是连接件和螺栓强度的总和。螺栓尺寸要求见 EN 13271。

在双侧齿盘节点中,荷载传递是齿面的剪切强度由齿面上的木材销槽承压应力,通过连接传递。由于销槽界面滑移,构件将支撑在螺栓上,然后贡献了连接强度。对于单侧齿盘,荷载传递略有不同,但将荷载传递到螺栓的结果相同,因此节点强度是齿盘连接件和螺栓强度的组合。

根据上述荷载传递机制,使用齿盘和螺栓组成连接的每个剪面的强度标准值 $F_{v,rk,con}$是齿盘连接件的强度标准值 $F_{v,Rk}$和侧向受荷螺栓每个剪面的强度标准值 $F_{v,Rk,bolt}$的总和,即:

$$F_{v,Rk,con} = F_{v,Rk} + F_{v,Rk,bolt} \tag{D8.22}$$

*条款8.5*　螺栓的强度是根据*条款8.5* 中的设计规定导出的,如本指南第 8.5 节所述,并且齿盘连接件的强度标准值 $F_{v,Rk}$是由相关关系式[式(*8.72*)]计算得出的。对于这些连接件,设计规定的结构形式应确保其发生延性破坏,并且这是分别通过

*条款8.10(3)*　*条款8.10(3)*、*表8.8* 和*表8.9* 中的设计规定给出的最小厚度准则以及最小间距、

端距和边距来实现的。

达到最大值时，连接件强度将受所用构件厚度（系数 $k_1$）、受荷端端距（系数 $k_2$）和构件密度标准值（系数 $k_3$）的影响。式（*8.72*）中的函数 $d_c$ 必须以 mm 为单位，并取决于所使用连接件的类型，其值从 EN 912 中获得。需要注意的是，式（*8.74*）中的 $a_{3,t}$ 值是实际受荷端端距，不能小于从式（*8.75*）针对 C1 ~ C9 类连接件或者从式（*8.76*）针对C10 ~ C11类连接件中得到的 $a_{3,t}$ 值。这些公式允许的 $a_{3,t}$ 值低于表 8.8 和表 8.9 中给出的"最小"值。需要注意的是*表8.8* 中的最小间距值 $2.0d_c$ 是不正确的，如附录 A 所述，应修订为 $1.5d_c$。

为了解类似尺寸的单侧和双侧连接件的承载力标准值，表 8.6 列出了 C1 型双侧连接件和类似尺寸的 C2 型单侧连接件的承载力。

**C1 型和 C2 型连接件的承载力标准值**　　表 8.6

| | 单侧齿盘连接件，C2 型（64mm，钢螺栓的直径为 12mm） | 双侧齿盘连接件，C2 型（62mm，钢螺栓的直径为 12mm） |
|---|---|---|
| 承载力标准值 | 16.4kN | 16.4kN |

C1、C2、C6 和 C7 型圆形连接件的交错布置规定与*条款8.9* 中对于裂环和剪板连接件所述的规定相同，没有给出其顺纹受荷时能在单行布置中发挥作用的最小侧向间距。 *条款8.9*

当连接件斜纹受荷时，连接件的承载力标准值保持不变，但螺栓所能贡献的强度降低，致使连接的强度降低。并且在这种情况下，对于针叶材，横纹方向的力分量不得超过*条款8.1.4(3)* 所述木材的劈裂力，并且，根据*条款8.1.2(5)*，顺纹方向的力分量必须根据顺纹方向连接的承载力标准值进行验算。 *条款8.1.4(3)* *条款8.1.2(5)*

对具有 $n_{sp}$ 个剪面和每个剪面有 $n$ 个螺栓的顺纹受荷连接，连接强度标准值将为：

$$F_{v,0,Rk,con} = n_{sp}(nF_{v,Rk} + n_{ef}F_{v,0,Rk,bolt}) \quad (D8.23)$$

式中，$F_{v,Rk}$ 与先前的定义一样；$F_{v,0,Rk,bolt}$ 为螺栓顺纹受荷时的强度标准值；$n_{ef}$ 是本指南第 8.5.1.1 节中提到的连接顺纹方向螺栓的有效数量。

关于刚度性能，在正常使用极限状态下，单个紧固件每个剪面的滑移模量 $K_{ser}$ 从 EN 1995-1-1 的*条款7.1* 中获得，并且本指南第 8.9 节论述了剪板连接件初始滑移的发生也与单侧齿盘连接件有关。 *条款7.1*

## 参考文献


Bejtka I and Blass HJ (2002) Joints with inclined screws. *35th Meeting of the Working Commission W18-Timber Structures, International Council for Research and Innovation in Building and Construction*, Kyoto.

BSI (1999a) BS EN 1382:1999. Timber structures—Test methods—Withdrawal capacity of timber fasteners. BSI, London.

BSI (1999b) BS EN 1383:1999. Timber structures—Test methods—Pull-through resistance of timber fasteners. BSI, London.

BSI (2000) BS EN 10230-1:2000. Steel wire nails—Part 1: Loose nails for general application. BSI, London.

BSI (2002) BS EN 13271:2002. Timber fasteners—Characteristic load-carrying capacities and slip-moduli for connector joints. BSI, London.

BSI (2005) BS EN 1993-1-8:2005. Eurocode 3: Design of steel structures—Part 1-8: Design of joints. BSI, London.

BSI (2006) BS EN 14358:2006. Timber structures—Calculation of characteristic 5—percentile values and acceptance criteria for a sample. BSI, London.

BSI (2008a) BS EN 14592:2008 + A1:2012. Timber structures-Dowel-type fasteners-Requirements. BSI, London.

BSI (2008b) BS EN 14545: 2008. Timber structures—Connectors—Requirements. BSI, London.

BSI (2009a) BS EN 338:2009. Structural timber. Strength classes. BSI, London.

BSI (2009b) BS EN 409:2009. Timber structures—Test methods—Determination of the yield moment of dowel type fasteners. BSI, London.

Johansen KW (1949) *Theory of Timber Connections*. IABSE Publication No. 9. International Association for Bridge and Structural Engineers, Bern.

# 第9章　构件与组件

本章涉及承载力极限状态下构件和组件的设计要求。它涵盖了EN 1995-1-1第9章中的内容,并包括下列条款:

- ■ 构件　*条款9.1*
- ■ 组件　*条款9.2*

构件是结构的组成部分,标准给出了以下类型构件的设计规定:薄腹板胶合梁、胶合薄翼缘梁和机械连接梁。此外,标准还提及了机械连接柱和胶合柱的设计要求。

组件可是结构或子结构,标准给出了桁架、屋盖、楼盖和墙体横隔以及结构支撑的设计规定。

## 9.1　构件

### 一般规定

对于需满足可持续性要求的框架,任何构件的设计目标都是以最低的成本获得最大的强度和刚度,而胶合薄翼缘梁和薄腹板胶合梁的组合截面形式是通过优化截面形状和腹板及翼缘材料的使用,从而最大化地为构件提供所需的强度和刚度性能。

由于腹板和翼缘的刚度性能通常不同,为了能够应用简单的弹性弯曲理论,可采用曲率半径法或等效截面法,通常称为换算截面法(Gere和Timoshenko,1991年)。对于换算截面法,仅使用未转换截面中的一种材料将截面转换为等效截面,这也是本指南中采用的方法。

当在承载力极限状态下承受应力时,由于这些构件中使用材料的蠕变性能通常不同,所以瞬时应力将在最终应力状态之后出现。蠕变性能是关于材料变形系数$k_{def}$(本指南第2章中涉及)的函数,系数值越高,蠕变效应越大。瞬时应力是在施加荷载后立即产生的,随着时间的推移,荷载会引起蠕变,最终应力考虑了蠕变效应。对于瞬时条件,可用刚度的平均值,而对于最终条件,根据本指南第5章所解释的*条款2.2.2(1)P*和*条款2.3.2.2(2)*的要求,必须使用最终的刚度平均值。最终平均值包含准永久系数$\psi_2$,该系数与引起最大应力强度比的作用有关,如果最大的应力强度比是由永久作用引起的,则$\psi_2$取1。对于大多数实际的薄腹板胶合梁和胶合薄翼缘梁,瞬时应力和最终应力之间的差异很小,并且,根据　***条款2.2.2(1)P***　***条款2.3.2.2(2)***

*条款2.2.2(1)P* *条款2.2.2 (1)P* 的要求,应力分析在最终条件下进行。本指南第5章对这种情况下的刚度性能做了进一步的说明。

### 9.1.1 薄腹板胶合梁

*条款9.1.1* 在这些章节中,腹板和翼缘采用了不同的材料,*条款9.1.1* 中的强度规定给出了所有这些情况的验算要求。此外,应力在腹板和翼缘之间传递,标准还给出了构件在胶合连接处的应力设计规定。

翼缘通常由实木或木基材料制成,腹板通常由板材制成。实践中使用的典型薄腹板截面梁是工字形和箱形截面梁,图9.1展示了这些截面的受弯应力和压应力的验算。图9.1还给出了*条款9.1.1* 设计规定中梁构件的术语和符号。

*条款9.1.1*

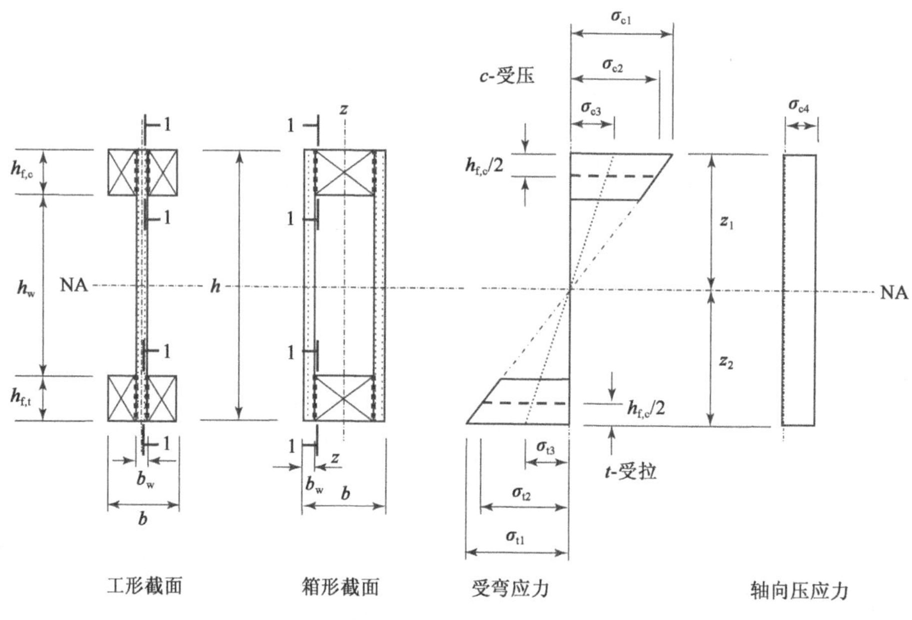


图9.1 薄腹板截面应力

为便于表达,本指南中的应力分析假定工形和箱形截面关于 z-z 轴几何对称,上和下翼缘宽度相同,并由相同的材料制成,等同于此类截面的常规布置。此外,也使用了前面第9.1节提到的截面换算法,截面性能是根据腹板材料转换为翼缘材料得到的。此外,有些内容在 EN 1995-1-1 中并未叙述,但本指南给出了由于截面轴向压力而产生的应力,假定:荷载沿质心轴施加;构件起到梁的作用;组合截面不会出现受压失稳;并且受极限弯拉应力的腹板和受拉翼缘始终处于受拉状态。为清楚起见,符号约定压应力为正,拉应力为负,对于没有轴向压力的情况,$\sigma_{c4}$为0。

对于腹板和翼缘材料,截面的弹性模量平均值与变形系数分别为 $E_{w,mean}$、$k_{w,def}$

*条款2.3.2.2(2)* 和 $E_{f,mean}$、$k_{f,def}$,准永久系数 $\psi_2$ 见*条款2.3.2.2(2)*,各自最终的平均值分别为:

$$E_{w,fin} = E_{w,mean}/(1+\psi_2 k_{w,def})$$

$$E_{f,fin} = E_{f,mean}/(1+\psi_2 k_{f,def}) \quad (D9.1)$$

根据这些刚度值,转换后的截面几何尺寸特性为:

$$A_{ef,fin} = A_f + (E_{w,fin}/E_{f,fin})A_w \quad (D9.2)$$

$$I_{ef,fin}=I_f+(E_{w,fin}/E_{f,fin})I_w \tag{D9.3}$$

式中，$A_{ef,fin}$和$I_{ef,fin}$分别为在最终条件下和使用图 9.1 所示的符号时，换算截面面积和换算截面惯性矩；$A_w$为未换算腹板材料的横截面面积[对于工形截面为$b_w(h_w+h_{f,t}+h_{f,c})$，对于箱形截面为$2b_w(h_w+h_{f,t}+h_{f,c})$]；$A_f$为翼缘材料的横截面面积[对于工形截面为$(b-b_w)(h_{f,t}+h_{f,c})$，对于箱形截面为$(b-2b_w)(h_{f,t}+h_{f,c})$]；$I_w$为未换算腹板关于换算截面中性轴的截面惯性矩；$I_f$为两个翼缘关于换算截面中性轴的截面惯性矩。

在最终条件下，从中性轴到极限受压和极限受拉纤维的距离分别为$z_{1,fin}$和$z_{2,fin}$，其中：

$$z_{1,fin}=\frac{1}{A_{ef,fin}}\left\{(b-a_1b_w)\left[\frac{h_{f,c}^2}{2}+h_{f,t}\left(h-\frac{h_{f,t}}{2}\right)\right]+\frac{E_{w,fin}}{E_{f,fin}}A_w\frac{h}{2}\right\}$$

并且

$$z_{2,fin}=h-z_{1,fin}$$

式中，对工字梁$a_1$为 1，对箱梁为 2。

**示例:9.1**

图 9.2 所示工字形梁在最终变形条件下，与引起最大应力强度比的作用相关的系数$\psi_2$为 0.3，并在服役等级 2 的条件下工作，计算工字形梁的换算截面特性。胶合板的表面纹理与梁跨度方向平行。

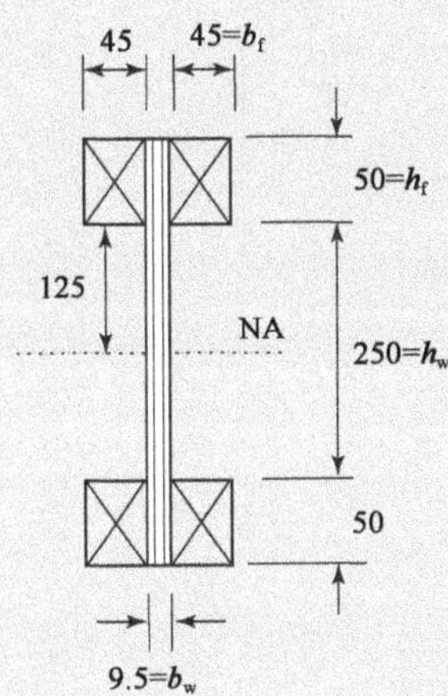


腹板材料：
胶合板，$E_{w,mean}$=5.20kN/mm²；$k_{w,def}$=1.0
翼缘材料：
木材，$E_{f,mean}$=9.0kN/mm²；$k_{w,def}$=0.8

图 9.2　工字形梁(尺寸单位:mm)

转换为翼缘材料。

中性轴位置为质心的 $y$-$y$ 轴位置：

$E_{w,fin}=E_{w,mean}l(1+\psi_2k_{w,def})=5.2/(1+0.3\times1.0)=4.0(\text{kN/mm}^2)$

$E_{f,fin}=E_{f,meanl}(1+\psi_2k_{f,def})=9.0/(1+0.3\times0.8)=7.258(\text{kN/mm}^2)$

$A_{ef,fin}=A_f+(E_{w,fin}/E_{f,fin})A_w$

$=2\times2\times45\times50+(4.0/7.258)\times9.5\times(250+2\times50)$

$=10832.46(\text{mm}^2)$

$$
\begin{aligned}
I_{\mathrm{ef,fin}} &= I_{\mathrm{f}} + (E_{\mathrm{w,fin}}/E_{\mathrm{f,fin}})I_{\mathrm{w}} \\
&= 4\times45\times50^3/12 + 2\times2\times45\times50\times150^2 + (4.0/7.258)\times9.5\times350^3/12 \\
&= 2.2308\times10^8(\mathrm{mm}^4)
\end{aligned}
$$

当截面承受设计弯矩 $M_{\mathrm{d}}$和设计轴力 $N_{\mathrm{d}}$时,木基材翼缘承受的组合应力如下。

翼缘纤维最大压应力设计值为:

$$\sigma_{\mathrm{f,c,m,d}} = \sigma_{\mathrm{c4}} + \sigma_{\mathrm{c1}} = N_{\mathrm{d}}/A_{\mathrm{ef,fin}} + M_{\mathrm{d}}z_{1,\mathrm{fin}}/I_{\mathrm{ef,fin}} \tag{D9.4}$$

翼缘纤维最大拉应力设计值为:

$$\sigma_{\mathrm{f,t,m,d}} = \sigma_{\mathrm{c4}} - \sigma_{\mathrm{t1}} = N_{\mathrm{d}}/A_{\mathrm{ef,fin}} - M_{\mathrm{d}}z_{2,\mathrm{fin}}/I_{\mathrm{ef,fin}} \tag{D9.5}$$

式(*9.1*)和式(*9.2*)给出了这些应力需满足的设计要求,即:

$$\sigma_{\mathrm{f,c,m,d}} \leqslant f_{\mathrm{m,d}} \tag{9.1}$$

$$\sigma_{\mathrm{f,t,m,d}} \leqslant f_{\mathrm{m,d}} \tag{9.2}$$

式中,$f_{\mathrm{m,d}}$为翼缘材料的设计抗弯强度,并使用本指南第 6.1.6 节所述方法得到。如果进行侧向扭转失稳分析,则宜使用分析得出的屈曲强度设计值,而不是$f_{\mathrm{m,d}}$。

翼缘平均压应力设计值为:

$$\sigma_{\mathrm{f,c,d}} = \sigma_{\mathrm{c4}} + \sigma_{\mathrm{c2}} = N_{\mathrm{d}}/A_{\mathrm{ef,fin}} + M_{\mathrm{d}}(z_{1,\mathrm{fin}} - h_{\mathrm{f,c}}/2)/I_{\mathrm{ef,fin}} \tag{D9.6}$$

式(*9.3*)给出了该应力需满足的设计要求,即:

$$\sigma_{\mathrm{f,c,d}} \leqslant k_{\mathrm{c}} f_{\mathrm{c,0,d}} \tag{9.3}$$

式中,$k_{\mathrm{c}}$将翼缘材料的顺纹抗压强度设计值 $f_{\mathrm{c,0,d}}$转换为屈曲强度 $k_{\mathrm{c}} f_{\mathrm{c,0,d}}$。如上所述,梁的屈曲强度设计值能通过失稳分析得出,如果这样做,取 $k_{\mathrm{c}}=1$。条款

**条款*9.1.1(1)*** *9.1.1(1)*中所采用的方法是保守的假定,即受压翼缘作为沿其长度方向受到侧向支承约束的柱,并且其强度设计值为柱的屈曲强度设计值。长细比取为 $\sqrt{12}(l_{\mathrm{c}}/b)$,其中 $l_{\mathrm{c}}$为相邻侧向支承之间的长度;$b$ 如图 9.1 所示;抗压强度设计值 $f_{\mathrm{c,0,d}}$可根据本设计指南第 6.3.2 节计算。如果楼盖结构对梁提供了完全的侧向约束,则 $k_{\mathrm{c}}$取 1,并且能使用翼缘的完全抗压强度设计值 $f_{\mathrm{c,0,d}}$。

翼缘的平均拉应力设计值为:

$$\sigma_{\mathrm{f,t,d}} = \sigma_{\mathrm{c4}} - \sigma_{\mathrm{t2}} = N_{\mathrm{d}}/A_{\mathrm{ef,fin}} - M_{\mathrm{d}}(z_{2,\mathrm{fin}} - h_{\mathrm{f,t}}/2)/I_{\mathrm{ef,fin}} \tag{D9.7}$$

式(*9.4*)给出了该应力需满足的设计要求:

$$\sigma_{\mathrm{f,t,d}} \leqslant f_{\mathrm{t,0,d}} \tag{9.4}$$

式中,$f_{\mathrm{t,0,d}}$为翼缘材料的顺纹抗拉强度计值,并使用本指南第 6.1.2 节中所述的方法从 $f_{\mathrm{t,0,k}}$中得到。

由弯矩和轴力引起的腹板组合应力如下。

腹板纤维最大压应力设计值为:

$$\sigma_{\mathrm{w,c,d}} = \sigma_{\mathrm{c4}} + \sigma_{\mathrm{c3}} = (N_{\mathrm{d}}/A_{\mathrm{ef,fin}} + M_{\mathrm{d}}z_{1,\mathrm{fin}}/I_{\mathrm{ef,fin}})(E_{\mathrm{w,fin}}/E_{\mathrm{f,fin}}) \tag{D9.8a}$$

腹板纤维最大拉应力设计值为:

$$\sigma_{w,t,d}=\sigma_{c4}-\sigma_{c3}=(N_d/A_{ef,fin}-M_d z_{2,fin}/I_{ef,fin})(E_{w,fin}/E_{f,fin}) \quad (D9.8b)$$

式(*9.6*)和式(*9.7*)给出了这些应力需满足的设计要求,即:

$$\sigma_{w,c,d}\leqslant f_{c,w,d}$$

$$\sigma_{w,t,d}\leqslant f_{t,w,d}$$

式中,$f_{c,w,d}$和$f_{t,w,d}$分别为腹板材料根据平面内抗压弯强度标准值$f_{c,w,k}$和抗拉弯强度标准值$f_{t,w,k}$得出的平面内抗压和抗拉弯强度设计值,如下所示:

$$f_{c,w,d}=k_{mod}k_{sys}f_{c,w,k}/\gamma_M$$

$$f_{t,0,d}=k_{mod}k_{sys}f_{t,w,k}/\gamma_M$$

式中,$\gamma_M$为 EN 1995-1-1 国家附件表*NA. 3* 中给出的材料系数;$k_{mod}$为*条款3.1.3*和本指南第2、3章中所规定的修正系数;$k_{sys}$为*条款6.6* 中规定的系统强度系数。

*条款3.1.3*

*条款6.6*

如果未给出这些强度标准值,可使用抗压和抗拉强度标准值。

如果腹板中有胶拼接,则必须按照 PD 6693-1 给出的胶连接规定验算其强度。

对于薄腹板胶合梁,可能会发生两种类型的剪切破坏:梁剪力导致的腹板屈曲破坏或腹板剪坏。腹板屈曲可通过屈曲分析或者式(*9.8*)中的简单保守的验算方法进行验算,但要求翼缘之间的净距$h_w\leqslant 70b_w$,其中$b_w$为腹板的宽度(对于箱形截面梁为每个腹板宽度之和)。

关于平面内腹板剪力,对于面板材料,$k_{cr}=1$时能使用的剪切宽度为$b_w$,当$h_w\leqslant 35b_w$时,剪应力沿腹板深度$[h_w+0.5(h_{f,t}+h_{f,c})]$方向是均匀分布的。在$35b_w\leqslant h_w\leqslant 70b_w$范围内,由于腹板屈曲效应,当$h_w=70b_w$时,剪切的深度以线性减小到最小值$\{0.5[h_w+0.5(h_{f,t}+h_{f,c})]\}$。基于该准则,腹板(箱形截面为每个腹板)所能承受的剪力可从式(*9.9*)中得到。式(*9.9*)中面板的抗剪强度设计值$f_{v,0,d}$来源于本指南第6.1.7节中所述的腹板的面板抗剪强度标准值$f_{v,0,k}$。

腹板与翼缘之间的应力通过水平剪力传递,临界设计条件为图9.1中位置1-1处的水平剪应力。在这些位置处,水平剪应力设计值$\tau_{mean,d}$(假定沿翼缘深度上是均匀分布的)将出现在最大剪力设计值$V_d$处,为:

$$\tau_{mean,d}=V_d S_{f,fin}/[I_{ef,fin}(nh_f)] \quad (D9.9)$$

式中,上述函数中$S_{f,fin}$为翼缘面积关于最终状态中性轴的静矩[即对于工字梁的受压翼缘为$S_{f,fin}=h_{f,c}(b-b_w)(z_{1,fin}-h_{f,c}/2)$];$n$为腹板和翼缘之间的胶连接数(对于工字梁或箱梁=2);$h_f$为翼缘高度。

胶连接的强度将超过腹板或翼缘材料的抗剪强度,这时设计要求将与抗剪强度最小的材料有关。对于这种情况,面板材料将会发生滚动剪切(参见本指南第6.1.7节),EN 1995-1-1 得出结论,该剪力始终低于木基材翼缘的抗剪强度。在此基础上,式(*9.10*)给出了需要满足的设计要求:

$$\text{当 } h_f\leqslant 4b_{ef}\text{ 时},\tau_{mean,d}\leqslant f_{v,90,d}\text{ 或当 } h_f>4b_{ef}\text{ 时},\tau_{mean,d}\leqslant f_{v,90,d}(4b_{ef}/h_f)^{0.8} \quad (9.10)$$

式中,对于工字梁,$b_{ef}$为 $b_w/2$,对于箱梁,为 $b_w$;$f_{v,90,d}$为根据腹板材料的平面抗剪强度标准值$f_{v,90,k}$得出的平面(滚动)抗剪强度设计值,如下所示:

$$f_{v,90,d}=k_{mod}k_{sys}f_{v,90,k}/\gamma_M$$

其中,$\gamma_M$是 EN 1995-1-1 国家附件表 *NA. 3* 中给出的腹板材料系数,其他参数如前所述。

**示例:9.2**

图9.2 所示的梁剖面是服役等级2 条件下某办公楼板施工时的情况。其翼缘木材等级为 C18,下文给出了胶合板腹板的性能,梁间距为 450mmc/c($bs$),有效跨度($L$)为 5.0m,高度($H$)为 350mm。正常使用年限下楼盖活荷载标准值为 2.5kN/m$^2$,来自楼盖结构的永久荷载标准值为 1.0kN/m$^2$,并且无轴向荷载。显示该梁符合 EN 1995-1-1 的承载力极限状态要求。梁的受压翼缘的侧向支承由楼板提供。

胶合板性能:$f_{c,0,k}=12.7\text{N/mm}^2$;$f_{t,0,k}=9.7\text{N/mm}^2$;$f_{v,k}=3.5\text{N/mm}^2$;(滚剪强度)$f_{r,k}=0.89\text{N/mm}^2$;$E_{w,mean}=5.2\text{kN/mm}^2$;$G_{w,mean}=0.43\text{kN/mm}^2$;$k_{w,def}=1.00$。

系数设计值:(腹板材料系数)$\gamma_{w,M}=1.2$;$\gamma_{f,M}=1.3$;$k_{mod,perm}=0.6$;$k_{mod,med}=0.8$;$k_{sys}=1.1$;(翼缘木材)$k_h=\min[(150/h_f)^{0.2},1.3]=\min[(150/50)^{0.2},1.3]=1.246$;$k_c=1$;$z_{1,fin}=z_{2,fin}=H/2=350/2=175(\text{mm})$。

*条款2.3.2.2(2)*

根据条款*2. 3. 2. 2(2)*,最大应力强度比($r$)与永久作用/$k_{mod,perm}$和可变作用/$k_{mod,med}$值中的较大者相关。对于梁,$r_1$与下式相关:

$\gamma_G G_k/k_{mod,perm}=1.35\times1.0/0.6=2.25$

$r_2$与下式相关:

$(\gamma_G G_k+\gamma_Q Q_k)/k_{mod,med}=(1.35\times1.0+1.5\times2.5)/0.8=6.38$

因此,与强度相关的最大应力与 $r_2$(即中期持续作用引起)有关,其中 $\psi_2=0.3$,设计荷载条件为可变和永久作用的组合:

$F_d=(\gamma_G G_k+\gamma_Q Q_k)bs=(1.35\times1.0+1.5\times2.5)\times0.45=2.295(\text{kN/m})$

$V_d=F_dL/2=2.295\times2.5=5.74(\text{kN})$

梁的力矩设计值:

$M_d=F_dL^2/8=2.295\times5^2/8=7.17(\text{kN}\cdot\text{m})$

木材翼缘底部和顶部的弯曲应力设计值:

$\sigma_{f,m,d}=M_d z_{1,fin}/I_{ef,fin}=7.17\times175\times10^6/2.2308\times10^8=5.62(\text{N/mm}^2)$

木材翼缘的弯曲强度设计值:

$f_{m,d}=k_{mod,med}k_{sys}k_h f_{m,k}/\gamma_{f,M}=0.8\times1.1\times1.246\times18/1.3=15.18(\text{N/mm}^2)$

$\sigma_{m,d}/f_{m,d}=5.62/15.18=0.37<1$

所以翼缘受弯时满足要求。

腹板弯曲应力设计值：

$$\sigma_{w,d}=M_d z_{1,fin}(E_{w,fin}/E_{f,fin})/I_{ef,fin}=7.17\times175\times10^6\times(4.0/7.258)/2.2308\times10^8=3.1(N/mm^2)$$

腹板受压弯曲强度设计值：

$$f_{c,w,d}=k_{mod,med}k_{sys}f_{c,0,k}/\gamma_{w,M}=0.8\times1.1\times12.7/1.2=9.31(N/mm^2)$$

$$\sigma_{w,d}/f_{c,w,d}=3.1/9.31=0.33<1$$

所以腹板受压时满足要求。

腹板受拉弯曲强度设计值：

$$f_{t,w,d}=k_{mod,med}k_{sys}f_{t,0,k}/\gamma_{w,M}=0.8\times1.1\times9.7/1.2=7.11(N/mm^2)$$

$$\sigma_{w,d}/f_{t,w,d}=3.1/7.11=0.44<1$$

所以腹板受拉时满足要求。

翼缘平均轴向应力设计值：

$$\sigma_{f,c,d}=\sigma_{f,t,d}$$

$$\sigma_{f,c,d}=M_d(z_{1,fin}-h_f/2)/I_{ef,fin}$$

$$=7.17\times10^6\times(175-50/2)/2.2308\times10^8=4.82(N/mm^2)$$

翼缘抗压强度设计值：

$$k_c f_{c,0,d}=k_c k_{mod,med}k_{sys}f_{c,0,k}/\gamma_{f,M}=1\times0.8\times1.1\times18/1.3=12.18(N/mm^2)$$

$$\sigma_{f,c,d}/k_c f_{c,0,d}=4.82/12.18=0.4<1$$

所以翼缘受拉时满足要求。

翼缘抗拉强度设计值：

$$f_{t,0,d}=k_{mod,med}k_h k_{sys}f_{t,0,k}/\gamma_{f,M}=0.8\times1.246\times1.1\times11/1.3=9.28(N/mm^2)$$

$$\sigma_{f,t,d}/f_{t,0,d}=4.82/9.28=0.52<1$$

所以翼缘受拉时满足要求。

腹板屈曲强度[式(9.8)]：

$$h_w/b_w=250/9.5=26.32<70$$

故满足要求。

腹板抗剪强度[式(9.9)]：

$$f_{v,0,d}=k_{mod,med}k_{sys}f_{v,k}/\gamma_{w,M}=0.8\times1.1\times3.5/1.2=2.57$$

并且

$$h_w/b_w=250/9.5=26.32$$

腹板能够承受的剪力设计值 $F_{v,w,Ed}$ 为：

$$F_{v,w,Ed}=b_w h_w[1+0.5(2h_f)/h_w]f_{v,0,d}=9.5\times250[1+50/250]\times2.57/10^3$$

$$=7.32(kN)>5.74kN$$

故满足要求。

计算沿 1-1 剖面(见图 9.1)长度方向的胶合连接的抗剪强度。

绕最终状态中性轴的静矩：

$S_{\mathrm{f,fin}} = 2b_{\mathrm{f}}h_{\mathrm{f}}(H/2 - h_{\mathrm{f}}/2) = 2 \times 45 \times 50(350/2 - 50/2) = 675000(\mathrm{mm}^3)$

胶线的总长:

$2h_{\mathrm{f}} = 2 \times 50 = 100(\mathrm{mm})$

沿胶线长度方向的剪应力设计值:

$$\tau_{\mathrm{mean,d}} = V_{\mathrm{d}}S_{\mathrm{f,fin}}/I_{\mathrm{ef,fin}}2h_{\mathrm{f}} = 5.74 \times 1000 \times 675000/(2.2308 \times 10^8 \times 100) = 0.17(\mathrm{N/mm^2})$$

腹板滚剪强度设计值,其中 $b_{\mathrm{ef}} = b_{\mathrm{w}}/2 = 9.5/2 = 4.75(\mathrm{mm})$:

$f_{\mathrm{v,90,d}} = k_{\mathrm{mod,med}}k_{\mathrm{sys}}f_{\mathrm{r,k}}/\gamma_{\mathrm{w,M}} = 0.8 \times 1.1 \times 0.89/1.2 = 0.65(\mathrm{N/mm^2})$

因为 $h_{\mathrm{f}} > 4b_{\mathrm{ef}}$,根据式(*9.10*),平面抗剪强度设计值为:

$f_{\mathrm{v,90,d}}(4b_{\mathrm{ef}}/h_{\mathrm{f}})^{0.8} = 0.65(4 \times 4.75/50)^{0.8} = 0.3(\mathrm{N/mm^2})$

$\tau_{\mathrm{mean,d}}/f_{\mathrm{v,90,d}} = 0.17/0.3 = 0.57 < 1$

所以腹板受剪时满足要求。

### 9.1.2 胶合薄翼缘梁

*条款9.1.2*

在这些章节中,腹板和翼缘用了不同的材料,并且*条款9.1.2*中的强度规定给出了所有这些情况的验算要求。应力也通过胶合连接在腹板和翼缘之间传递,设计规定给出了这些位置的应力要求。

*条款9.1.2*

翼缘通常由板材制成,腹板由实木制成,但也可使用层板胶合木或旋切板胶合木(LVL)。梁可在顶面和底面上或仅在顶面上有翼缘,图 9.3 的示例展示的构件为上下面都有面板的薄翼缘梁。图中还定义了*条款9.1.2*设计规定中对于梁构件使用的术语和符号,称为工字梁和 U 形梁。

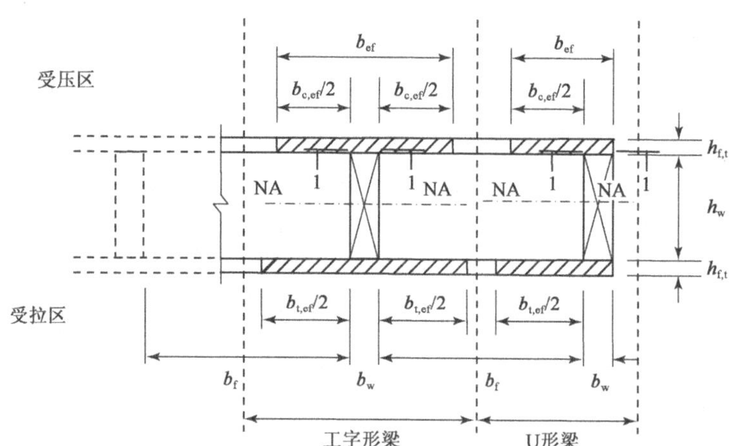


图 9.3　胶合薄翼缘梁[根据 EN 1995-1-1(图 9.2),经 EN 1995-1-1 许可转载,©British Standards Institute,2004]

这些梁的上翼缘通常作为楼板构件,以与薄翼缘梁跨度方向呈直角的方式跨越梁腹板。如本指南第 9.2.3 节所述,它可能还需起到楼板隔板的作用,并且通常正是这些荷载条件决定了翼缘的厚度。下翼缘也可以起到这样的作用,但由于竖向荷载通常小于上翼缘，所以下翼缘厚度通常较小。因此，对于这种类型的组合截面，必须验算翼缘厚度是否满足上述要求，而本指南第 6 章与第 7 章中的设计规定可用于这种情况。*条款 9.1.2* 的规定仅满足薄翼缘梁作为组合截面时的要求。 *条款9.1.2*

本指南中的应力分析假定在梁高度上应变呈线性变化，并且组合截面可被视为独立的工字梁和 U 形梁，如图 9.3 所示。但是，如果能用腹板系数 $k_{sys}$，则可以认为它可以作为一个连续的截面。翼缘宽度对截面强度的贡献基于*条款 9.1.2(4)* 中给出的"有效宽度"准则。在此基础上，对于剪力滞后效应（适用于两个翼缘），假定翼缘材料应力达到其设计强度，则能使用的最大翼缘宽度如表 9.1 所示。对于仅适用于受压翼缘的屈曲失稳，有效宽度即为能承受设计抗压强度的宽度，且没有失稳引起的强度损失，其定义见表 9.1。表中 $l$ 为组合截面的有效跨度，$h_f$ 为翼缘厚度，$b_{c,ef}$ 和 $b_{t,ef}$ 如图 9.3 所示。受压翼缘的有效宽度为剪力滞后和板屈曲值中的较小者。 *条款9.1.2(4)*

**由于剪力滞后和板屈曲效应引起的有效翼缘宽度的最大值** 表 9.1

| 用于翼缘的板材 | 对于剪力滞后：$b_{c,ef}$，[a]$b_{t,ef}$ | 对于板屈曲：$b_{c,ef}$ |
|---|---|---|
| 胶合板，表层木纹方向（EN 636：BSI，2008）： | | |
| 与腹板方向平行 | $0.1l$ | $20h_f$ |
| 垂直于腹板方向 | $0.1l$ | $25h_f$ |
| OSB（EN 300：BSI，2006） | $0.15l$ | $25h_F$ |
| 刨花板（EN 312：BSI，2010a）或纤维板（EN 622：BSI，2003） | $0.2l$ | $30h_f$ |

数据来源于 EN 1995-1-1。

[a]对于剪力滞后，$b_{c,ep}$ 值不能超过针对板屈曲的 $b_{c,ef}$ 最大值

此外，基于板的屈曲准则，除非进行详细的屈曲分析，否则腹板表面之间的净距 $b_f$ 不得超过表 9.1 中 $b_{c,ef}$ 的 2 倍。

当采用本指南中 9.1 节中提到的换算截面法时，分析中截面特性从腹板材料转换为翼缘材料得出，为了简单起见，假定翼缘的弹性模量相同。当翼缘性能不同时，示例 9.3 给出了该方法的应用示例。如第 9.1.1 节所述，除了弯曲引起的应力外，本指南还给出了由名义轴压荷载产生的应力，并假定轴压荷载是通过质心轴施加的；构件起梁的作用，组合截面的受压失稳不是设计条件；并且截面受拉侧腹板和翼缘的最大应力始终处于受拉状态。本指南中使用的符号规定假定压应力为正，拉应力为负。

在此基础上，如果腹板和翼缘材料的弹性模量和变形系数的平均值分别为 $E_{w,mean}$、$k_{w,def}$ 和 $E_{f,mean}$、$k_{f,def}$，并且准永久系数 $\psi_2$ 按照*条款 2.3.2.2(2)* 确定，则最终平均值 $E_{w,fin}$ 和 $E_{f,fin}$ 将使用式（D9.1）得出。如果转换为翼缘材料，换算面积 $A_{ef,fin}$ 以及截面在最终条件下的换算惯性矩将可由式（D9.2）和式（D9.3）得出，其中 $I_w$ 和 $I_f$ 如前所述，并使用图 9.3 中的符号： *条款2.3.2.2(2)*

$A_w$——未换算腹板材料的截面面积，对于工字梁和 U 形梁，$A_w = b_w h_w$。

$A_f$——翼缘材料的截面面积：

对于工字形梁,$A_f = h_{f,c}(b_{c,ef} + b_w) + h_{f,t}(b_{t,ef} + b_w)$;

对于 U 形梁,$A_f = h_{f,c}(b_{c,ef}/2 + b_w) + h_{f,t}(b_{t,ef}/2 + b_w)$。

在最终条件下,从中性轴到受压和受拉翼缘中间高度的距离分别为 $z_{1,fin}$ 和 $z_{2,fin}$,其计算公式如下:

$$z_{1,fin} = \frac{1}{A_{ef,fin}}\left[(b_{c,ef} + b_w)\left(\frac{h_{f,c}^2}{2}\right) + (b_{t,ef} + b_w)h_{f,t}\left(H - \frac{h_{f,t}}{2}\right) + \frac{E_{w,fin}}{E_{f,fin}}A_w\frac{H}{2}\right] - \frac{h_{f,c}}{2}$$

并且

$$z_{2,fin} = H - \left(\frac{h_{f,c}}{2} + \frac{h_{f,t}}{2}\right) - z_{1,fin}$$

当截面受到设计轴向力 $N_d$ 和设计弯矩 $M_d$ 时,轴向和弯曲应力如图 9.4 所示,并且设计值如下。

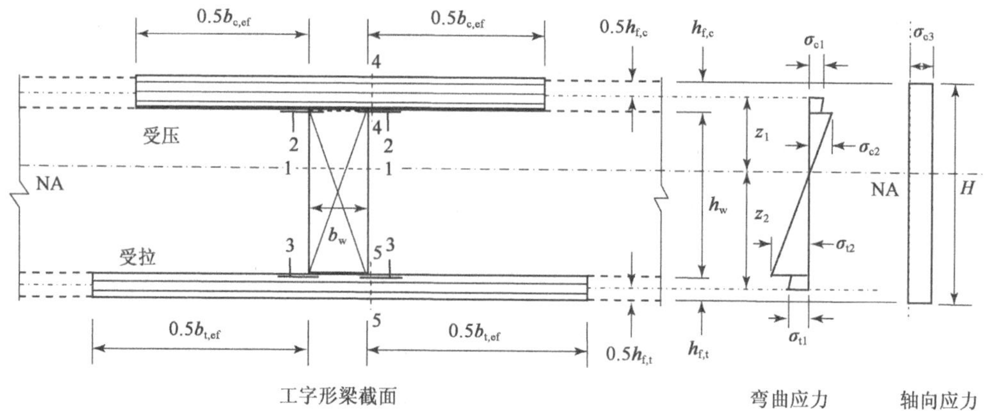


图 9.4　胶合薄翼缘梁中的应力分布

翼缘平均压应力设计值为:

$$\sigma_{f,c,d} = \sigma_{c3} + \sigma_{c1} = N_d/A_{ef,fin} + M_d z_{1,fin}/I_{ef,fin} \quad (D9.10)$$

翼缘平均拉应力设计值为:

$$\sigma_{f,t,d} = \sigma_{c3} - \sigma_{t1} = N_d/A_{ef,fin} - M_d z_{2,fin}/I_{ef,fin} \quad (D9.11)$$

式(*9.15*)和式(*9.16*)给出了这些应力需满足的设计条件:

$$\sigma_{f,c,d} \leqslant f_{f,c,d}$$

$$\sigma_{f,t,d} \leqslant f_{f,t,d}$$

式中,$f_{f,c,d}$ 和 $f_{f,t,d}$ 分别为翼缘材料的抗压强度和抗拉强度设计值,并分别由抗压强度标准值($f_{c,0,k}$ 或 $f_{c,90,k}$)和抗拉强度标准值($f_{t,0,k}$ 或 $f_{t,90,k}$)得出,如下:

$$f_{f,c,d} = k_{mod} f_{c,(0/90),k}/\gamma_M$$

$$f_{f,t,d} = k_{mod} f_{t,(0/90),k}/\gamma_M$$

其中,$\gamma_M$ 是 EN 1995-1-1 国家附件表 *NA. 3* 中给出的材料系数,其他符号如前所述。

如果翼缘材料的表面木纹顺纹受荷,将使用 $f_{f,c/t,0,k}$,如果横纹受荷,则使用 $f_{f,c/t,90,k}$。

腹板中弯矩和轴力引起的组合应力如下。

腹板纤维最大压应力设计值为：

$$\sigma_{w,c,d}=\sigma_{c3}+\sigma_{c2}=[N_d/A_{ef,fin}+M_d(z_{1,fin}-h_{f,c}/2)/I_{ef,fin}](E_{w,fin}/E_{f,fin}) \tag{D9.12}$$

腹板纤维最大拉应力设计值为：

$$\sigma_{w,t,d}=\sigma_{c3}-\sigma_{t2}=[N_d/A_{ef,fin}-M_d(z_{2,fin}-h_{f,t}/2)/I_{ef,fin})(E_{w,fin}/E_{f,fin}) \tag{D9.13}$$

这些应力需满足的设计条件为最大应力必须$\leqslant f_{m,d}$，其中$f_{m,d}$是翼缘材料的抗弯强度设计值并可通过本指南6.1.6节计算得出。

腹板也承受剪应力，并且*条款9.1.2*仅要求验算腹板和翼缘之间胶合接头处的剪应力（图9.4中的位置2-2和3-3）。然而，根据组合截面中使用的几何尺寸和材料，图9.4中1-1、4-4和5-5处的应力也可能是很关键的，本指南也涵盖了这些地方的应力和强度要求。当受到设计剪力$V_d$时，上述位置处的剪应力如下。 ***条款9.1.2***

腹板在中性轴位置（1-1）处的剪应力$\tau 1_{v,fin,d}$在整个腹板宽度上均匀分布，并考虑到*条款6.1.7*中提到的系数$k_{cr}$的影响，本指南建议将其应用于抗剪强度，而不是梁宽度。在此基础上，腹板中的剪应力为： ***条款6.1.7***

$$\tau 1_{v,fin,d}=V_d S1_{f,fin,NA}/I_{ef,fin}b_w \tag{D9.14}$$

式中，函数如前所述，$S1_{f,fin,NA}$为中性轴上方（或下方）换算截面面积的静矩。另一种备选方法是取腹板中的所有剪力，在这种情况下：

$$\tau 1_{v,fin,d}=1.5V_d/b_w h_w$$

这些备选方法的验算：$\tau 1_{v,fin,d}\leqslant k_{cr}f_{v,d}$，其中，$f_{v,d}$为用本指南第6.1.1.7节得到的腹板材料的抗剪强度设计值，并且系数$k_{cr}$的值见*条款6.1.7（2）*。 ***条款6.1.7(2)***

胶线位置2-2和3-3处水平剪应力分别为$\tau 2_{r,fin,d}$和$\tau 3_{r,fin,d}$，并假定其在整个$b_W$上均匀分布，在这种情况下，认为开裂系数与此无关（因为认为是面板材料破坏），并且

$$\begin{aligned}\tau 2_{r,fin,d}&=V_d S2_{f,fin,NA}/I_{ef,fin}b_w\\ \tau 3_{r,fin,d}&=V_d S3_{f,fin,NA}/I_{ef,fin}b_w\end{aligned} \tag{D9.15}$$

式中，函数如前所述，$S2_{f,fin,NA}$和$S3_{f,fin,NA}$分别是与换算截面有关的厚度$h_{f,c}$和$h_{f,t}$的翼缘绕中性轴的静矩。该应力状态下需要满足的设计条件见式（*9.14*），对于每个剪应力$\tau 2,3_{V,fin,d}$为：

$$\tau 2,3_{V,fin,d}\leqslant\begin{cases}f_{v,90,d} & \text{当 } b_w\leqslant 8h_f \text{ 时}\\ f_{v,90,d}\left(\dfrac{8h_f}{b_w}\right)^{0.8} & \text{当 } b_w>8h_f \text{ 时}\end{cases} \tag{9.14}$$

式中，对于$\tau 2_{V,fin,d}$，$h_f=h_{f,c}$，对于$\tau 3_{V,fin,d}$，$h_f=h_{f,t}$。此外，$f_{v,90,d}$为所考虑翼缘材料的平面（滚动）抗剪强度设计值，并通过本指南第9.1.1.1节中定义的其平面抗剪强度标准值$f_{v,90,k}$得出，但注意，如6.6节中所述，系数$k_{sys}$为1。在设计U形

梁时,式(*9.14*)仍然适用,但使用 $4h_f$ 而不是 $8h_f$。

假定4-4和5-5位置处的面板剪应力 $\tau 4_{V,fin,d}$、$\tau 5_{V,fin,d}$ 在各翼缘高度上均匀分布,且为:

$$\tau 4_{V,fin,d} = V_d S4_{f,fin,NA}/I_{ef,fin} n h_{f,c}$$

$$\tau 5_{V,fin,d} = V_d S5_{f,fin,NA}/I_{ef,fin} n h_{f,t} \qquad (D9.16)$$

式中,函数如前所述;$S4_{f,fin,NA}$ 和 $S5_{f,fin,NA}$ 是与换算截面有关,厚度分别为 $h_{f,c}$ 和 $h_{f,t}$ 翼缘的静矩,每个都不包括腹板上翼缘的面积;$n$ 为翼缘临界剪切位置的数量(即工字梁为2,U形梁为1)。

需满足的设计要求为,每个翼缘的剪应力(即 $\tau 4_{V,fin,d}$ 和 $\tau 5_{V,fin,d}$)必须 $\leqslant f_{v,d}$,其中,$f_{v,d}$ 为翼缘材料的面板抗剪强度设计值,此强度采用本指南第6.1.7节中所述方法从腹板面板的抗剪强度标准值 $f_{v,0,k}$ 中得出。

**示例:9.3**

在服役等级2的条件下,应力蒙皮板用于平顶屋盖结构,跨度($L$)为4m。板高($H$)为211mm,截面为典型工字形梁,如图9.4所示。相邻腹板之间的净距($b_f$)为525mm,面板在翼缘和腹板之间胶接。包含结构自重,来自永久荷载和雪荷载的荷载设计值为1.95kN/m$^2$($q_d$),最大应力-强度比是由雪荷载造成的。腹板木材等级为C22,截面宽度为40mm、高180mm,顶部和底部翼缘为加拿大胶合板材,厚度分别为18.5mm($h_{f,c}$)和12.5mm($h_{f,t}$)。其表面层都垂直于应力蒙皮板的跨度方向,该建筑位于海拔300m处。证明面板的工字梁截面在承载能力极限状态下符合EN 1995-1-1中的规定(在分析中,换算截面将基于顶部翼缘材料)。

厚度18.5mm的胶合板特性:$f_{c,90,k}=6.5\text{N/mm}^2$;$f_{v,k}=3.5\text{N/mm}^2$;(滚剪强度)$f_{r,k}=f_{v,90,k}=0.63\text{N/mm}^2$;$E_{f,c,90,mean}=2.67\text{kN/mm}^2$。

厚度12.5mm的胶合板特性:$f_{t,90,k}=7.4\text{N/mm}^2$;$f_{v,k}=3.5\text{N/mm}^2$;(滚剪强度)$f_{r,k}=f_{v,90,k}=0.64\text{N/mm}^2$;$E_{f,t,90,mean}=3.96\text{kN/mm}^2$。

由于与强度相关的最大应力是由雪荷载引起的,根据EN 1990国家附件的规定,$\psi_2=0$,并且刚度值将基于性能平均值。

系数设计值:(翼缘材料)$\gamma_{f,M}=1.2$;$\gamma_{w,M}=1.3$;$k_{mod,perm}=0.6$;$k_{mod,short}=0.9$;(腹板)$k_{w,sys}=1.1$;(翼缘)$k_{f,sys}=1.0$;(腹板木材)$k_h=1$;并且 $k_c=1$。

工字形梁的几何尺寸:

$b_{c,ef}=\min(0.1L, 25h_{f,c})=\min(0.1\times 4000, 25\times 18.5)=400(\text{mm})$

$b_f/2b_{c,ef}=525/2\times 462.5=0.57<1$

*条款9.1.2(5)*　所以 $b_{c,ef}$ 满足要求[*条款9.1.2(5)*]。

$b_{t,ef}=0.1L=400\text{mm}$

并且

$b_{t,ef} < b_f$

所以 $b_{t,ef}$ 满足要求。

上翼缘面积：

$A_{f,c} = (b_{c,ef} + b_w) h_{f,c} = (400 + 40) \times 18.5 = 8140(mm^2)$

下翼缘面积：

$$A_{f,t} = (E_{f,t,90,mean}/E_{f,c,90,mean})(b_{t,ef} + b_w) h_{f,t}$$
$$= (3.96/2.67) \times (400 + 40) \times 12.5 = 8157.3(mm^2)$$

腹板面积：

$A_w = (E_{w,mean}/E_{f,c,90,mean}) b_w h_w = (10/2.67) \times 40 \times 180 = 26966.3(mm^2)$

净面积：

$A_{ef,fin} = A_{f,c} + A_{f,t} + A_w = 8140 + 8157.3 + 26966.3 = 43263.6(mm^2)$

距离 $z_{1,fin}$ 和 $z_{2,fin}$：

$$z_{1,fin} = [A_{f,c}(h_{f,c}/2) + A_{f,t}(H - h_{f,t}/2) + A_w(h_w/2 + h_{f,c})]/A_{ef,fin} - h_{f,c}/2$$
$$= [8140 \times 18.5/2 + 8157.3 \times (211 - 12.5/2) + 26966.3 \times (180/2 + 18.5)]/43263.6 - 9.25$$
$$= 98.72(mm)$$

$$z_{2,fin} = h_w + (h_{f,c} + h_{f,t})/2 - z_{1,fin} = 180 + (18.5 + 12.5)/2 - 98.72$$
$$= 96.78(mm)$$

关于国家附件位置的截面惯性矩：

$$I_{ef,fin} = A_{f,c}(h_{f,c}^2/12 + z_{1,fin}^2) + A_{f,t}(h_{f,t}^2/12 + z_{2,fin}^2) + A_w\{h_w^2/12 + [z_{1,fin} - (h_{f,c} + h_w)/2]^2\}$$
$$= 8140 \times (18.5^2/12 + 98.72^2) + 8157.3 \times (12.5^2/12 + 96.78^2) + 26966.3 \times \{180^2/12 + [98.72 - (18.5 + 180)/2]^2\}$$
$$= 2.2889 \times 10^8(mm^4)$$

计算设计荷载条件。

梁上力矩设计值：

$M_d = F_d L^2/8 = 1.95 \times 4^2/8 = 3.9(kN \cdot m)$

剪力设计值：

$V_d = F_d L/2 = 1.95 \times 4/2 = 3.9(kN)$

上翼缘平均翼缘压应力设计值：

$\sigma_{f,c,d} = M_d z_{1,fin}/I_{ef,fin} = 3.9 \times 10^6 \times 98.72/(2.28889 \times 10^8) = 1.68(N/mm^2)$

上翼缘抗压强度设计值 $f_{c,0,d}$:

$f_{f,c,d}=k_{mod,short}f_{c,90,k}/\gamma_{f,M}=0.9\times6.5/1.2=4.88(N/mm^2)$

$\sigma_{f,c,d}/f_{f,c,d}=1.68/4.88=0.34<1$

所以翼缘受压时满足要求。

上翼缘平均翼缘拉应力设计值:

$\sigma_{f,t,d}=M_d z_{2,fin}(E_{f,t,90,mean}/E_{f,c,90,mean})/I_{ef,fin}$

$=3.9\times10^6\times96.78\times(3.96/2.67)/(2.28889\times10^8)=2.45(N/mm^2)$

下翼缘抗拉强度设计值 $f_{t,0,d}$:

$f_{f,c,d}=k_{mod,short}f_{t,90,k}/\gamma_{f,M}=0.9\times7.4/1.2=5.55(N/mm^2)$

$\sigma_{f,t,d}/f_{f,t,d}=2.45/5.55=0.44<1$

所以翼缘受拉时满足要求。

从国家附件位置到腹板极限受拉纤维的最大间距为:

$z_t=z_{2,fin}-h_{f,t}/2=96.78-12.5/2=90.53(mm)$

腹板弯曲应力设计值:

$\sigma_{w,t,d}=M_d z_t(E_{w,mean}/E_{f,e,90,mean})/I_{ef,fin}$

$=3.9\times10^6\times90.53\times(10/2.67)/(2.28889\times10^8)=5.78(N/mm^2)$

腹板抗弯强度设计值:

$f_{m,d}=k_{mod,short}k_h k_{sys}f_{m,k}/\gamma_{w,M}=0.9\times1\times1.1\times22/1.3=16.75(N/mm^2)$

$\sigma_{w,t,d}/f_{m,d}=5.78/16.75=0.35<1$

所以腹板受弯时满足要求。

计算腹板抗剪强度。

截面关于国家附件位置以上区域的静矩:

$S1_{f,fin,NA}=A_{f,c}z_{1,fin}+b_w(E_{w,mean}/E_{f,c,90,mean})(z_{1,fin}-h_{f,c}/2)^2/2$

$=8140\times98.72+40\times(10/2.67)(98.72-18.5/2)^2/2$

$=1.403\times10^6(mm^3)$

中性轴位置处的剪应力:

$\tau1_{V,fin,d}=V_d S1_{f,fin,NA}/I_{ef,fin}b_w=3.9\times10^3\times1.403\times10^3/(2.28889\times10^8\times40)$

$=0.6(N/mm^2)$

腹板抗剪强度设计值,其中 $k_{cr}=0.67$:

$f_{v,d}=k_{mod,short}f_{v,k}/\gamma_{w,M}=0.9\times3.8/1.3=2.63(N/mm^2)$

$k_{cr}f_{v,d}=0.67\times2.63=1.76(N/mm^2)$

$\tau1_{v,fin,d}/f_{v,d}=0.6/1.76=0.34<1$

所以腹板在中性轴位置处受剪时满足要求。

因为位置2-2处的设计剪应力有最大的应力强度比，因此仅给出了该处的设计条件，并计算如下：

$S2_{f,fin,NA} = A_{f,c}z_{1,fin} = 8140 \times 98.3 = 8.036 \times 10^5 (\mathrm{mm}^3)$

$\tau 3_{v,fin,d} = V_d S3_{f,fin,NA}/I_{ef,fin}b_w = 3.9 \times 10^3 \times 8.036 \times 10^5/(2.28889 \times 10^8 \times 40)$

$= 0.34(\mathrm{N/mm}^2)$

当 $b_w/h_{f,c} = 2.16 < 8$ 时，胶合板上翼缘的平面抗剪强度设计值：

$f_{r,d} = k_{mod,short}f_{r,k}/\gamma_{f,M} = 0.9 \times 0.63/1.2 = 0.47(\mathrm{N/mm}^2)$

$\tau 3_{v,fin,d}/f_{r,d} = 0.34/0.47 = 0.72 < 1$

所以，界面处的平面剪应力满足要求。

计算腹板表面翼缘材料的抗剪强度。

由于位置5-5处的最大剪应力条件会产生最大的应力比，因此仅给出了该处的设计条件，并计算如下：

$S5_{f,fiin,NA} = [(E_{f,t,90,mean}/E_{f,c,90,mean})b_{t,ef} - b_w]h_{f,t}z_{2,fin}$

$= [(3.96/2.67)440 - 40] \times 12.5 \times 96.78 = 7.4107 \times 10^5(\mathrm{mm}^3)$

$\tau 5_{v,fin,d} = V_d S5_{f,fin,NA}/I_{c\,f,fin}2h_{f,t} = 3.9 \times 10^3 \times 7.4107 \times 10^5/(2.28889 \times 10^8 \times$

$2 \times 12.5)$

$= 0.51(\mathrm{N/mm}^2)$

胶合板下翼缘平面抗剪强度设计值：

$f_{v,d} = k_{mod,short}f_{v,k}/\gamma_{f,M} = 0.9 \times 3.5/1.2 = 2.63(\mathrm{N/mm}^2)$

$\tau 3_{v,fin,d}/f_{r,d} = 0.51/2.63 = 0.19 < 1$

所以，界面处的平面剪应力满足要求。

### 9.1.3 机械连接柱和胶合柱

本指南第11章讨论了属于此类结构或结构杆件的截面类型。

## 9.2 组件

### 9.2.1 桁架

*条款9.2.1* 中的设计规定涵盖所有类型的桁架，包括用于国内施工的桁架椽。 *条款9.2.1*

“桁架椽”是英国三角结构的术语，三角结构由相同厚度的材料组装在一个平面上，接头由齿板紧固件形成。

当桁架主要在节点位置处受荷且不考虑构件失稳时，式(*6.19*)和式(*6.20*)中给出的弯压应力组合比的和不得超过0.9。当推导受压构件平面内失稳的长细

*条款9.2.1(3)*

比时,有效长度取结构分析得出的相邻反弯点(即零弯矩点)之间的构件长度。对于全三角形桁架,*条款9.2.1(3)*规定适用,受压构件的有效长度宜取本指南第5章中定义的跨度。

*条款9.2.1(4)*

如果将第5章中提到的简化分析用于由缀板紧固件形成的全三角桁架,则应使用*条款9.2.1(4)*规定的有效长度进行构件设计的验算。注意,当验算连接和受压构件的强度时,从此类分析中得出的计算轴向力必须增加10%。

对于在节点处受荷并使用简化分析进行分析的桁架,受压和受拉时的设计应力强度比不得超过0.7,并且只能使用70%的相关连接承载力。

必须验算受压构件的平面外失稳。对于构件由足够的支撑构件横向支承的情况,有效长度可以取相邻支撑位置之间的距离,如果横隔结构能提供连续的横向支撑,则不会出现平面外失稳。

*条款9.2.1(8)*

桁架必须设计用于搬运和安装力作用,针对这种情况,宜验算*条款9.2.1(8)*给出的连接在力和荷载持续作用下的设计方法。

当验算构件强度时,必须考虑由于使用的紧固件类型而导致的连接处面积损失的影响,这也在本指南第5.2节中提到。

### 9.2.2　齿板紧固件连接的桁架

*条款9.2.1*

*条款9.2.1*的要求同样也适用于由齿板紧固件形成的桁架,但这些桁架也必须符合EN 14250(BSI,2010b)的要求,其中限制最大桁架长度为35m。这些桁架

*条款5.4.1*

使用的分析方法应符合*条款5.4.1*的要求,在本指南第5.4.1节中提及。

*条款9.2.2*

必须满足*条款9.2.2*中针对构件和弦杆拼接处的最小搭接长度给出的板尺寸规定,并且构件在垂直于构件跨度方向承受小于1.5kN的集中力时,在设计荷载条件下构件的轴向应力强度比小于0.4,并且根据式(*9.19*)的要求,构件仅需验算其弯曲强度。

### 9.2.3　楼、屋盖横隔

#### 9.2.3.1　一般规定

*条款9.2.4*

如果屋盖或楼盖结构使用木基板材建造并通过机械紧固件固定,且能够在平面内传递剪力,则它们能作为横隔结构将侧向力传递给支撑结构。支撑结构可以是剪力墙,如*条款9.2.4*中所述,也可以是框架支撑结构或任何可以提供足够横向支撑的结构。

横隔结构在木框架建筑中特别常见,图9.5展示了一个典型的楼盖横隔。

建筑中使用石膏天花板的地方也可以设计成结构性横隔,并且可以调整设计规定以适应此类结构。PD 6693-1给出了国内建筑中使用石膏天花板作为横隔结构的设计规定。

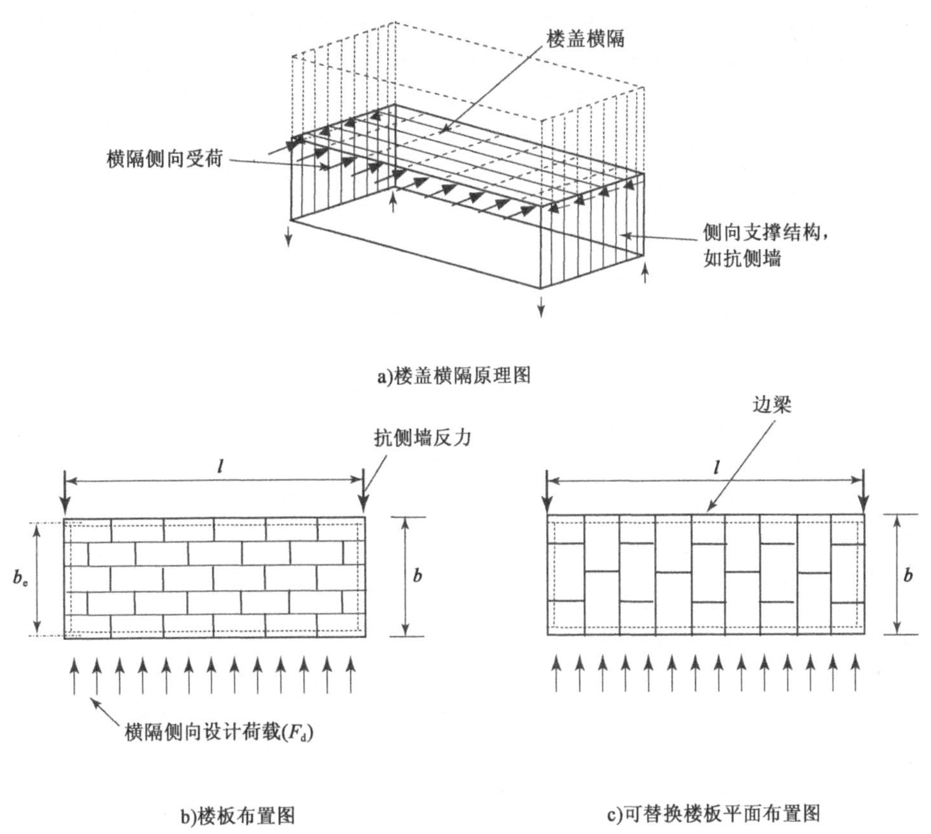


图9.5 典型可替换面板的楼盖隔板布置图

木基面板通常由楼盖梁或屋盖结构支撑，并且用于将面板连接到支撑结构的固定件的强度可能比第8章设计规定中得出的值大20%。这是允许的，因为设计条件涉及在同一布置中承受相同荷载的大量紧固件，在这种情况下，所有紧固件在标准强度下失效的概率被认为是超出设计基础的。基于此，为了达到承载能力极限状态设计条件下的可靠性目标，可使用强度平均值（取1.2倍的紧固件强度标准值）。

9.2.3.2 屋盖、楼盖横隔的简化分析

该简化方法假定覆面板作为横向深梁的腹板，横跨端部剪力墙。除非进行更详细地分析，否则梁翼缘（可能是木框架墙的接头板、圈梁、搁栅等）应设计为能承受由设计荷载（图9.5中的 $F_d$）及梁翼缘支承的其他任何荷载引起的最大弯矩所产生的拉力/压力。在腹板区域内，面板传递剪力，剪力传递的最有效布置为交错布置，如图9.5b）所示。然而，对于结构必须作为抵抗任何方向风荷载的横隔的情况，也可采用图9.5c）的布置。

简化方法只能用于横隔承受均匀分布荷载的情况；图9.5所示的跨度 $l$ 介于 $2b \sim 6b$ 之间（其中 $b$ 是横隔宽度）；承载能力极限状态设计条件的关键是紧固件而非面板失效；并且面板按照条款*10.8.1*中给出的详细规定固定。 **条款*10.8.1***

**图 9.5b)所示横隔在侧向荷载作用下的设计要求**

**(i)边梁的轴向强度**

(假定每个梁沿其长度方向竖向支撑,并且能忽略其失稳效应。)

设计荷载下,各边梁的最大轴向应力为 $F_d$(N)为:

$$\sigma_{t,d}=\frac{F_d\ell}{8b_eA}$$

式中,$b_e$为边梁质心轴之间的距离(mm);$A$ 为每个边梁的净横截面面积($mm^2$)。

在抗拉强度小于抗压强度的基础上,验算要求为:

$$\sigma_{t,d}\leqslant f_{t,0,d}$$

式中,$f_{t,0,d}$为边梁的抗拉强度设计值,并采用本指南第 6.1.2 节中所述方法由其抗张强度标准值 $f_{t,0,k}$得出。

**(ii)腹板至边梁固定件的强度和间距**

腹板和边梁之间的剪应力$\tau e_d$($N/mm^2$)为:

$$\tau e_d=\frac{F_d}{2b_et}$$

式中,$t$ 为腹板面板材料的厚度(mm)。

使用强度设计值为 $Fc_{v,Rd}$的紧固件,使用第8章中的设计规定得出,并乘以系数 1.2,所需的紧固件间距 $sp_e$(mm)为:

$$sp_e\leqslant\frac{1.2Fc_{v,Rd}}{t\,\tau e_d}$$

**(iii)抗侧墙腹板的抗剪强度**

腹板中的剪应力$\tau_{v,d}$($N/mm^2$)为:

$$\tau_{v,d}=\frac{F_d}{2bt}$$

式中,$b$ 为横隔的总宽度(mm)。对于这种情况,验算要求为:

$$\tau_{v,d}\leqslant f_{v,d}$$

式中,$f_{v,d}$为使用本指南第 6.1.7 节中所述的板材抗剪强度标准值 $f_{v,k}$得出的腹板面板材料的抗剪强度设计值。

**(iv)剪力墙结构和腹板区域内支撑托梁固定件的强度和间距**

横隔固定件沿各剪力墙施加的侧向剪切力/单位长度 $Fm_d$(N/mm)为:

$$Fm_d=\frac{F_d}{2b}$$

紧固件使用第8章中设计规定得到的强度设计值 $Fs_{v,Rd}$(N),并乘以系数 1.2,所需间距 $sp_s$(mm)为:

$$sp_s = \frac{1.2Fs_{v,Rd}}{Fm_d}$$

**注：**

1. 横隔边缘梁必须是连续构件，如果不是，则必须将其连接在一起，以作为连续构件发挥作用。

2. 如果要求连接使边梁连续，则必须将其设计为传递最大拉/压力设计值 $F_d l/8b_e$，并且如果使用紧固件，由于连接的局部性质，根据第*8*章规定得出的紧固件侧向强度设计值**不能**乘以针对腹板紧固件设计的统计系数1.2。

腹板宽度上的剪力被认为是均匀的，沿着边缘梁和腹板边缘板间的连接的剪力也是均匀的。

尽管腹板中的剪力在跨中减小为零，除非沿着不连续的面板边缘，否则面板与其支撑构件间的连接使用标准构造，即允许增加间距。在这些位置，固定间距会增加1.5倍，但不得超过150mm。

腹板和受压边梁间的固定件将防止梁的局部屈曲，从而确保使用其全部抗压强度，使设计条件为边梁的抗拉强度。如果横隔（如楼梯井区域）出现切口，则可能需要能在这些区域传递压力和拉力的额外结构。

### 9.2.4 墙体横隔

9.2.4.1 一般规定

木结构中的墙通常由垂直木构件（称为立杆）构成，并每隔一定间距固定，在墙的一面或两面覆上覆面材料。覆面材料可以是石膏板，也可以是石膏板和木基板产品（如，OSB）的组合，并且此类墙能够承受相当大的平面内水平和竖向荷载。墙体结构当被建筑结构侧向固定时，将形成一个墙体横隔，前提是有足够的约束以防止倾覆和滑动，并且不会超过正常使用极限，其可设计为抗侧墙。“抗侧强度”是用于定义墙面在水平和竖向荷载作用下平面内承载能力的术语，其中水平荷载通常为风荷载。

横隔的抗侧承载能力根据EN 594（BSI，2011）中的试验或通过计算确定，EN 1995-1-1给出了两种简化的计算方法：方法A和方法B。方法A适用于两端约束的墙体横隔，以防止横隔出现任何上拔。方法A适用于墙端在其整个高度内被锚固（通过金属拉结带或等效物）的墙体，或在这些位置的竖向永久作用足以防止上拔的情况。方法B适用于通过覆面板和木材间的紧固件或横隔底部和下部支撑结构间的紧固件/连接件抵抗上拔的横隔，这种方法是英国国内最常用的建造方法。方法B是从BS 5268第6部分中给出的基于抗侧强度设计步骤转换为极限状态设计方法而得出的，但在此过程中，一些参数需重新定义，并且不允许将石膏板用作覆面材料，因为只能使用符合*条款3.5*的木基板产品。此外，方法B低估了开洞墙的抗侧强度，因为它没有考虑到横隔开口区域木结构的抵抗能力，因此采用方法A进行抗侧强度设计。 *条款3.5*

为了克服与方法 B 相关的不足,英国开发了"简化的墙隔方法",此方法包含在 PD 6693-1 中。此方法借鉴了 Kallsner 和 Girhammar(2004)提出的塑性下限分析方法,并结合了与覆面板紧固件强度有关的修改,以考虑紧固件间距。此外,根据 BS 5268中的方法,它还包含一个修正系数,以便考虑墙壁开口区域强度的贡献。PD 6693-1 还涉及一个内容,即考虑使用上述方法的石膏板复合木框架墙的抗侧强度。

EN 1995-1-1 的国家附件要求涉及以下情况时在英国使用 PD 6693-1 中的简化方法:横隔通过覆面板和木材间的紧固件及横隔底部和下部支撑结构间的紧固件/连接件抵抗上拔。在墙端被锚固或通过垂直荷载防止上拔的情况下使用方法 A。第 13 章给出了简化方法的更多信息,以及如何将其应用于抗侧墙设计的指导。

### 9.2.5 支撑

对于直接承受压力或由承受弯曲作用产生压力的构件,给出了支撑规定。条

*条款9.2.5.2* 款9.2.5.2 给出了单构件侧向支撑设计的规定,条款9.2.5.3 给出了确定梁或桁

*条款9.2.5.3* 架系统支撑的设计荷载,以及支撑系统允许挠度限值的规定。

9.2.5.1 一般规定

如果有必要防止失稳破坏、增加稳定强度或防止挠度过大引起的破坏,则需要某些形式的支撑。

*条款9.2.5.2* 设计支撑时,必须考虑构件平直度偏差的影响,条款9.2.5.2 和条款9.2.5.3

*条款9.2.5.3* 中的设计规定可视为包含条款10.2 中给出的平直度限值的影响。

*条款10.2*

*条款9.2.5* 在处理桁架椽的支撑要求时,尽管条款9.2.5 给出的支撑构件设计的一般原则适用,但 PD 6693-1 给出了具体要求。

应注意的是,根据所使用的结构布局,支撑构件必须设计为受压构件和受拉构件,并应考虑所采用的支撑系统,以确保支撑构件的设计强度最佳。除了支撑力外,支撑构件可能还需要传递外部荷载(如风荷载),支撑构件和支撑系统必须设计为能够承受可能出现的最不利情况下的荷载组合。

9.2.5.2 受压单构件

*条款9.2.5.2* 在条款9.2.5.2 中给出了为受压**单**构件提供侧向支撑的支撑构件的刚度和强度要求的设计规定。

源自经典弹性屈曲理论的式(9.34)确定了每个支撑构件的刚度要求。由于该方程不包括构件初始失稳的影响,理论上它降低了所需的刚度值,但是,这被设计规定中未考虑的其他保守因素抵消了。式(9.34)中的修正系数 $k_s$ 是一个非线性函数,取决于构件跨度 $l$ 与跨间长度 $a$ 的比值,如图9.9 所示,并且理论值范围为 2 ~ 4。EN 1995-1-1 国家附件的要求是始终使用 4,这也是 EN 1995-1-1 中的推荐值。

对于单梁构件,引起失稳的力矩是基于构件中**最大**力矩设计值 $M_d$ 减去梁所能抵抗的稳定力矩 $k_{crit}M_d$ 得出的。由净力矩$(1-k_{crit})M_d$引起的失稳力 $N_d$,保守地通过将该力矩除以式(9.36)所定义的梁高得出。

刚度值 $C$ 由式(9.34)得出,是在每个支撑处和如图 9.6 所示的一般工况下,

必须为受压构件提供的刚度。如果支撑构件通过侧向刚度为 $k_1$ 的连接与单个受压构件相连，并且通过侧向刚度为 $k_2$ 的连接与其刚性端支承相连，则支撑构件提供的轴向刚度 $C_b$ 必须为：

$$C_b \geqslant \frac{1}{\frac{1}{C}-\frac{1}{k_1}-\frac{1}{k_2}} \tag{D9.17}$$

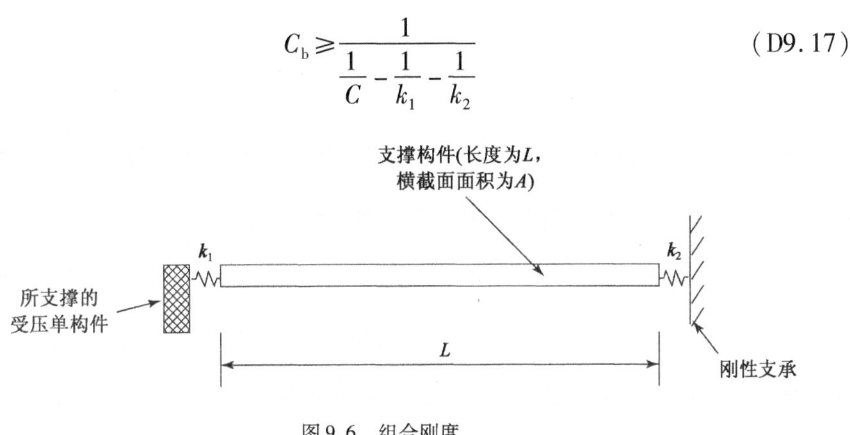


图9.6　组合刚度

对于上述情况，支撑构件的最小横截面面积为 $C_b L/E_{0,\mathrm{mean}}$，其中 $E_{0,\mathrm{mean}}$ 为支撑构件顺纹方向的弹性模量平均值，$L$ 为支撑构件的长度。

每个支撑构件必须设计为能够承受式(9.35)中给出的稳定力，并且此式中的两个修正系数 $k_{f,1}$ 和 $k_{f,2}$ 的值不同，因为这些系数取决于受压构件材料平直度的允许偏差。

对于实木受压构件，标准建议 $k_{f,1}=50$；对于层板胶合木或 LVL，$k_{f,2}=80$。但是，EN 1995-1-1 国家附件要求使用的相应值为 60 和 100。

**示例:9.4**

荷载设计值为 120kN($N_d$)、长($L$)为 9m 的层板胶合柱在其高度范围内的第三个点处被支撑。这些位置的支撑构件和柱间的连接刚度以及另一端的支撑构件和其刚性支撑间的连接刚度为 0.5×支撑构件轴向刚度($k_b$)。每个支撑构件提供的稳定力设计值和支撑构件最小轴向刚度值是多少?

系数：

$k_s=4$

$k_{f,2}=100$

柱节间距：

$a=l/3=9/3=3(\mathrm{m})$

支撑构件及其端部连接的刚度[式(9.34)]：

$C=k_s N_d/a=4\times120/3=160(\mathrm{kN/m})$

支撑构件的轴向刚度：$1/C=1/k_b+2/k_b+2/k_b=5/k_b$，所以

$k_b=5C=5\times160=800(\mathrm{kN/m})$

稳定力设计值：

$F_d=N_d/k_{f,2}=120/100=1.2(\mathrm{kN})$

9.2.5.3　梁或桁架系统的支撑

本条说明了一些平行构件需要沿其长度在中间位置进行支撑的情况,以及支撑系统向支撑构件提供侧向承载力的情况。图9.7给出了涉及屋顶梁支撑的典型示例。

在图9.7中,有 $n$ 个受压构件通过支撑构件侧向支承,间距为 $a$,并且支撑构件由支撑系统侧向支承,在本例中为支撑结构一端的桁架系统。支撑系统可以放置在支撑结构内的任何位置或附着到支撑结构。

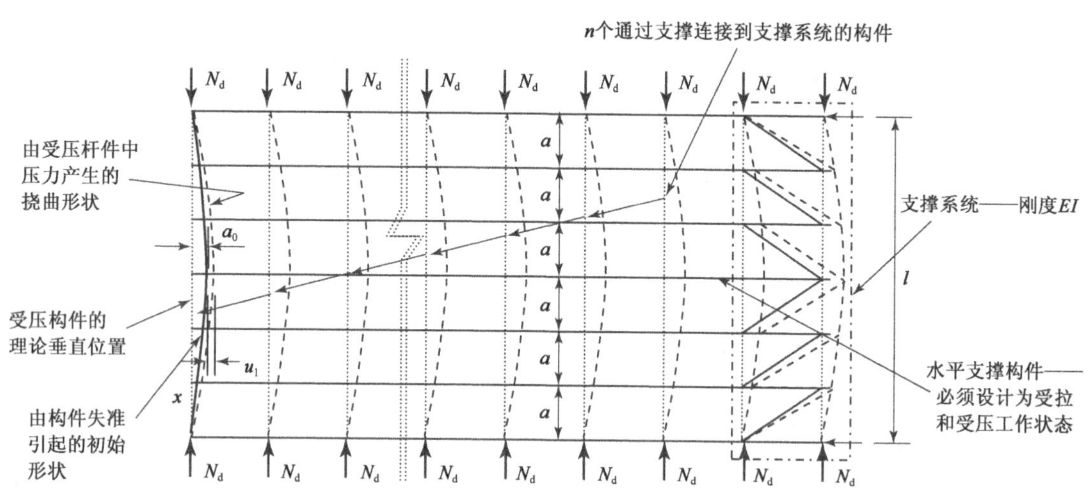


图9.7　支撑受压系统

条款9.2.5.3

*条款9.2.5.3* 中的设计规定源自经典弹性理论,并包含了近似值。通过支撑构件施加在支撑系统上的每单位长度的内部稳定荷载 $q_d$ 沿支撑系统的长度均匀分布,如图9.8所示,并由式(*9.37*)得出:

$$q_d = k_1 \frac{nN_d}{k_{f,3}l} \tag{9.37}$$

式中,$n$ 为需要侧向支承的受压构件数量,并且全部必须与支撑构件相连;$N_d$为本指南第9.2.5.2节中每个受压构件的平均压力设计值;$l$ 为稳定系统的总跨度(m);$k_{f,3}$为修正系数,根据EN 1995-1-1国家附件的要求,当 $a \leqslant 600$mm 时为50,当 $a > 600$mm 时为40。

式(*9.37*)中,系数 $k_1$ 涵盖受压构件跨度大于15m的情况,并由式(*9.38*)得出。标准假定,对于这种情况,合同中的公差限值要求构件的平直度偏差小于条款*10.2(1)*中给出的限值。基于此理解,$k_1$的值将小于1,并将降低支撑系统所承受的稳定荷载 $q_d$ 值。设计人员确保合同中包含的相关公差要求达到了这个规定。

条款10.2(1)

每个支撑构件的最大轴力为 $q_d a$,这些构件的强度必须根据最大轴力进行验算。设计规定中没有要求验算这些条件下的支撑刚度。

图9.8示出了图9.7中的支撑系统,其承受由被支撑的 $n$ 个构件引起的内部稳定荷载($q_d$)加任何外部施加荷载($w_d$)的和,并且在最不利的条件下,它们将作用于同一方向。每个支撑系统构件AB上都有内部稳定荷载,这将增加系统的侧

向荷载。荷载设计值($q_d + w_d$ + 构件 AB 的稳定荷载)为所使用组合荷载条件得出的最不利值。

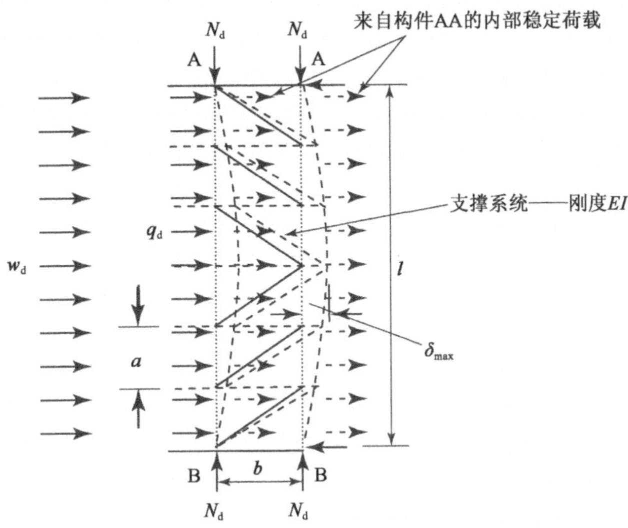


图9.8 支撑系统

设计规定中包含一个近似值,即支撑系统变形引起的受压构件挠度很小,因为此假定,式(9.37)中忽略了其影响。为确保不违反此要求,在 $q_d$的作用下,支撑系统的最大水平挠度加可施加到系统的任何其他外部荷载(如风荷载 $w_d$)的和,即 $\delta_{max}$,不得超过 $l/500$。

## 参考文献


BSI(2003) BS EN 622-1:2003. Fibreboard—Speci fications—General requirements. BSI, London.

BSI(2006) BS EN 300:2006. Oriented Strand Boards(OSB)—Definitions, classi fication and speci fications. BSI, London.

BSI(2008) BS EN 636:2008. Plywood—Speci fications. BSI, London.

BSI(2010a) BS EN 312:2010. Particleboards—Speci fications. BSI, London.

BSI(2010b) BS EN 14250:2010. Timber structures—Product requirements for prefabricated structural members assembled with punched metal plate fasteners. BSI, London.

BSI(2011) BS EN 594:2011. Timber structures—Test methods—Racking strength and stiffness of timber frame wall panels. BSI, London.

Gere JM and Timoshenko SP(1991) *Mechanics of Materials*, 3rd SI edn. Chapman and Hall, London.

Kallsner B and Girhammar UA(2004) In fluence o f the framing joints on plastic capacity of partially anchored wood- framed shear walls. *Working Commission W18—Timber Structures, Meeting 37*, Edinburgh.

# 第 10 章　构造措施和管控

EN 1995-1-1 的这一章包含以下条款中的构造和质量控制问题:

- 一般规定　*条款10.1*
- 材料　*条款10.2*
- 胶连接　*条款10.3*
- 机械紧固件连接　*条款10.4*
- 运输与安装　*条款10.5*
- 管控　*条款10.6*
- 横隔结构的特殊规定　*条款10.7*
- 齿板紧固件连接桁架的特殊规定　*条款10.8*

## 10.1　一般规定

本条提请注意本章作为一个整体的要求,这些要求与结构构造和所需方法有关,以验证前几章给出的设计规定,同时这些要求应并入项目说明。在这方面,创建项目说明时普遍使用国家建筑规范(NBS,2012)。它包含开放格式的条款,涵盖材料和工艺,并允许插入特定项目的条款。以下引用“NBS”表示说明中包含相关条款。

有些条款的含义是明确的,不需要进一步说明。

## 10.2　材料

*条款10.2(1)*
*条款6.2.2*

*条款10.2(1)*给出了*条款6.2.2*(受压构件的设计)中实木或胶合木受压构件或框架构件的平直度偏差规定。它们比大多数分级标准中的平直度规定更严格,因此包含在项目说明中。例如,本条仅允许实木受压构件的偏差为 $L/300$,而结构木材分级标准 EN 14081(BSI,2006)允许 C18 及以上等级的木材 2m 内的翘曲在 10mm 内(即 $L/200$)。

*条款10.2(2)*
*条款10.2(3)*

*条款10.2(2)*和*条款10.2(3)*与施工过程中木构件受潮的风险有关。如果这种情况发生在实木构件上,随着构件在使用过程中变干,最终会出现一定的收缩,并有开裂的风险,对于某些木基构件,还会有更严重损坏的风险。应评估这些风险,并在可接受的情况下,注意确保在建造条件下充分通风。应指出的是,即使直接阻隔雨水,大型胶凝材料在施工期间仍将在服役等级 2 的条件下停留一段时间,并且随着含水率的降低,可能会产生小的表面裂缝(通常不会降低强度)。

## 10.3　胶连接

*条款10.3(1)*～*条款10.3(3)*强调在胶合构件制造中质量控制的重要性。本指南第 3.6 节中给出的对胶接强度至关重要的各种因素必须是控制计划的一部分，因为它们只能在制造时进行检查（NBS）。 *条款10.3(1)～条款10.3(3)*

标准中未给出关于胶连接的设计规定，但 PD 6693-1 给出了英国用于重叠胶连接的设计指导。

## 10.4　机械紧固件连接

### 10.4.1　钉

*条款10.4.2(3)*确定了阔叶材中钉的预钻孔直径。必须进行高度完善的现场控制才能使用此条款。 *条款10.4.2(3)*

### 10.4.2　螺栓和垫圈

*条款10.4.3(1)*规定了螺栓直径和螺栓孔之间的最大允许差值。这些是*条款7.1*（*表7.1*，脚注 a）中提到的间隙，并且应添加到节点滑移的计算中。 *条款10.4.3(1)* *条款7.1*

*条款10.4.3(2)*确定了螺栓连接的垫圈尺寸。当支承在木材上时，它们当然比传统钢结构中使用的垫圈大。如果倾向于使用较小的垫圈，可以查看 Johansen 方程，以确定是否需要绳索效应，或者将螺栓设计为销钉。可能还需要 20% 以上的螺栓，但是使用名义“钢”垫圈（通常是螺栓直径的 2 倍）。 *条款10.4.3(2)*

*条款10.4.3(3)*是指在结构完成之后拧紧拉力螺钉和螺栓。由于大多数建筑物在使用过程中都会受热，导致其处于服役等级 1 的条件下，因此可能需要在移交后对螺栓紧固性进行最终检查。 *条款10.4.3(3)*

### 10.4.3　螺钉

为了依靠螺钉预钻孔所需的精度，必须进行高度完善的现场控制。

## 10.5　运输与安装

在构件最终安装到工程之前，对构件进行认真处理主要是承包商的责任。然而，由设计人员来预见在安装过程中任何可能出现的关键临时问题，并提请承包商注意，或要求按程序声明进行审查。

## 10.6　管控

本条本质上是对承包商质量控制计划典型要素的提醒，设计人员的感兴趣程度可能取决于项目的关键程度。更重要的是结构未来使用年限内的维护项目，这些维护项目必须传达给建筑物的业主。

## 10.7　横隔结构的特殊规定

*条款9.2.3*
*条款9.2.4*

本节中给出的构造适用于*条款9.2.3*和*条款9.2.4*中所述的结构形式,作为构造标准范围的一部分(另请参见本指南第13章)。

## 10.8　齿板紧固件连接桁架的特殊规定

齿板紧固件连接的桁架或桁架椽,由专业制造商制造并交付至现场。个别地,桁架的长度/厚度比可为150或更大,因此它们相对灵活。本条旨在将桁架安装后的内部变形和不垂直变形保持在可接受的范围内,然后用支撑构件固定。

## 参考文献

BSI(2006)BS EN 14081-1:2005 + A1:2011. Timber structures. Strength graded structural timber with rectangular cross section. General requirements. BSI, London.

NBS(2012)NBS Building. NBS, London.

# 第 11 章　资料性附录

## 11.1　资料性附录

本章内容涉及 EN 1995-1-1 最后的*附录A*、*附录B* 和*附录C* 的要求，主要包含以下几个方面：

- ■ 群销钢-木连接的块状剪切和塞状剪切破坏　　*附录A*
- ■ 机械连接梁　　*附录B*
- ■ 组合柱　　*附录C*

这些内容可以为设计提供参考。EN 1995-1-1 的国家附件规定了*附录A*、*附录B* 和*附录C* 的内容在英国用于指导设计。

在英国，*附录A* 中的相关要求宜只用于直径≤6mm 的 10 个及其以上群销类紧固件或者直径 >6mm 的 5 个及其以上群销类紧固件，并且紧固件顺纹方向排成一直线。

刚度特性在相关附件中给出，所用值为平均值。然而，对于承载能力极限状态分析，必须满足*条款2.2.2* 的要求。当采用一阶线性分析时，内力分布受结构内部刚度分布的影响，因此根据*条款2.3.2.2(2)* 的规定[包含了*条款 2.3.2.2 (3)* 和*条款 2.3.2.2(4)* 的相关规定]，最终平均值应调整为引起与强度相关最大应力的荷载分量而不是使用平均值。此外，对于二阶线弹性分析，从*条款2.4.1 (2)P* 中得出的设计值适用。出于表述和比较的原因，本章保留了平均值；但是，如果在承载能力极限状态分析中使用任何附录的内容，则采用的刚度值应为 EN 1995-1-1 中要求的值。

***条款2.2.2***
***条款2.3.2.2(2)***
***条款2.3.2.2(3)***
***条款2.3.2.2(4)***
***条款2.4.1(2)P***

## 11.2　附录 A（资料性）：群销钢-木连接的块状剪切和塞状剪切破坏

*附录A* 中的设计指导适用于由群销类紧固件形成的钢-木连接，如*图8.7* 所示，其中连接上有一个顺纹方向的力分量，并布置在受荷端。在这种荷载条件下，如*第8 章*所述，除了有延性破坏的可能性外，还存在脆性破坏的风险，本附录给出了脆性破坏模式和必须验算的相关特征强度方程。

可能出现的两种脆性破坏类型：

(a)块状类破坏——连接处的木材在紧固件群周围出现剪切和受拉破坏，如图 11.1a)所示，连接作为一个块体破坏。

(b)塞状类破坏——紧固件受弯屈服,伴随着木材的剪切和受拉破坏,如图11.1b)所示,连接破坏像一个塞子一样。

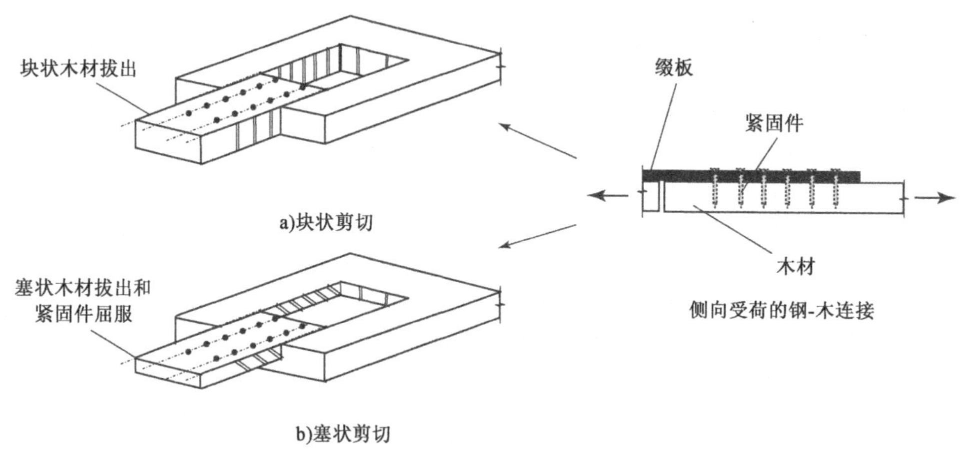


图 11.1 钢-木连接:块状剪切和塞状剪切破坏

*条款NA.3.1* 根据 EN 1995-1-1 国家附件的条款*NA.3.1*,当紧固件直径≤6mm 且在顺纹方向一直线上有 10 个或更多的紧固件,或者紧固件直径超过 6mm 且在顺纹方向一直线上有 5 个或更多的紧固件时,英国才会在设计中验算这几种破坏类型。

脆性破坏模式最初是由拉伸破坏或剪切破坏引起的,由于这些强度起作用时是相互独立的,且均属于脆性破坏模式,因此它们之间不会相互作用。每个破坏模式的块状剪切或塞状剪切承载力标准值 $F_{\mathrm{bs,Rk}}$是通过式(*A.1*)得出的,取木材在连接受拉端处的抗拉强度($1.5A_{\mathrm{net,t}}f_{\mathrm{t,0,k}}$)和木材受剪破坏面的抗剪强度($0.7A_{\mathrm{net,v}}f_{\mathrm{v,k}}$)的较大值。

钢-木连接的延性破坏模式包括 c)类、f)类、j/l)类、k)类和 m)类模式(如*图8.3*所示),脆性破坏评估基于块状剪切破坏条件,如式(*A.3*)中定义的顺纹方向净剪切面积 $A_{\mathrm{net,v}}=L_{\mathrm{net,v}}t_1$。式中,$t_1$为木构件的厚度,或当紧固件为单剪时钉尖的贯入深度。如果延性破坏是由*图8.3* 中提到的任何其他破坏模式引起的,则塞状剪切破坏将适用,且 $A_{\mathrm{net,v}}$为:

$$\frac{L_{\mathrm{net,v}}}{2}(L_{\mathrm{net,t}}+2t_{\mathrm{ef}})$$

定义同式(*A.3*)。

要注意的是,对于失效模式 d)或 g),式(*A.7*)中关于 $t_{\mathrm{ef}}$的关系式是不正确的,如附录 A 所述宜为:

$$t_{\mathrm{ef}}=t_1\left[\sqrt{2+\frac{4M_{\mathrm{y,Rk}}}{f_{\mathrm{h,k}}\,dt_1^2}}-1\right]$$

**示例 11.1:钢-木连接的承载能力标准值**

如图 11.2 所示,两个 150mm 宽、60mm 厚($t$)的 C16 木构件间的受拉连接由一个 5mm 厚($t_1$)的钢组合板和直径($d$)为 10mm 成两行排列的 5.6 级螺栓构

*条款8.2.3* 成。木材中螺栓的预钻孔直径为 11mm。应用条款*8.2.3* 中的设计规定,估算承

载力标准值，破坏模式显示为 f)类，如图 8.3所示。基于*附录A* 的规定，连接断裂的承载能力标准值是多少？

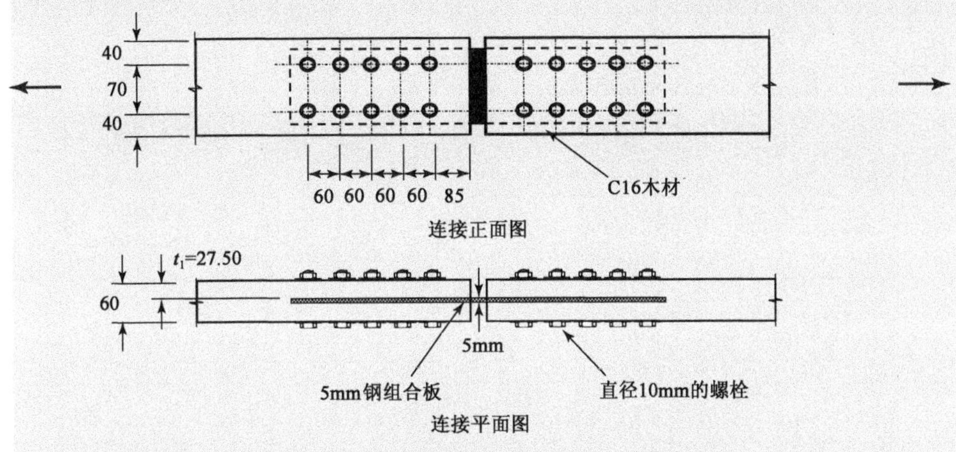


图 11.2　2 个 C16 木构件间的受拉连接(尺寸单位:mm)

木材性能：$f_{t,0,k}=10\text{N/mm}^2$，$f_{v,k}=3.2\text{N/mm}^2$，$a_1=60\text{mm}$，$a_2=70\text{mm}$，$a_{3,t}=85\text{mm}$，$t_1=27.5\text{mm}$。

$$L_{net,v}=2\{4[a_1-(d+1\text{mm})]+[a_{3,t}-0.5(d+1\text{mm})]\}$$
$$=2\{4[60-(10+1)]+[85-0.5(10+1)]\}=551(\text{mm})$$

$$L_{net,t}=a_2-(d+1\text{mm})=70-(10+1)=59(\text{mm})$$

$$A_{net,t}=2L_{net,t}t_1=2\times59\times27.5=3245(\text{mm}^2)$$

当延性破坏模式为 f)类时：

$$A_{net,v}=2L_{net,v}t_1=2\times551\times27.5=30305(\text{mm}^2)$$

当延性破坏模式为 f)类时，出现块状剪切破坏。断裂破坏的承载力标准值 $F_{bs,Rk}$ 可由较大值计算：

$$F_{bs,Rk}(\text{由块体抗拉强度确定})=1.5A_{net,t}f_{t,0,k}=1.5\times3245\times10=48.68(\text{kN})$$

$$F_{bs,Rk}(\text{由周边块体的抗拉强度确定})=0.7A_{net,v}f_{v,k}=0.7\times30305\times3.2$$
$$=67.88(\text{kN})$$

断裂的承载力标准值：

$$F_{bs,Rk}=67.88\text{kN}$$

对节点处木材的纯拉破坏进行了验算，表明抗拉强度 = 70.4kN( $>F_{bs,Rk}$)。

## 11.3　附录 B(资料性)：机械连接梁

本附录主要涉及等截面梁的设计，等截面梁由木构件或者由木基板材通过机械紧固件如钉、螺钉、螺栓或销栓等连接而成。在各构件界面会出现滑移，使截面为半刚性，不能根据第9 章胶合构件的相关规定进行设计。

### 11.3.1　简化分析

本节采用的分析基于一阶弹性分析，将简单的弯曲理论应用于梁的各个组成构件，在每个界面处，通过紧固件单位长度施加的力沿梁长度方向是恒定的，并且是连续的。界面处紧固件的刚度假定是线性的。用于正常使用极限状态分析的数值是滑移模量 $K_{ser}$,从第7章中得到。对于承载能力极限状态分析,其数值与

条款2.3.2.2 *条款2.3.2.2*的分析要求相关。这种方法忽略了剪切变形的影响。

## 11.3.2 截面

在附录中考虑采用简化方法的截面如图 11.3 所示;但是,这种理论也可应用于其他剖面。

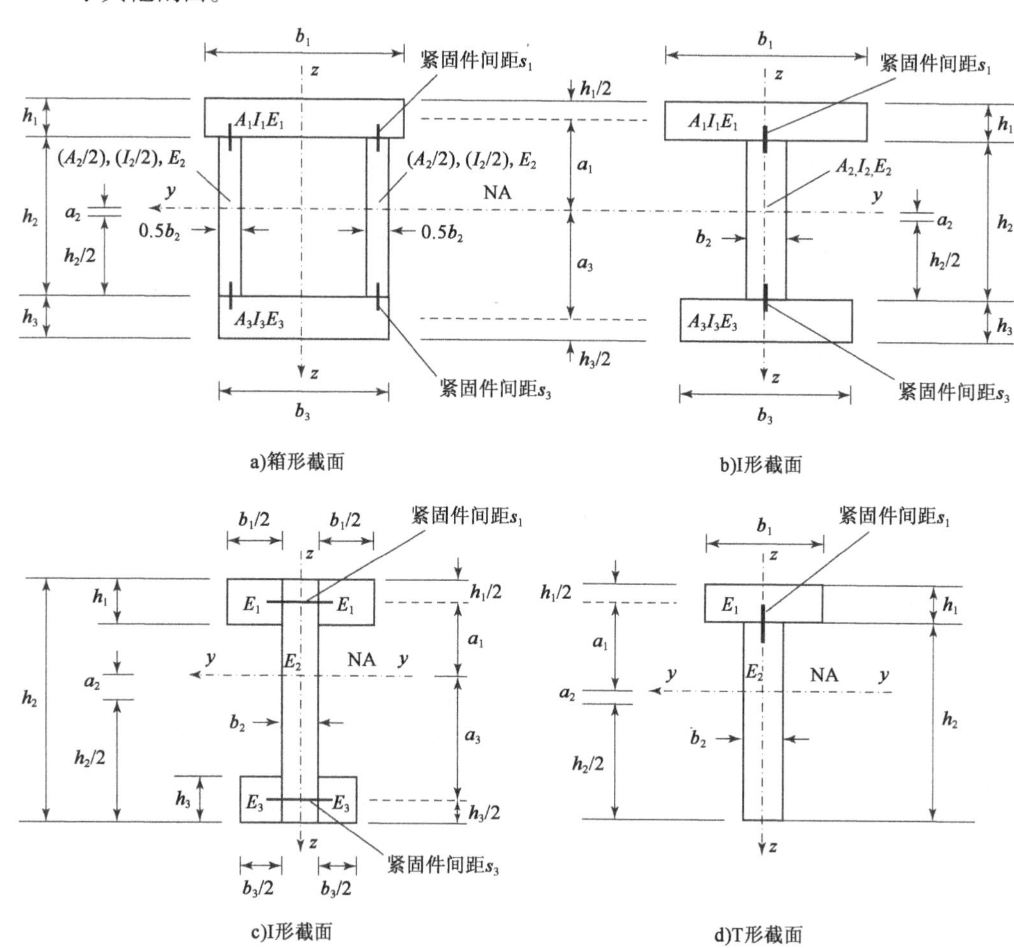


图 11.3 机械连接梁的横截面

## 11.3.3 假定

设计方法要求采用简单的弯曲理论,忽略剪切变形效应引起的应力,且满足以下假定:

■ 梁必须是跨度为 $l$ 的简支梁。对于连续梁,当梁跨 $l=0.8$ 倍的相关梁跨时,给出的表达式可应用于梁截面。对于悬臂梁,可以将梁长 $l$ 设计为 2 倍的悬臂端长度。但是,对于*图B.1* 显示的应力分布,压应力将变为拉应力,反之亦然。

■ 木构件或者木基构件要么是通长的,要么如果是沿其长度连接,则连接必须是全强度胶接接头。

■ 梁构件通过滑移模量为 $K$ 的机械紧固件沿其界面彼此连接,$K$ 值是针对

所用分析类型的相应值。

■ 为了遵循紧固件沿梁长度方向在单位长度上施加一个恒力的假定，紧固件的间距 $s$ 宜不变。但是，根据剪力沿梁的分布，紧固件的间距允许均匀变化，当最大间距 $s_{max} \leqslant 4s_{min}$（$s_{min}$为最小间距）时，紧固件间距假定为常数。

■ *条款B.2 ~ 条款B.5* 给出的刚度和应力分析解只适用于施加在 $z$ **方向**的荷载，该方向产生正弦或抛物线形弯矩，并且出现沿梁长度方向线性变化的剪力（比如，受均匀荷载作用的梁）。 ***条款B.2 ~条款B.5***

## 11.3.4 间距

如果翼缘由与腹板相连的两部分组成或腹板由两部分组成（如箱形梁），紧固件间距 $s_i$ 由两个连接平面内紧固件每单位长度之和确定。换而言之，式（*B.5*）和式（*B.10*）在图 11.3 截面 A 和截面 C 中使用的紧固件间距 $s_i$为 $s_1/2$ 和 $s_3/2$。

## 11.3.5 由弯矩引起的挠度

为了计算这几类截面由弯曲能量产生的挠度，宜使用有效抗弯刚度 $(EI)_{ef}$，在*条款B.2*和本指南第 11.3.6 节中提及。剪切变形可通过计算腹板的剪切变形来确定，假定所有的剪力都由腹板承担。 ***条款B.2***

## 11.3.6 *图B.1* 中所示的截面有效抗弯刚度 $(EI)_{ef,y}$，$a_1$，$a_2$，$\gamma_1$和 $\gamma_3$值

采用*附录B* 中使用的理论，绕 $y$-$y$ 轴的有效抗弯刚度以及*图B.1* 中针对每个截面根据 $a_1$、$a_2$、$a_3$、$s_1$和 $s_3$的相关 $\gamma_1$和 $\gamma_3$值在表 11.1 中给出。

**图 11.3 中绕 $y$-$y$ 轴的截面有效抗弯刚度值**（在*图B.1* 中有详细描述） 表 11.1

| 图 11.3 的剖面图 | 绕 $y$-$y$ 轴的有效抗弯刚度 $(EI)_{ef,y}$[a]（特性和尺寸见*图B.1*） |
|---|---|
| 组合截面（A）和（B） | $(EI)_{ef,y} = E_1\dfrac{A_1h_1^2}{12} + E_2\dfrac{A_2h_2^2}{12} + E_3\dfrac{A_3h_3^2}{12} + \gamma_1E_1(A_1)a_1^2 + E_2(A_2)a_2^2 + \gamma_3E_3(A_3)a_3^2$<br>截面 A 中：<br>$\gamma_1 = 1/\left[1 + \pi^2E_1(A_1)\left(\dfrac{s_1}{2K_1}\right)\dfrac{1}{l^2}\right]$<br>$\gamma_3 = 1/\left[1 + \pi^2E_3(A_3)\left(\dfrac{s_3}{2K_3}\right)\dfrac{1}{l^2}\right]$<br>截面 B 中：<br>$\gamma_1 = 1/\left[1 + \pi^2E_1(A_1)\left(\dfrac{s_1}{K_1}\right)\dfrac{1}{l^2}\right]$<br>$\gamma_3 = 1/\left[1 + \pi^2E_3(A_3)\left(\dfrac{s_3}{K_3}\right)\dfrac{1}{l^2}\right]$<br>$a_2 = [\gamma_1E_1A_1(h_1 + h_2) - \gamma_3E_3A_3(h_2 + h_3)]/2(\gamma_1E_1A_1 + \gamma_3E_3A_3 + E_2A_2)$<br>如果 $a_2$ 为正：<br>$a_1 = \dfrac{h_1 + h_2}{2} - a_2$<br>如果 $a_2$ 为负：<br>$a_1 = \dfrac{h_1 + h_2}{2} + a_2$<br>且<br>$a_3 = \dfrac{h_1 + h_3}{2} + h_2 - a_1$ |

续上表

| 图 11.3 的剖面图 | 绕 $y$-$y$ 轴的有效抗弯刚度 $(EI)_{ef,y}$ [a](特性和尺寸见图 *B.1*) |
|---|---|
| 组合截面(C) | $(EI)_{ef,y}=E_1\frac{A_1h^2}{12}+E_2\frac{A_2h_2^2}{12}+E_2\frac{A_3h_3^2}{12}+\gamma_1E_1(A_1)a_1^2+E_2(A_2)a_2^2+\gamma_3E_3(A_3)a_3^2$<br>式中:<br>$\gamma_1=1/\left[1+\pi^2\frac{E_1}{2}(A_1)\left(\frac{s_1}{K_1}\right)\frac{1}{l^2}\right]$<br>且<br>$\gamma_3=1/\left[1+\pi^2\frac{E_1}{2}(A_3)\left(\frac{s_3}{K_3}\right)\frac{1}{l^2}\right]$<br>$a_1$、$a_2$ 和 $a_3$ 是截面 A 和 B 定义的 |
| 组合截面(D) | $(EI)_{ef,y}=E_1\frac{A_1^2}{12}+E_2\frac{A_2^2}{12}+\gamma_1E_1(A_1)a_1^2+E_2(A_2)a_2^2$<br>其中<br>$\gamma_1=1/\left[1+\pi^2E_1(A_1)\left(\frac{s_1}{K_1}\right)\frac{1}{l^2}\right]$<br>且<br>$a_2=\gamma_1E_1A_1(h_1+h_2)/2(\gamma_1E_1A_1+E_2A_2)$<br>$a_1=\frac{h_1+h_2}{2}-a_2$ |
| 数据来源于 EN 1995-1-1。<br>[a]构件界面是胶合的,$\gamma=1$,面积 $A_1=b_1h_1$,$A_2=b_2h_2$,$A_3=b_3h_3$ | |

间距 $s_1$ 和 $s_2$ 是图 *B.1* 中定义的紧固件间距,对于截面 A 和截面 C,在相关公式中值分别为 $s_1/2$ 和 $s_2/2$ 。

### 11.3.7 正应力

式(*B.7*)和式(*B.8*)给出的应力分别为沿构件 $i$ 高度的轴向应力和构件 $i$ 极限面处的弯曲应力,均由所考虑截面处的力矩 $M$ 引起。轴向应力是由构件 $i$ 的轴向应变引起的,轴向应变是在受弯状态下由构件间的相对滑移产生的。弯曲应力是由构件根据所受弯矩的比例而产生的应力引起的。

每个构件中,轴向应力和弯曲应力组合在一起形成了整个截面最终设计弯曲应力分布。并且,在截面的任何位置组合应力都不宜超过材料的抗弯强度设计值。抗弯强度设计值按本指南第 6 章中的规定进行取值。

### 11.3.8 最大剪应力

最大剪应力出现在梁端,这里剪力为最大值 $V$,在此处弯曲和轴向应力为 0。如图 *B.1* 所示,沿梁高度方向最大剪应力出现在中性轴的位置,并且不应超过本指南第 6 章规定的构件抗剪强度设计值。

同样如附录 A 的规定,式(*B.9*)中的 $h_2^2$ 宜由 $h^2$ 代替($h$ 如图 *B.1* 的应力图所示)。

### 11.3.9 紧固件上的荷载

紧固件上的荷载由式(*B.10*)计算得出,注意图 11.3 中的截面 A 和截面 C,其间距为 $s/2$。

**示例 11.2：机械连接梁的设计**

如图 11.4 所示，一个典型楼盖结构的 T 形截面包含 400mm c/c($b$)宽的楼盖及其下部 20.5mm 厚($h_1$)的加拿大花旗松胶合板翼缘和 75mm($b_2$) ×300mm($h_2$)C24 木腹板，在服役等级 2 的条件下使用。楼盖的有效跨度为 4.5m($L$)，翼缘与腹板之间由直径 3.4mm($d$)的光滑圆钉沿梁长连接，间距为 50mm c/c($s$)。梁的弯矩设计值和剪力设计值分别为 9.60kNm($M_d$)和 8.54kN($V_d$)，均由永久和中期持续可变作用组合作用产生，对于与强度相关的最大应力引起的荷载，$\psi_2$值为 0.3。结果表明，截面的弯曲应力和剪切强度是可接受的，计算固定钉的最大侧向力。胶合板的面纹垂直于楼盖的跨度方向，对于钉，不预钻孔。

胶合板性能：$f_{m,90,k}$=14.4N/mm²；$E_{p,m,90,mean}$=4.32kN/mm²；$\rho_{p,m}$=460kg/m³
木材性能：$f_{m,k}$=24N/mm²；$f_{v,k}$=4.0N/mm²；$E_{0,mean}$=11.0kN/mm²；$\rho_m$=420kg/m³
$k_{mod,med}$=0.8；$\gamma_M$=1.3；$\gamma_{M,ply}$=1.2；$k_{sys}$=1.0；$k_{def}$=0.8；$k_{def,p}$=1.0；(注：对于腹板强度，$k_{sys}$=1.1)

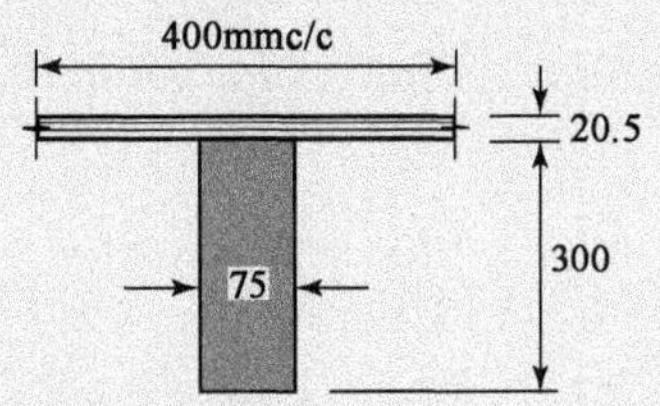


图 11.4　楼盖结构的 T 形截面

刚度特性——胶合板和最终平均值：

$$E_{P,mean,fin}=E_{p,m,90,mean}/(1+\psi_2 k_{def,p})=4.32\times10^3/(1+0.3\times1.0)$$

$$=3.323\times10^3(N/mm^2)$$

$$E_{0,mean,fin}=E_{0,m,90,mean}/(1+\psi_2 k_{def})=11.0\times10^3/(1+0.3\times0.8)$$

$$=8.871\times10^3(N/mm^2)$$

一个钉的滑移模量：

$$K_{ser}=[(\rho_m\rho_{p,m})^{0.5}]^{1.5}d^{0.8}/30=[(420\times460)^{0.5}]^{1.5}\times3.4^{0.8}/30$$

$$=817.65(N/mm)$$

最终平均值：

$$K_{ser,fin}=K_{ser}/[1+\psi_2 2(k_{def}k_{def,p})^{0.5}]=817.65/[1+0.3\times2(0.8\times1.0)^{0.5}]$$

$$=532.1(N/mm)$$

受压翼缘的有效宽度(条款 9.1.2 规定)：　*条款9.1.2*

$$b_{c,ef}=\min[0.1L,25h_1,(b-b_2)]$$

$$=\min[0.1\times4500,25\times20.5,(400-75)]=325(mm)$$

受压翼缘的屈曲长度不应超过板屈曲翼缘宽度的 2 倍：

$$(b-b_2)/2(25h_1)=(400-75)/2\times25\times20.5=0.32$$

满足要求。

几何参数:

$A_1 = bh_1 = 400 \times 20.5 = 8200(\text{mm}^2)$

$A_2 = b_2h_2 = 75 \times 300 = 22500(\text{mm}^2)$

$I_1 = bh_1^3/12 = 400 \times 20.5^3/12 = 287171(\text{mm}^4)$

$I_2 = b_2h_2^3/12 = 75 \times 300^3/12 = 168750 \times 10^3(\text{mm}^4)$

$\gamma_1 = [1 + \pi^2 E_{\text{P,mean,fin}} A_1 s/(K_{\text{ser,fin}} L^2)]^{-1}$

$= [1 + \pi^2 \times 3.323 \times 10^3 \times 8200 \times 50/(532.1 \times 4500^2)]^{-1} = 0.4448$

$\gamma_2 = 1$

$a_2 = \gamma_1 E_{\text{P,mean,fin}} A_1 (h_1 + h_2)/2(\gamma_1 E_{\text{P,mean,fin}} A_1 + E_{0,\text{mean,fin}} A_2)$

$= 0.4448 \times 3.323 \times 10^3 \times 8200 \times (20.5 + 300)/[2 \times (0.4448 \times 3.323 \times 10^3 \times 8200 + 8.871 \times 10^3 \times 22500)] = 9.175(\text{mm})$

$a_1 = (h_1 + h_2)/2 - a_2 = (20.5 + 300)/2 \times 9.175 = 151.08(\text{mm})$

$(EI)_{\text{ef}} = E_{\text{P,mean,fin}} b_1 h_1^3/12 + E_{0,\text{mean,fin}} b_2 h_2^3/12 + \gamma_1 E_{\text{P,mean,fin}} A_1 a_1^2 + E_{0,\text{mean,fin}} A_2 a_2^2$

$= 3.323 \times 10^3 \times 400 \times 25.5^3/12 + 8.871 \times 10^3 \times 75 \times 300^3/12 + 0.4448 \times 3.323 \times 10^3 \times 8200 \times 151.08^2 + 8.871 \times 10^3 \times 22500 \times 9.175^2$

$= 0.95427 \times 10^6 + 1496.98 \times 10^6 + 276.66 \times 10^6 + 16.802 \times 10^6$

$= 1791.39 \times 10^9(\text{kN/mm}^2)$

计算截面的弯曲应力。

胶合板中的最大弯压应力:

$(\sigma_1 + \sigma_{\text{m},1}) = M_{\text{d}} E_{\text{P,mean,fin}} (\gamma_1 a_1 + 0.5h_1)/(EI)_{\text{ef}}$

$= 9.6 \times 10^6 \times 3.323 \times 10^3 \times (0.4448 \times 151.08 + 0.5 \times 20.5)/1791.39 \times 10^9$

$= 1.38(\text{N/mm}^2)$

木材中的最大弯曲应力$(\sigma_2 + \sigma_{\text{m},2})$:

$(\sigma_2 + \sigma_{\text{m},2}) = M_{\text{d}} E_{0,\text{mean,fin}} (a_2 + 0.5h_2)/(EI)_{\text{ef}}$

$= 9.6 \times 10^6 \times 3.323 \times 10^3 \times (9.175 + 0.5 \times 300)/1791.39 \times 10^9$

$= 7.57(\text{N/mm}^2)$

胶合板的抗弯强度设计值:

$f_{\text{m},90,\text{d}} = k_{\text{mod,med}} k_{\text{sys}} f_{\text{m},90,\text{k}}/\gamma_{\text{M,ply}} = 0.8 \times 1.0 \times 14.4/1.2 = 9.6(\text{N/mm}^2)$

$(\sigma_1 + \sigma_{\text{m},1})/f_{\text{m},90,\text{d}} = 1.38/9.6 = 0.14 < 1$

满足要求。

木材的抗弯强度设计值:

$f_{\text{m,d}} = k_{\text{mod,med}} k_{\text{sys}} f_{\text{m,k}}/\gamma_{\text{M}} = 0.8 \times 1.0 \times 24/1.3 = 14.77(\text{N/mm}^2)$

$(\sigma_2 + \sigma_{m,2})/(f_{m,90,d}) = 7.57/14.77 = 0.51 < 1$

满足要求。

梁腹板的最大剪应力设计值：

$$\tau_{v,d} = 0.5E_{0,mean,fin}h^2V_d/(EI)_{ef}$$

$$= 0.5 \times 8.871 \times 10^3 \times 150^2 \times 8.54 \times 10^3/1791.39 \times 10^9 = 0.48(N/mm^2)$$

抗剪强度设计值：

$$f_{v,d} = k_{mod,med}k_{sys}f_{v,k}/\gamma_M = 0.8 \times 1.0 \times 4/1.3 = 2.46(N/mm^2)$$

$$\tau_{v,d}/f_{v,d} = 0.48/2.46 = 0.2 < 1$$

满足要求。

直径为 3.4mm 钉的最大侧向力：

$$F_{v,Rd} = \gamma_1 E_{P,mean,fin}A_1 a_1 sV_d/(EI)_{ef}$$

$$= 0.4448 \times 3.323 \times 10^3 \times 8200 \times 151.08 \times 50 \times 8.54 \times 10^3/1791.39 \times 10^9$$

$$= 436.27(N)$$

（根据第 8 章的规定，小于钉的抗侧强度设计值）。

## 11.4　附录 C（资料性）：组合柱

本附录包含构件由胶和金属紧固件连接的木材、木基产品形成的组合柱的设计。一般要求包含在*条款 C. 1. 1* ~ *条款 C. 2. 3* 中。　***条款C.1.1 ~ 条款C.2.3***

分肢柱是由钉、胶等形式的填块、缀板连接形成的或由*条款 C. 3. 1* ~ *条款 C. 3. 3*中包含的连接件连接形成。*条款 C. 4. 1* ~ *条款 C. 4. 3* 给出了针对胶接或钉接的格构柱的规定。　***条款C.3.1 ~ 条款C.3.3　条款C.4.1 ~ 条款C.4.3***

### 11.4.1　假定

针对组合柱所做的假定为：

- 柱的两端用销钉连接，因此有效柱长为实际柱长 $l$。
- 组合柱的构件是通长的。

柱上仅有的力为沿柱质心轴作用的轴向设计载荷 $F_{cd}$。如*条款 C. 2. 3* 所提及的，当柱上作用由自重或等效力引起的小力矩时，除了轴向荷载外，可考虑相应的影响。　***条款C.2.3***

### 11.4.2　承载力

在轴向荷载和 $y$ 方向挠曲的作用下，对于分肢柱和格构柱（分别如*图 C. 1* 和*图 C. 3* 所示），构件之间没有刚度贡献。对于这种情况，组合柱承载力为各构件的强度之和。每个构件的长细比根据柱在该方向屈曲的有效长度 $l$ 确定，其强度可根据*条款6. 3. 2* 的规定得到。　***条款6.3.2***

在轴向荷载和 $z$ 方向挠曲的作用下，对于分肢柱和格构柱（分别如*图 C. 1* 和*图 C. 3*所示），柱构件之间有刚度贡献。其承载力取决于柱在此方向挠曲的有效长

*条款C.3.2* *条款C.4.2* *条款6.3.2*

细比 $\lambda_{ef}$,对于分肢柱可根据*条款 C. 3. 2* 的要求确定,对于格构柱可根据*条款 C. 4. 2*的要求确定。相关的失稳系数 $k_c$ 从*条款6. 3. 2* 的规定中得出。

当使用组合柱时,附录中没有明确规定设计方法。

因为轴向荷载是沿着重心轴施加的,因此为了确定组合柱中每个构件的应力,横截面处的应变可认为是均匀分布的,本指南建议每个柱构件 $i$ 的应力为:

$$\sigma_{c,0,d,i} = \frac{E_i F_{c,d}}{\sum_{i=1}^{n} E_i A_i} \tag{D11.1}$$

式中,$E_i$ 为第 $i$ 个构件顺纹方向的弹性模量平均值;$F_{c,d}$ 为柱的轴向荷载设计值;$A_i$ 为第 $i$ 个构件的横截面面积。其中所有构件有相同的 $E$ 值,式(D11.1)简化为式(*C.2*)。

如果柱截面由于剖面形状或材料特性关于其 $y$-$y$ 轴对称,如图 11.3 中的截面 A ~ D一样,且柱沿 $y$ 方向挠曲,则本指南建议柱的承载力由截面各构件的强度之和得出。但是,当截面的形状和材料特性均对称时,考虑构件之间的加劲效应,本指南第 11.4.3 节提到的有效长细比 $\lambda_{ef}$ 用于确定柱的强度。同理也适用于组合截面在 $z$ 方向的挠曲,对于如图 11.3 所示的截面,由于它们的材料和剖面均是关于 $z$-$z$ 轴对称的,柱的强度可以采用该方向挠曲的有效长细比确定。这里,各构件界面处为胶接,在第 11.4.3 节中当计算有效抗弯刚度时,$\gamma$ 应取 1。

*条款6.3.2*

每个构件的强度是组合柱相对长细比 $\lambda_{rel,i}$ 的函数。当构件之间没有加劲效应时,每个柱构件的强度是从*条款6. 3. 2* 规定中导出的各构件强度之和。其中,如果加劲,$\lambda_{rel}$ 为第 11.4.3 节定义的有效长细比 $\lambda_{ef}$ 的函数。对于每个构件 $i$,$z$ 方向挠曲的相对长细比 $\lambda_{rel,i,y}$ 和 $y$ 方向挠曲的长细比 $\lambda_{rel,i,z}$ 分别如下所示:

$$\lambda_{rel,i,y} = \frac{\lambda_{ef,y}}{\pi}\sqrt{\frac{f_{c,0,k,i}}{E_{0.05,i}}} \qquad \lambda_{rel,i,z} = \frac{\lambda_{ef,z}}{\pi}\sqrt{\frac{f_{c,0,k,i}}{E_{0.05,i}}} \tag{D11.2}$$

式中,对于柱的每一个构件 $i$, $f_{c,0,k,i}$ 为顺纹方向的轴向抗压强度标准值,$E_{0,05,i}$ 为顺纹弹性模量的5%分位值。

*条款6.3.2*

柱中使用的有关材料采用式(*6.29*)给出的 $\beta$ 值,失稳系数 $k_{c,y,i}$ 和 $k_{c,z,i}$ 根据*条款6. 3. 2*的规定计算。通过得到各个方向的屈曲强度设计值 $k_c f_{c,0,d,i}$。每种材料顺纹方向的轴向抗压强度设计值 $f_{c,0,d,i}$ 从本指南第 6.1.4 节定义的 $f_{c,0,k,i}$ 中确定。

验证要求为,证明对于每一种材料,轴向设计应力不应超过其设计屈曲强度。

### 11.4.3 机械连接柱-有效长细比

构件之间有加劲效应的长度为 $l$ 的组合柱,有效长细比 $\lambda_{ef}$ 为:

$$\lambda_{ef} = l\sqrt{\frac{E_{mean} A_{tot}}{(EI)_{ef}}} \tag{D11.3}$$

式中,$E_{mean}$ 为所有柱构件顺纹方向弹性模量的平均值(不需要考虑每一种材料的面积);$A_{tot}$ 为组合柱的总横截面面积;$(EI)_{ef}$ 为柱的有效抗弯模量,根据*附录*

$B$ 取值，在 11.3 节也有提及。

有效长细比根据柱在轴向荷载效应下产生挠度的方向而有所不同。对于如图 11.3 所示截面形成的组合柱，其在 $z$ 方向的挠度，相对长细比为 $\lambda_{ef,y}$，在这种情况下有效抗弯模量为 $(EI)_{ef,y}$，相应截面的数值在表 11.1 中给出。

对于柱在 $y$ 方向上的挠度，如 11.4.2 节所述，只有组合柱截面在形状和材料特性上关于 $z$-$z$ 轴同时对称时，有效长细比才适用。表 11.2 中提到的截面是对称的，且采用相同材料制成，则有效长细比 $\lambda_{ef,z}$ 为有效抗弯模量 $(EI)_{ef,z}$ 的函数，所使用的相关截面如表中所示。

**图 11.3 中截面绕 $z$-$z$ 轴的有效抗弯刚度值**　　表 11.2

（在*图 B.1* 中有详细描述）

| 图 11.3 剖面图 | 绕 $z$-$z$ 轴有效抗弯刚度，$(EI)_{ef,y}$[a]（材料和尺寸见*图 B.1*） |
|---|---|
| 组合截面 A：<br>$E_1=E_3, b_1=(b_2+b_3), h_1=h_3$ | $(EI)_{ef,z}=2E_1\dfrac{h_1b_1^3}{12}+2E_2\dfrac{h_2(b_2/2)^3}{12}+2\gamma_1E_2\left(h_2\dfrac{b_2}{2}\right)\left(\dfrac{b_1}{2}-\dfrac{b_2}{4}\right)^2$<br>其中<br>$\gamma_1=1/\left[1+\pi^2E_2\left(h_2\dfrac{b_2}{2}\right)\left(\dfrac{s_1}{2K_1}\right)\left(\dfrac{1}{l^2}\right)\right]$ |
| 组合截面 B：<br>$E_1=E_3, b_1=b_3$ 且 $h_1=h_3$ | $(EI)_{ef,z}=2E_1\dfrac{h_1b_1^3}{12}+E_2\left(\dfrac{h_2b_2^3}{12}\right)$ |
| 组合截面 C：<br>$E_1=E_3, b_1=b_3, h_1=h_3$ | $(EI)_{ef,z}=4E_1\dfrac{h_1(0.5b_1)^3}{12}+E_2\dfrac{h_2b_2^3}{12}+4\gamma_1E_1(h_10.5b_1)\left(\dfrac{b_2}{2}+\dfrac{b_1}{4}\right)^2$<br>其中<br>$\gamma_1=1/\left[1+\pi^2E_1(h_1b_1)\left(\dfrac{s_1}{2K_1}\right)\dfrac{1}{l^2}\right]$ |
| 数据来源于 EN 1995-1-1。<br>[a]其中，构件界面胶合在一起，$\gamma=1$ | |

## 11.4.4　机械连接柱-紧固件上的荷载

由于组合柱的平面外变形，连接柱构件的紧固件会受到横向荷载，紧固件荷载从*条款 B.5* 的要求中得出。式（*B.10*）中设计剪力值 $V_d$ 从式（*C.5*）中获得，并且取决于与弯曲轴相关的相对长细比。 ***条款 B.5***

## 11.4.5　带填块或缀板的分肢柱

分肢柱的允许布置如*图 C.1* 所示，填块或缀板可以用于连接柱肢。柱假设是钉连接的，并且通过在 $y$ 和 $z$ 方向上的移动有效地保持在柱末端的位置。

对于分肢柱的 $z$-$z$ 轴，高度为 $b$、厚度为 $h$ 的柱轴，表现为有效长度 $l$ 的单个木材截面，各柱肢绕该轴的长细比为：

$$\lambda_1=\sqrt{12}\frac{l}{b}$$

关于分肢柱的 $y$-$y$ 轴，柱肢通过填块/缀板加劲，关于这个轴变形的有效长细比 $\lambda_{ef}$ 是基于格构柱绕此轴的半组合性能的长细比 $\lambda$ 的函数，绕弱轴的每个柱肢的长细比 $\lambda_1$ 需要考虑填块和缀板的固定度。$\lambda_{ef}$ 从式（*C.10*）中获得，以确保其符合关于 $y$-$y$ 轴的临界设计条件，式（*C.10*）中的 $\lambda_1$ 值不得小于 30。

*条款6.3.2* 分肢柱设计强度为 $k_c f_{c,0,d}$，其中 $k_c$ 根据*条款6.3.2* 的规定取值。如本指南 6.3.2 节所述，并采用 $\lambda_z$ 和 $\lambda_{ef}$ 中的较大值。根据本指南第 6.1.4 节所述，顺纹设计抗压强度 $f_{c,0,d}$ 从柱肢材料顺纹的抗压强度标准值中得到。

对于受轴向荷载 $F_{c,d}$ 作用的由 $n$ 个构件组成的分肢柱，柱的压应力 $\sigma_{c,0,d}$ 为 $F_{c,d}/nbh$，验算要求为 $\sigma_{c,0,d} \leq k_c f_{c,0,d}$。

当分肢柱在 $z$ 方向有挠度时，填块和缀板会受到如*图C.2* 所示的剪力，图 C.2 的 $T_d$ 值从式(*C.13*)中获得。该剪力为 $V_d$ 的函数，从式(*C.5*)中获得，公式中有效长细比 $\lambda_{ef}$ 的值可以从式(*C.10*)中获得。除了验算填块/缀板的剪力不得超过剪力作用下的强度，柱肢的连接必须满足剪力和该剪力引起的弯矩的共同作用。

### 11.4.6　胶接或钉接的格构柱

在格构柱中，如*图C.3* 所示，两个杆件通过支撑构件支撑在一起，形成 N 或 V 形桁架布置。每侧的支撑必须具有相同的布置，但是可以沿柱子偏移 $l_1/2$ 的距离，其中 $l_1$ 是支撑的跨长度。与分肢柱一样，这些柱也被假定为铰接，并通过在两端的 $y$ 和 $z$ 方向上的变形而有效地保持在相应位置。

对于格构柱的 $z$-$z$ 轴，图 11.5 中宽度为 $b$、高度为 $h_1$ 的柱翼缘表现为有效长度为 $l$ 的单个木材截面，绕该轴的每个翼缘的长细比为：

$$\lambda_{zz} = \sqrt{12}\frac{l}{b}$$

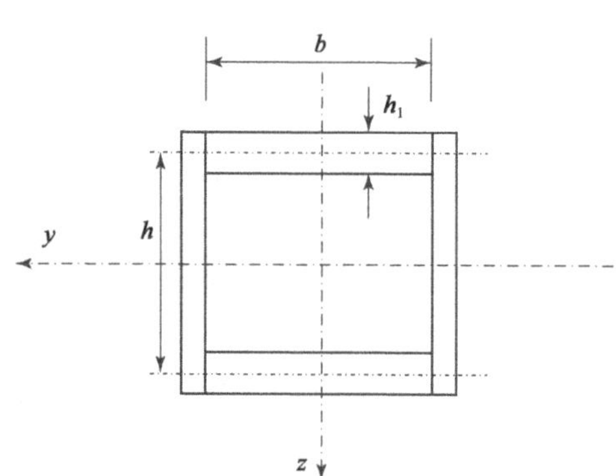


图 11.5　格构柱-构件尺寸

关于 $y$-$y$ 轴，会有翼缘绕其弱轴局部破坏的风险，作为组合截面使用时也会破坏。对于局部破坏，当节点位置间有屈曲时，要求每个翼缘绕其弱轴的长细比不大

*条款C.4.1(2)* 于 60，*条款C.4.1* (2) 中假定之一为翼缘不发生局部屈曲。

*条款C.4* 虽然*条款C.4* 中没有明确要求，但本指南建议采用翼缘绕其弱轴的实际长细比为：

$$\lambda_z = \sqrt{12}\frac{l_1}{h_1}$$

式中，$l_1$ 如*图C.3* 所示，是强度评估的一部分。对于组合截面绕 $y$-$y$ 轴的屈曲，有效长细比 $\lambda_{ef}$ 为从式(*C.14*)得到的最大值，对于分肢柱，其为固定度的函数，固定度由支撑的固定类型以及支撑的形状提供。

格构柱的强度设计值为 $k_c f_{c,0,d}$，其中 $k_c$ 根据条款 *6.3.2* 得出，如本指南第 6.3.2 节所述，并采用 $\lambda_z$、$\lambda_{zz}$ 和 $\lambda_{ef}$ 中的最大值。$k_c$ 从第 11.4.5 节关于分肢柱的描述中得到。　条款 *6.3.2*

对于承受轴向荷载 $F_{c,d}$ 的格构柱，柱的压应力 $\sigma_{c,0,d}$ 为：

$$\sigma_{c,0,d} = \frac{F_{c,d}}{2bh_1}$$

验算要求为 $\sigma_{c,0,d} \leq k_c f_{c,0,d}$。

对于格构柱在 $z$ 方向上的挠曲，可有作用于柱的剪力 $V_d$。该剪力从式（*C.5*）中得到，式中有效长细比 $\lambda_{ef}$ 的值从式（*C.14*）中得到。柱肢及格构支撑中连接处的力，从该剪力中得到。

**示例 11.3：分肢柱设计**

如图 11.6 所示，一个 5.6m 长（$L$）的分肢柱，由 3（$n$）个 97mm（$h$）× 220mm（$b$）的等截面柱肢组成。分肢柱在柱端铰接，并在这些位置处横向固定。柱由 C24 木材制成，在服役等级 2 的条件下使用，采用 2 个 6mm 厚的缀板和直径为 6mm 且无预钻孔的钉连接木柱肢。验算分肢柱能够支撑 28.8kN（$F_{c,d}$）的组合荷载设计值，根据 EN 1995-1-1 的规定，基于永久作用和短期持续可变作用的组合，并且计算将缀板紧固件和缀板设计为能够承受相应的设计力。

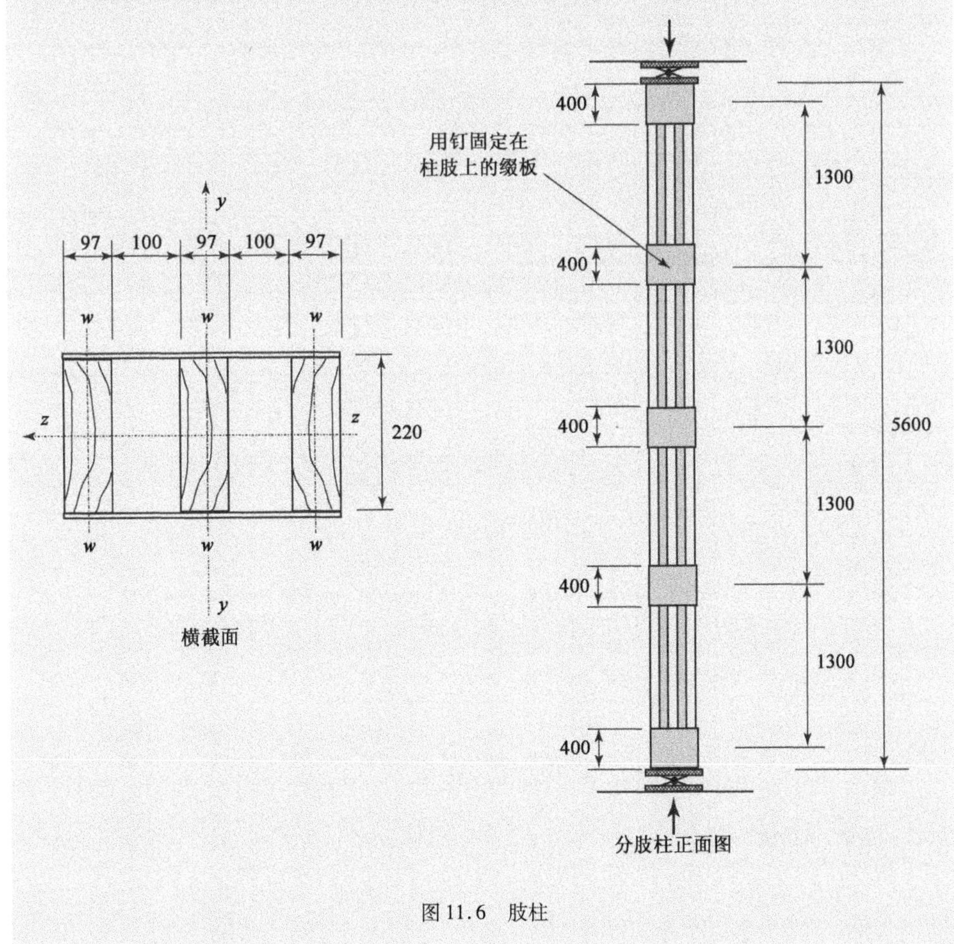


图 11.6　肢柱

木材性能和一般问题:$f_{c,0,k}=21\text{N/mm}^2$;$\rho_k=350\text{kg/m}^3$,$E_{0.05}=7.4\text{kN/mm}^2$;

*条款C.3.1(2)* $k_{mod}=0.9$;$k_{sys}=1$;$\gamma_M=1.3$;$\beta=0.2$。截面符合条款*C.3.1*(2)的详细要求,且从 表*C.1*可知 $\eta=4.5$。

计算几何参数。

柱肢间净距为:

$a=100\text{mm}$

$A_{tot}=3hb=3\times97\times220=64020(\text{mm}^2)$

绕 $z$-$z$ 轴的有效长度为:

$L_Z=L=5600\text{mm}$

缀板间柱肢的有效长度为:

$L_{shaft}=1300\text{mm}$

分肢柱绕 $z$-$z$ 轴的截面惯性矩为:

$I_z=3hb^3/12=3\times97\times220^3/12=25821.4\times10^4(\text{mm}^4)$

$i_z=(I_Z/A_{tot})^{0.5}=(25821.4\times10^4/64020)^{0.5}=63.51(\text{mm})$

$\lambda_z=L_z/i_z=5600/63.51=88.18$

柱肢绕 $w$-$w$ 轴的截面惯性矩为:

$I_w=bh^3/12=220\times97^3/12=16732.34\times10^3(\text{mm}^4)$

$i_w=(I_w/bh)^{0.5}=(16732.34\times10^3/220\times97)^{0.5}=28.00(\text{mm})$

$\lambda_w=L_{shaft}/i_w=1300/28.00=46.43$

超过30,满足要求。

分肢柱绕 $y$-$y$ 轴的截面惯性矩为:

$I_{tot}=b[(3h+2a)^3-(h+2a)^3+h^3]/12$

$=220\times[(3\times97+2\times100)^3-(97+2\times100)^3+97]/12=1706565.14\times10^3(\text{mm}^4)$

$\lambda=L(A_{tot}/I_{tot})^{0.5}=5600\times[64020/(1706565.14\times10^3)]^{0.5}=34.30$

$\lambda_{ef}=(\lambda^2+\eta n\lambda_w^2/2)^{0.5}=(34.30^2+4.5\times3\times46.43^2/2)^{0.5}=125.4$

分肢柱的最大长细比为:

$\lambda_{max}=\max(\lambda_w,\lambda_{ef},\lambda_z)=\max(46.43,125.4,88.18)=125.4=\lambda_{ef}$

所以,绕 $y$-$y$ 轴出现屈曲。

压应力设计值为:

$\sigma_{c,0,d}=F_{c,d}/A_{tot}=28.8\times10^3/64020=0.45(\text{N/mm}^2)$

绕 $y$-$y$ 轴的失稳系数为:

$\lambda_{rel,y}=\lambda_{ef}(f_{c,0,k}/E_{0.05})^{0.5}/\pi=125.4\times(21/7400)^{0.5}/\pi=2.126$

$k_y = 0.5[1 + \beta(\lambda_{rel,y} - 0.3) + \lambda_{rel,y}^2] = 0.5[1 + 0.2(2.126 - 0.3) + 2.126^2]$

$= 2.943$

$k_{cy} = 1/[k_y + (k_y^2 - \lambda_{rel,y}^2)^{0.5}] = 1/[2.943 + (2.943^2 - 2.126^2)^{0.5}] = 0.201$

抗压强度设计值为：

$f_{c,0,d} = k_{mod} k_{sys} f_{c,0,k} / \gamma_M = 0.9 \times 1.0 \times 21/1.3 = 14.54(N/mm^2)$

分肢柱的屈曲强度设计值为：

$k_{c,y} f_{c,0,d} = 0.201 \times 14.54 = 2.92$

$\sigma_{c,0,d} / k_{c,y} f_{c,0,d} = 0.45/2.92 = 0.15 < 1$

故满足要求。

计算剪力和力矩设计值（在缀板和钉连接处）分别为 $0.5T_d$ 和 $M_{g_d}$。

根据式（*C.5*），$\lambda_{ef} = 125.4$：

$V_d = F_{c,d} / 60k_{c,y} = 28.8 \times 10^3 / (60 \times 0.201) = 2388.1(N)$

根据式（*C.13*），$0.5T_d$（每个柱肢的连接剪力设计值）和 $M_{g_d}$（每个柱肢缀板和连接抵抗的力矩设计值）分别为：

$0.5T_d = 0.5V_d L_{shaft} / (a + h) = 0.5 \times 2388.1 \times 1300/(100 + 97)$

$= 7879.52(N)$

$M_{g_d} = 0.5T_d(a + h)2/3 = 7879.52 \times (100 + 97) \times 2/3$

$= 1034.84 \times 10^3 (Nmm)$

在每个缀板处，剪力和力矩取上述值的一半。

# 第12章　木材受火(EN 1995-1-2)

## 12.1　引言

木材的结构防火设计规定见 EN 1995-1-2(BSI,2004),完全超出了本指南的范围。但是,对设计方法进行简单汇总是有用的,尤其是与未采取保护措施的承重木结构的耐火时间有关时。根据 Eurocode 体系,不同结构标准的防火部分本质上是补充主要材料标准,只涉及被动防火的特定方面。比如,不包括自动喷淋系统的安装,或者与建筑使用功能有关的条件。

*条款2.4.1(6)*

EN 1995-1-2 基于计算结果提出设计规定,同时保留基于试验结果的常规设计方法[*条款 2.4.1(6)*]。比如,这种备选方法通常用于确定防火分区的防火分隔。

EN 1995-1-2 也有国家附件(BSI,2006a),其不建议使用标准的某些附录。

## 12.2　设计基础

EN 1995-1-2 确定了结构在火灾情况下的两种基本功能:

■ **力学抗力**,结构能保证其暴露在火灾期间的承重功能(准则 R)。

■ **防火分隔**,结构构件形成了防火分区的边界,从而保证在火灾情况下,防火分区的分隔功能(准则 E)或者绝缘功能(准则 I)。

如上所述,本章仅涉及承重功能。标准中主要提供了两种设计方法:

■ **名义暴火**,一定时间范围内构件能维持其承重功能—结构构件的相关耐火时间(比如 0.5h 或 1h)通常由国家法规规定。

■ **参数火灾**,考虑火灾的发展,包括衰退阶段。

本章仅涉及暴露在名义火灾下的结构构件设计。

## 12.3　木材受火性能

木材燃烧过程为木材(可燃物)和氧气(空气中的)之间的一系列的快速化学反应。这个过程产生大量的热(也包括光和明火)。燃烧产生的条件,可燃物、空气和热量缺一不可:移除其中任意一个燃烧条件,燃烧立即停止。

木材受热时,会释放气体。气体点燃,需要引火源达到 250 ~ 300℃ 的温度。尽管没有火源,但是温度升高则可能发生自燃,就像火灾辐射加热远处的木屑一样。一旦点燃,燃烧的气体会加热与其相邻的木材,燃烧不断进行。热量从火焰向未燃烧的材料传递主要是由于火焰的热辐射作用和热对流导致的。将燃烧物的方向从水平改为垂直,显示不同的热传导模式。因为木材是较好的绝缘体,热量回流到未燃烧的木材中只起次要作用。

随着气体的燃烧,剩下的木炭大部分是纯碳。木炭在形成过程中,体积膨胀形成微小的孔洞。因此,它是一种很好的绝缘体,并且木材在炭化层后很短距离处几乎没有损坏。这种炭化层具有控制燃烧速率的作用,在恒定的燃烧温度下,炭化深度与时间呈线性关系,称为炭化速率。

很显然,炭化速率与木材密度和火灾温度有关。燃烧曲线,即不同可燃物燃烧温度随时间变化的曲线在 EN 1363(BSI,1999,2012)中给出。标准燃烧曲线是纤维素的燃烧曲线,是通常用于建筑火灾的曲线,也是标准炭化率的基础。但是,如果一个未封闭的木结构框架储存大量的石化产品,则应考虑具有较高炭化率的碳氢化合物的燃烧曲线。

## 12.4　火灾中的作用

火灾是偶然状况,Eurocode 0 中给出了组合作用的设计值:

$$\sum_{i>1} G_{k,j} + (A_d) + \psi_{1,1} + Q_{k,1} + \sum_{i>1} \psi_{2,i} Q_{k,i} \quad [\text{EN 1990:6.11(b)}]$$

$(A_d)$值可以忽略,因为其不适用火灾发生后的状况。在偶然状况下,所有作用和材料的分项系数值均为 1.0,因此,也可以省略。

经过计算很可能已经确定了常温条件下的作用组合,条款*2.4.2(3)*给出了折减系数 $\eta_{fi}$的表达式,可用于分析结果,给出火灾状况的折减值。条款*NA*(*2.4*)不允许折减系数小于 0.4。如果条件允许,作为简化,$\eta_{fi}$(条款*2.4.2* 注 2)可以取 0.6。

*条款2.4.2(3)*
*条款NA(2.4)*
*条款2.4.2*

## 12.5　火灾下材料性能设计值

火灾情况下,强度设计值可通过下式计算:

$$f_{d,fi} = k_{mod,fi} \frac{f_{20}}{\gamma_{M,fi}} \tag{2.1}$$

式中,$f_{d,fi}$为火灾强度设计值;$f_{20}$为标准温度下强度性能的 20% 分位值;$k_{mod,fi}$为火灾修正系数;$\gamma_{M,fi}$为火灾中木材安全分项系数。

在下面描述的折减横截面法中,$k_{mod,fi}$(用来代替常温设计的修正系数 $k_{mod}$)可以取 1.0。如上所述,火灾中材料特性的推荐安全分项系数取 1.00。这样,火灾下材料强度设计值可以基于 20% 的分位值取值。标准的表*2.1* 中给出了 $k_{fi}$的参考值,$k_{fi}$是一个可以将标准值从 $f_{05}$升为 $f_{20}$的参数。比如,对于实木,其值可以取 1.25。

## 12.6　炭化速率和构件截面折减

对于暴露在标准火灾下无防火保护措施的木构件,其炭化速率可视为不随时变化。对于大构件,或者炭化只出现在构件的一侧,被称作一维炭化速率 $\beta_0$。更常见的情况是,构件炭化出现在多个面甚至所有面,名义炭化速率 $\beta_n$ 要考虑到转角和裂缝处的额外损失。$\beta_0$ 和 $\beta_n$ 的值在 *表3.1* 中给出。比如,对于实木,$\beta_n$ 的值可以取 0.8mm/min。

暴火时间为 $t$ 时,炭化深度 $d_{char,n}$ 为:

$$d_{char,n} = \beta_n t \tag{3.2}$$

与 $d_{char,0}$ 有类似的表达式(图 12.1)。

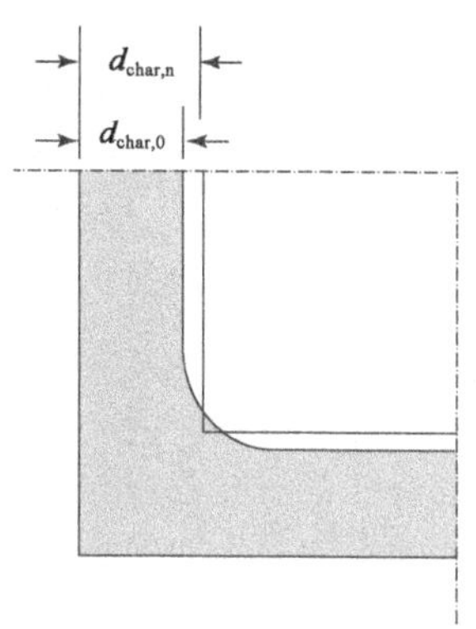


图 12.1 炭化深度[基于 EN 1995-1-2(*图3.2*),在英国标准化委员会授权下复制]

*条款3.4.3*

*条款3.4.3* 详细阐述了构件表面初期防火保护的相关规定。

在下面描述的折减横截面法中,有效炭化深度 $d_{eff}$ 可通过下式确定:

$$d_{eff} = d_{char,n} + k_0 d_0$$

*条款3.4.2(2)*

式中,$d_{char,n}$ 由 *条款3.4.2(2)* 给出,$t \geq 20$min 时,$d_0 = 7$mm,$k_0 = 1$( *表4.1*)。炭化线下的附加层假设强度为 0。在这层以内,认为木材未被火灾损害。

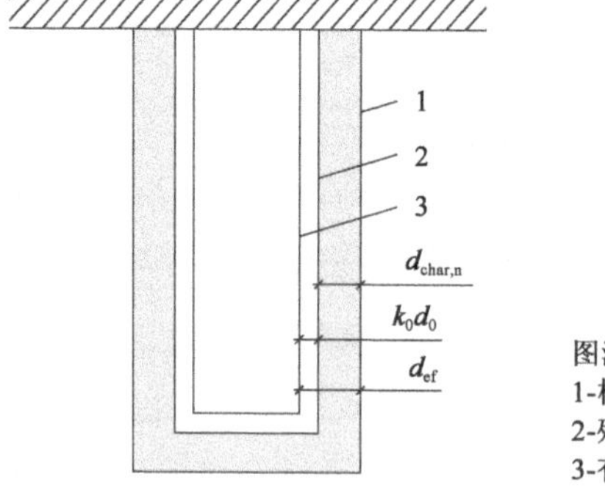


图 12.2 残余截面和有效截面的定义。(基于 EN 1995-1-2 *图4.1*,得到英国标准化委员会 EN 1995-1-1 2004 的授权复制)

炭化速率在 *表4.1* 中给出。胶合构件要求在相应的时间内保持胶黏剂的整体性。符合 EN 301(BSI,2006b)的苯酚-甲醛和 1 类氨基-塑料胶黏剂可满足上述要求,其他胶黏剂软化温度远低于木材的炭化温度。

## 12.7　暴露在火灾中的木构件强度设计方法

此方法基于以下假定:已证明构件在正常条件下具有足够强度。EN 1995-1-2 给出了两种计算方法:**折减性能法**(*条款4.2.3*)和**折减截面法**(*条款4.2.2*)。标准和英国国家附件推荐后一种方法。计算顺序见下文。此方法适用于无节点构件,如梁或者柱。 *条款4.2.3* *条款4.2.2*

(1)根据国家规定确定所需耐火时间 $t$(min)。

(2)(本指南第 12.4 节)确定火灾情况下构件的作用设计值,依据为:

—EN 1990 中的公式;

—将折减系数应用于常温值。

(3)(第 12.5 节)确定相关材料性能的火灾设计值。

(4)(第 12.6 节)计算有效炭化深度,以及构件的残余截面。

(5)计算折减截面的应力设计值。

(6)计算相关强度设计值,检验是否大于或等于应力设计值。

在折减截面的分析中:

■ 横纹受压,矩形和圆形截面的受剪可以忽略不计(*条款4.3.1*)。 *条款4.3.1*

■ 切口梁应当在切口附近有至少 60% 常温设计要求横截面的残余截面。

■ 对于有支撑的构件,这也应验算相应的耐火时间(*条款4.3.2*)。如果支撑的残余面积为常温设计要求初始值的 60%,并且通过金属紧固件固定,可假定不会失效。否则,应验算构件无支撑的条件。 *条款4.3.2*

## 12.8　连接

木结构设计中,大部分连接是由金属件制成的,如钉、螺钉、螺栓,有时与金属板结合使用,如搭接或拼接。但是,钢材受火特性与木材完全不同。钢材具有很好的导热性,尽管它到 1100℃ 时才融化,但是在 600℃ 左右(在标准火灾曲线下 10min 就可以达到)其强度就已经损失了 50%。因此,木构件之间的钢连接在火灾中是非常薄弱的,即使只是部分暴露在火灾中。

典型紧固件的耐火时间规定在 *第6* 章中给出,涵盖了钉、螺栓和螺钉等。即使这些紧固件只是端头部暴露在火灾中,它们仍然被分在无保护一类。此类**无保护措施连接**的耐火极限规定,其间距、边距和端距应符合标准第 1-1 部分(第 8 章)的规定要求,*见表6.1*。可以看出,它们只有 15 ~ 20min 的耐火极限。对于端头无保护措施的紧固件,*条款6.2.1.1*(2)给出了通过增加木构件的厚度、端距和边距来增加耐火时间(最多 30min)的规定。 *条款6.2.1.1(2)*

耐火极限超过 30min 时通常需要**有保护措施的连接**。保护措施通常以以下方式实现:

■ 在紧固件端头开凹槽,并用胶合木塞填充凹槽。

■ 用木板、木基板或石膏板覆盖整组紧固件(必要时可凹入)。

*条款6.2.1.2*　针对这几种保护形式的规定见*条款6.2.1.2*。这些规定包括了固定面板的方法,以防止其过早失效。

*条款6.2.1.3*　对于包含**内置钢板**的连接,*条款6.2.1.3* 给出了厚度和边缘保护的相关规定,从而保证耐火极限时间能够达到60min。

*条款6.3*　如上所述,紧固件的保护应单独考虑。*条款6.3* 包含外**钢板**拼接的规定。对于无保护措施的钢板,其设计可参考 EN 1993-1-2(BSI,2005)的钢节点防火部分。其中,规定了提供保护所必需的盖板的厚度。

第7章给出了与 EN 1995-1-2 相关的不同建筑形式的详细规定。

**例 12.1:裸露木梁的耐火极限**

该梁为 GL 28 针叶胶合木,跨度 4.5m,且带有防火楼板(图 12.3)。梁间受荷宽度为 2.5m。

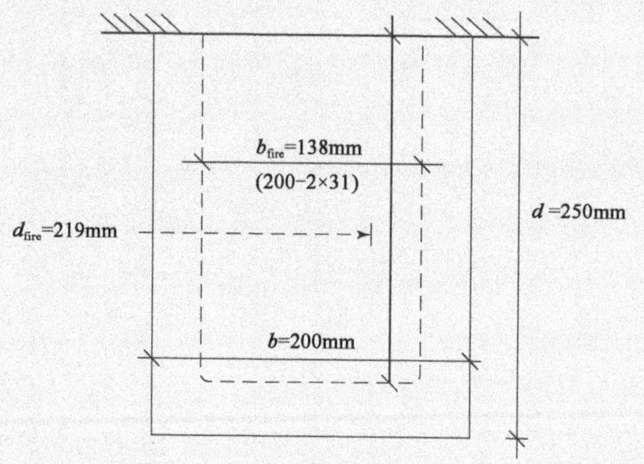


图 12.3　裸露的木梁

荷载:自重 =1.75kN/m$^2$(永久荷载);叠加荷载 =2.5kN/m$^2$(中期荷载)。

要求暴火时间为 30min。

**常温分析**

$G_k = 2.5 \times 4.5 \times 1.75 = 19.7(\text{kN})$

$Q_k = 2.5 \times 4.5 \times 2.5 = 28.1(\text{kN})$

$F_d = \gamma_G G_k + \gamma_Q Q_k = 1.35 \times 1.97 + 1.5 \times 28.1 = 68.7(\text{kN})$

看作均布荷载。

$M_d = F_d \times 4.5/8 = 68.7 \times 4.5/8 = 38.6(\text{kN/m})$

$\sigma_{m,d} = M_d/Z = 38.6 \times 10^6/2.08 \times 10^6 = \mathbf{18.5(N/mm^2)}$

$f_{m,k} = 28\text{N/mm}^2, k_{mod} = 0.8, k_n = 1.09,\ \gamma_m = 1.25$

$f_{m,d} = 28 \times 0.8 \times 1.09/1.25 = \mathbf{19.5(N/mm^2)}$

满足要求。

**正截面模量**

$Z_{norm}=200\times250^2/6=\mathbf{2.08\times10^6(mm^3)}$

**$t$=30min 时的折减截面**

针叶胶合木:$\beta_n=0.8$

$d_{char,u}=0.8\times30=24(mm)$

$k_0=1,d_0=7$

因此

$k_0d_0=7$

$d_{el,f}=d_{char,n}+K_0d_0=24+7=\mathbf{31(mm)}$

**火灾情况分析**

$M_{d,fire}=\eta_{fi}M_{d,norm}=0.6\times38.6$

$=23.2(kN\cdot m)$

$\sigma_{m,d,fire}=M_{d,fire}/Z_{fire}$

$=23.2\times10^6/1.1\times10^6=21.0(N/mm^2)$

$k_{mod,fire}=1.1\gamma_{m,fire}=1$

$f_{m,d,fire}=28\times1.1\times1\times0.9=\mathbf{33.5(N/mm^2)}$

满足要求。

**折减截面模量**

$b_{fire}=200-2\times31=138(mm)$

$d_{fire}=250-31=219(mm)$

$Z_{fire}=138\times2192/6=1.1\times10^6(mm^3)$

## 参考文献

BSI(1999)BS EN 1363-2:1999. Fire resistance tests. Alternative and additional procedures. BSI, London.

BSI(2004)BS EN 1995-1-2:2004. Eurocode 5: Design of timber structures-General-Structural fire design. (Incorporating Corrigendum No. 1.) BSI, London.

BSI(2005) BS EN 1993-1-2:2005. Eurocode 3: Design of steel structures-General rules-Structural fire design. BSI, London.

BSI(2006a) NA to EN 1995-1-2:2004. UK National Annex to Eurocode 5: Design of timber structures—General—Structural fire design. BSI, London.

BSI(2006b) BS EN 301:2006. Adhesives, phenolic and aminoplastic, for loading bearing timber structures. Classification and performance requirements. BSI, London.

BSI(2012)BS EN 1363-1:2012. Fire resistance tests-General requirements. BSI, London.

# 第 13 章　多层木框架横隔墙的设计

## 13.1　引言

本章的目的是概述多层木框架横隔墙的设计方法,特别是阐明 PD 6993-1 中的分析设计方法。这种建筑形式被称为平台式框架结构,采用板材和有木板覆盖的格栅地板固定的框架墙板(图 13.1),在木框架结构(*TFC*)(Lancashire 和 Taylor,2011)中有详细叙述。在过去的 50 年里,英国和欧洲的其他地方一直使用这种结构形式,用于由专业公司建造的高至 4 层的住宅,而在英国这些住宅过去大多是砖砌的。

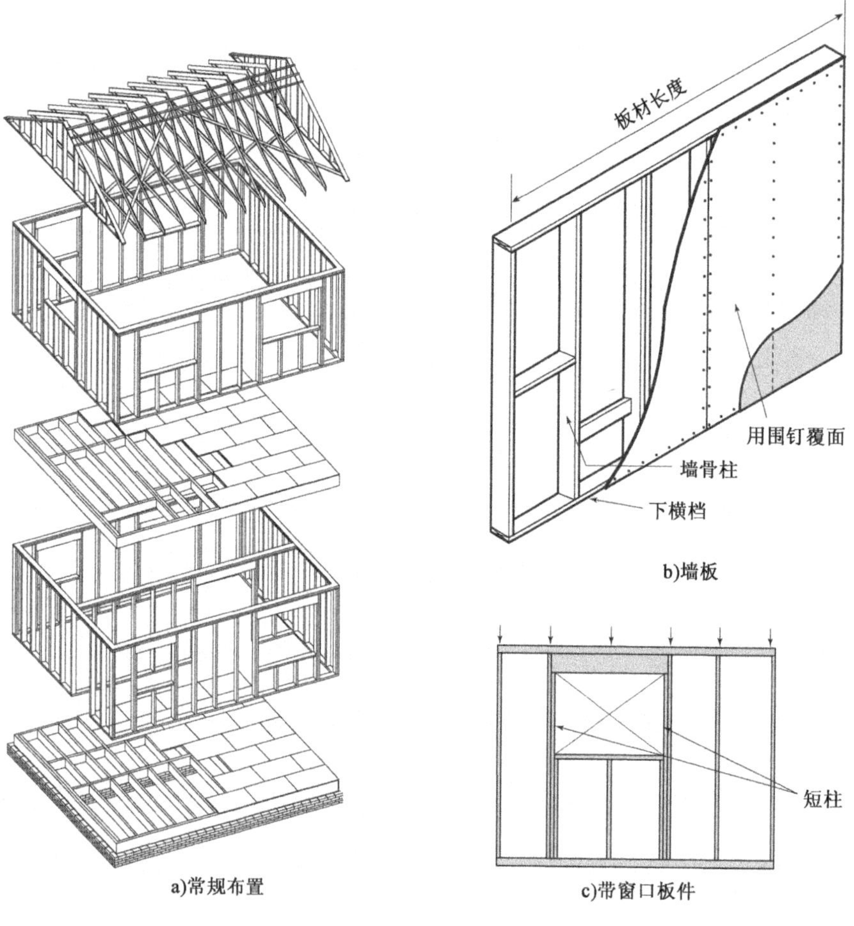


a)常规布置　b)墙板　c)带窗口板件

图 13.1

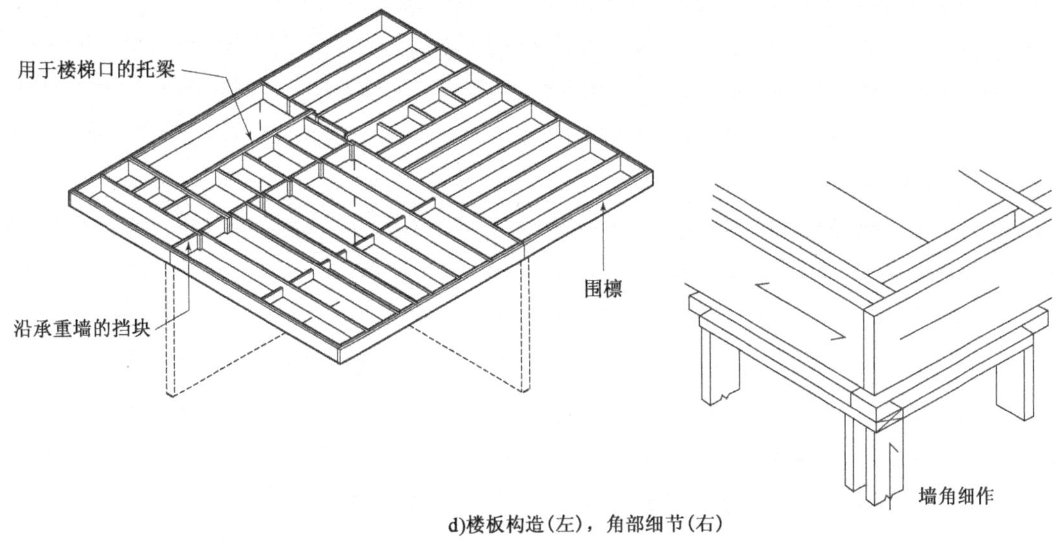


d)楼板构造(左)，角部细节(右)

图　13.1

在此期间,整体建筑性能要求的标准有了显著的提高。1991 年,英国修订了建筑法规,允许这种形式的建筑增加到 7 层楼的高度。虽然本章主要关注框架墙,但以下因素会影响结构形式:

■ **坚固性**:坚固性准则在 EN 1990 条款 2.1(4)P 中给出,“结构的设计和施工方式应保证其不会受到与最初原因不相称的偶然事件的破坏”。对于木框架,坚固性通常是通过在楼板和屋顶层提供有效的连接来实现的。设计指导在 EN 1991-1-7 和《Eurocode 1 设计指南:桥梁上的作用 EN 1991-1-1、EN 1991-1-3 ~1991-1-7》(Gulvanessian 等人,2008)中给出。

■ **热工性能**:在过去的 30 年里,建筑物的隔热要求总体上提高了 4 倍。不仅仅是结构的问题,隔热层的要求厚度可决定外墙的墙骨柱宽度。

■ **隔音性能**:多层建筑的隔音要求越来越高,有时可以通过在住宅边界引入“浮动楼板”,或在楼板施工中引入带断口的夹心墙来满足隔音要求。后者可以限制楼板的承载力来分配竖向建筑构件间的风荷载。

■ **框架含水率变化**:各楼板区域的木材[图 13.1d)]横纹受荷不可避免,由于供暖系统的正式运行,木材中含水率的变化会导致小的竖向挠度(墙板中的墙骨柱顺纹受荷,墙板自身的高度不受含水率的影响)。*TFC* 的图 9.1 中给出了含水率迁移变化的指南。例如,通过使用工程木产品作为楼板结构来减少含水率的变化。

■ **覆面层形式**:4 层以上的建筑通常用砖作为覆面层,作为一个 100mm 厚的单层外叶板,将其重量直接传递到基础上,并通过空腔与木框架的稳定拉结形成墙体的内叶(图 13.2)。砌体砖为结构提供了最适度的挡风效果,应用于 3 层高建筑的计算方法在 PD 6993-1 中给出。对于较高的结构,砖(受热量和湿度变化的影响)和框架(受上述含水率变化的影响)之间的变形差异使开口处的变形难以协调,如需要跨越两叶的窗户(图 13.3)。更高层的建筑通常采用相对轻质的材料将覆面层固定在框架上,比如瓷砖或者抹灰,但能适应每个楼层内小范围的(含水率)变化。覆面层对建筑物没有防风作用,但是它们的自重会增加建筑物的永久荷载。

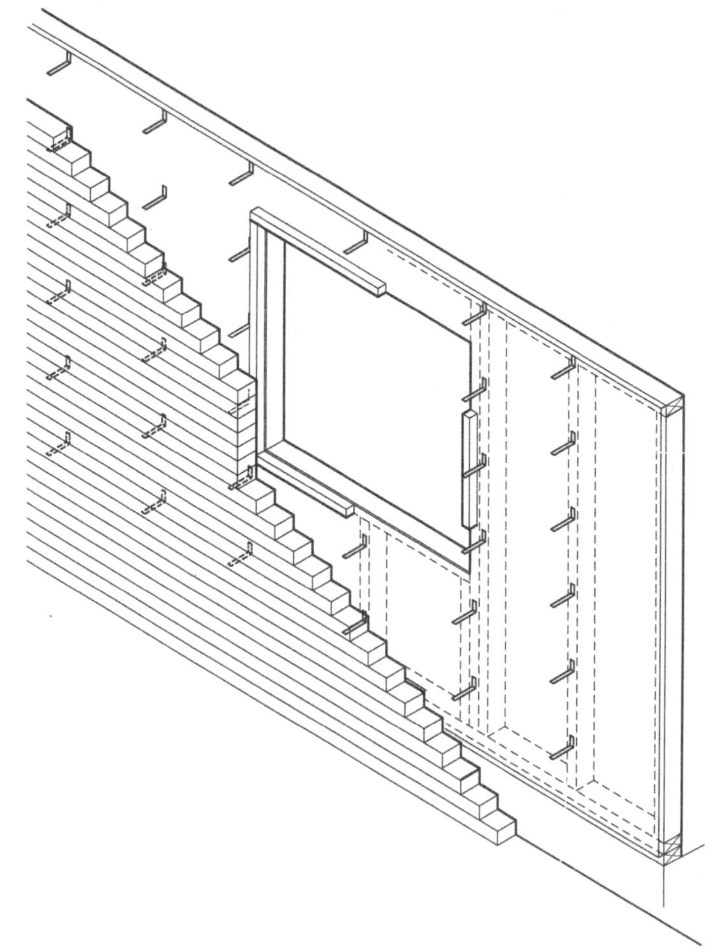

图 13.2 砖墙外叶与木框架的拉结连接

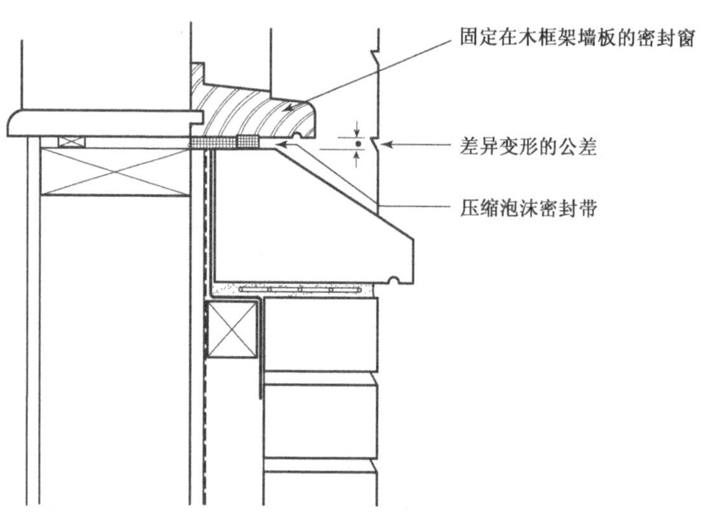


图 13.3 跨越木框架和砖墙外叶之间空腔的窗框

■ **竖向循环**:大部分高层建筑均配置电梯,但是在木结构建筑中,由于上面提到的含水率变化,机械装置可能难以适应楼板水平面的变化。竖向杆件可以用端接板材建造，如旋切板胶合木，从而有效地消除楼板的交叉纹理，但是电梯门门槛需要一些桥接措施以适应主框架的含水率变化。

## 13.2　结构的标准形式

### 13.2.1　墙板

图 13.1b) 显示的是一种典型的墙板，包含：

■ 竖向墙骨柱：最小厚度 38mm，最小高度 72mm，最大间距为 610mm。

■ 顶板（不含胶黏剂）（上面）和底板（下面），钉在墙骨柱两端（作为一个开口）的过梁，由"坡"墙骨柱支承。

■ 覆板：薄板最大宽度 1.2m，钉在墙骨柱的周围和中部。

■ 抗火：由覆盖在墙板（和楼盖拱腹）上的耐火材料提供，一般采用石膏板。

墙板框架承受竖向荷载，但是实际上是水平荷载下的一种机理。对于这种情况，抗侧刚度由钉在框架上的覆面层提供。固定在顶板上的胶黏剂将板连接在一起。

### 13.2.2　楼面板

图 13.1d) 显示的是一种典型的楼面板布置，包含：

■ 搁栅：跨越墙或在墙之间，为实木或专有形式。

■ 配件：如楼梯。

■ 沿承重墙的挡块。

■ 围檩。

为了规范墙板的高度，楼板搁栅的厚度一般是恒定的。挡块和围檩通过楼板承担墙体荷载，围檩还可以构成系统的一部分，防止不成比例的倒塌。

### 13.2.3　基础

假定基础足以承担竖向、水平向和可能出现的上拔荷载，本章不介绍相关内容。

## 13.3　结构墙的布局

### 13.3.1　一般布置

设计人员通常需从建筑平面的墙体整体布局来确定结构墙（如，承重墙）的布置。为了承担竖向荷载，墙体应均匀合理地布置，从而优化使用统一高度的楼板搁栅。为了提供抗风性能，墙体在两个正交方向上的总长度，应能提供足够的抗风倾覆和抗侧承载力，理想情况下单个墙体的长度没有不成比例的差异（图 13.4）。在这个设计方法中，假定墙体在整个高度上处于同一平面。荷载传递系统，如，从一楼向墙体对齐方式中不同的地下，必须进行专门分析。其描述性术语的定义见 PD 6993-1 的图 1。

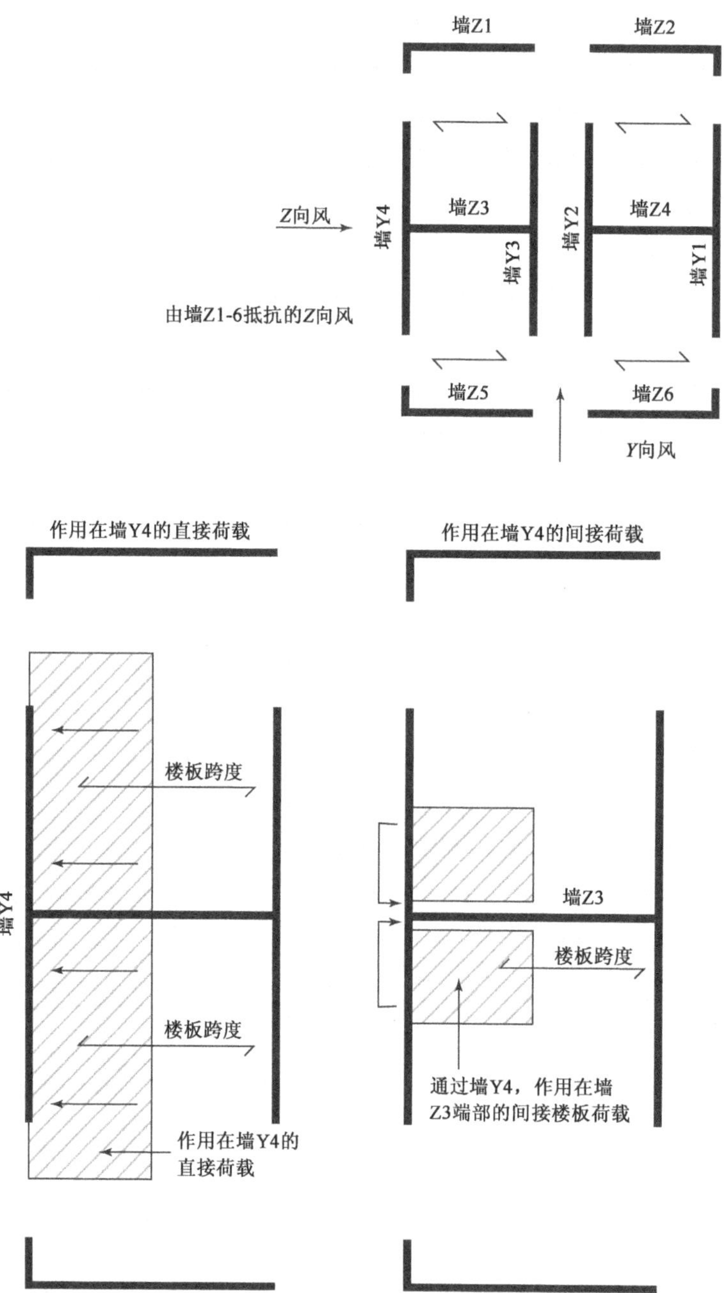


图 13.4　多层建筑简化布局

### 13.3.2　开口

由于高度问题,门可以视为两个独立的墙体横隔之间的隔板。在下文给出的设计方法中,允许在特定尺寸限值内插入窗板,并相应降低墙板的强度。

### 13.3.3　竖向荷载

单面墙上的竖向荷载包括上述墙板自重和来自楼板的荷载的总和。在图 13.4 中的简化布置中,楼板搁栅横跨在 Y4 墙上,直接传递荷载。如果墙 Y4 要求用来抵抗风荷载 $Y$,则可以在墙板上预加载一个 0.5 倍楼板荷载的均布荷载。与之相反,墙 Z3 只承担很少的直接荷载。但是如果要求用来抵抗风荷载 $Z$,只要两面墙之间的转角有足够的连接，它也可以间接地调动楼板荷载。因此，荷载分布必须考虑每一块墙板，甚至每个方向的风荷载。目的是利用所有直接和间接荷载的优势，从而最大化考虑稳定荷载。必须验算在非直接荷载路径上的连接。

### 13.3.4　风荷载

风荷载直接作用在外覆面层上，将荷载传递到直接横跨墙板的楼板上。楼板起到水平隔板的作用(必须对此进行验证)，并将荷载传递到承重墙上。反过来，它们又需要足够的抗侧、抗倾覆和抗滑移能力，以将荷载传递到基础上。

如果墙是对称布置的，墙的长度大致相等(见图 13.4)，然后风荷载可简单地分配到两墙之间。但是，通常情况下墙体的布置如图 13.5 所示。在这里，初步计算表明，墙体在 $Y$ 方向上的承载力是足够的，但结构抗力 $C_R$ 的形心与风力 $C_P$ 的形心不在一条线上，会产生一对不平衡的力偶 $T_E$。这种情况下，有时有可能调用正交墙体上的抵抗力偶 $T_R$，在这种风向下，受荷相对较小，所以 $T_R \geq T_E$。

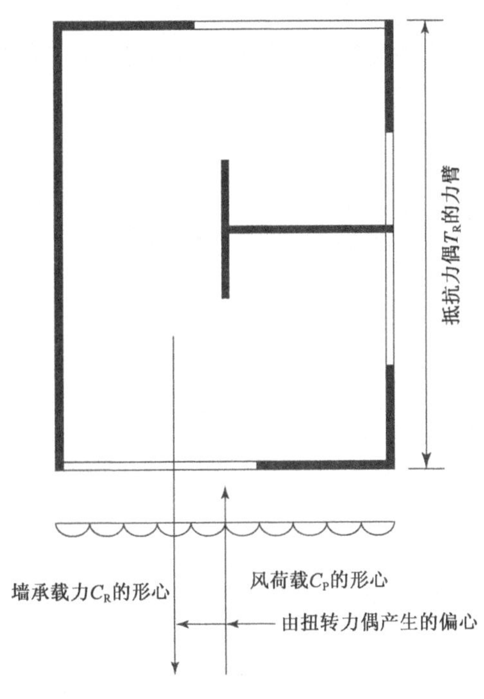


图 13.5　偏心抗风

多层建筑抗风设计通常需要反复迭代。例如，如果一堵墙具有足够的平面长度，那么由于没有永久荷载，证明其抗倾覆能力就会相对较小，如 13.1 节的说明，楼板连续性的间断可能会限制荷载的再分配。短墙和有洞口的墙体还要进行强度折减(分别见 PD 6693-1 条款 21.5.2.3 和条款 21.5.2.8)以考虑其相对较小的刚度。

## 13.4　框架荷载

### 13.4.1　竖向荷载

框架上的竖向荷载一般包括：

■ 框架支撑的所有织物**自重**:EN 1991-1-1 给出了许多建筑材料的密度平均值(用作标准值)。分区是根据布局或作为增加到楼板重量的单位面积余量评估的。需要注意的是,在抗侧和倾覆计算中,没有充分使用的富余量是不安全的。

■ **叠加荷载**:参考 EN 1991-1-1。注意 EN 1991-1-1 国家附件条款 NA 2.6 中多层楼板荷载的折减系数。

■ **屋盖荷载**:屋盖外加荷载参考 EN 1991-1-1 及其国家附件;雪荷载参考 EN 1991-1-3 及其国家附件。

■ **风荷载**:风荷载在屋盖上的可能竖向分量。

### 13.4.2 水平荷载

■ **风荷载**:建筑的四个正交面通常都有风荷载,依据 EN 1991-1- 4 的规定进行计算。

## 13.5 用于墙体分析的荷载工况和荷载分项系数

### 13.5.1 荷载工况

在平面图布局内,楼板荷载和风荷载通过结构墙体汇聚并传递到地基上。每一面墙体都必须分析并验算其抗侧承载力、抗倾覆和抗滑移能力以及墙板强度。通常,需要验算以下荷载组合以确定每面墙体的临界荷载:

■ **荷载工况 1:仅永久荷载加风荷载**。最小的竖向荷载与侧向荷载标准值的组合,给出了临界倾覆、滑移和抗侧条件。因为只有一种可变荷载,因此没有组合荷载工况。荷载的持续时间(因为有风荷载分量)是瞬时的。

■ **荷载工况 2:所有荷载**。组合规定中考虑可变荷载(原则上包括风荷载和楼板上的叠加荷载)。有永久荷载的组合需在建筑背风面施加临界墙骨柱荷载。再一次强调,荷载持续作用是瞬时的。如前所述,对于多层建筑楼板上叠加的荷载需要进行折减。

■ **荷载工况 3:所有竖向荷载**。组合规定和叠加楼板荷载的多层荷载折减会考虑可变荷载(原则上包含楼板和雪荷载)。荷载持续作用是中期的(楼板叠加荷载),或者短期的(雪荷载)。这种荷载组合可能会在受风影响较小的竖向构件处产生临界荷载工况,是一个相对简单的汇总。

### 13.5.2 荷载分项系数

荷载分项系数 $\gamma_G$和 $\gamma_Q$取决于作用效应。当作用产生不利影响(如,在构件中产生应力)时,采用常规数值。作用的有利影响会趋于减小构件中应力,或者稳定结构。它们的取值见 EN 1990 国家附件表 NA. A1.2(A)和表 NA. A1.2(B)。

■ **在所有荷载工况下的可变作用,$\gamma_Q$取为 1.5(不利)或 0(有利)。**

对于平衡计算中采用的永久作用,$\gamma_G$取为 1.1(不利)或 0.9(有利)。但是,框架计算不仅仅是稳定性计算,还要验算其强度。对于这种工况,国家附件给出平衡/强度验算的组合值为 1.35/1.15,但是限制性条款中对荷载的不利情况和有利情况均给出 $\gamma_G = 1.0$,不会产生不利影响。框架的永久荷载几乎总是有利的,因此:

■ **对于平衡/强度验算中的永久作用,$\gamma_G = 1$。**

■ **对于强度验算中的永久作用,$\gamma_G = 1.35$。**

## 13.6　PD 6993-1 条款 21 给出的横隔墙简化分析方法

### 13.6.1　引言

抗侧墙各部件的定义见 PD 6993-1 图 1。抗侧墙的总长度可通过明显的不连续打断,例如门或大窗户,它们有效地将墙分成横隔。对每个横隔的整体高度进行分析:

■ 抗滑移(PD 6693-1,条款 21.4.2)——设计永久荷载下的摩擦阻力(如有必要,可根据风的上拔作用进行调整)和底部横档与下部结构间紧固件连接的侧向承载力之和。

■ 抗侧和抗倾覆(本指南第 13.6.2 节)。

■ 背风端条件(本指南第 13.6.3 节)。

如本指南第 9.2 节所述,PD 6693-1 中的分析适用于穿过底部横档的通过紧固件连接的面板(图 13.6),不通过迎风面墙骨柱拉结带连接,如方法 A 所示。因此,横档紧固件提供的任何约束必须通过底部横档上的面板钉才能有效。

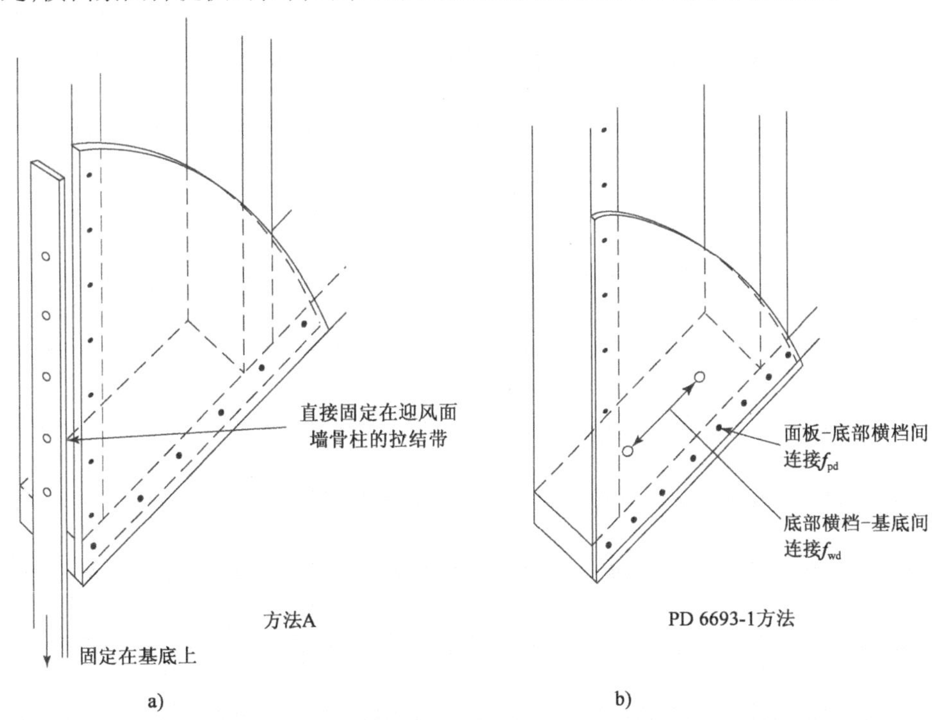


图 13.6　比较方法 A 与 PD 6693-1 中的隔基底固定

### 13.6.2　横隔墙的抗侧和抗倾覆分析

PD 6993-1 条款 21.5 给出的横隔墙抗侧分析,借鉴了 Kallsner 和 Girhammar(2004)提出的塑性下限分析方法,使用如图 13.7 所示的分析模型。横隔的底部横档被牢固地固定在基础支承结构上,在顶部的力臂 $H$ 处施加一个失稳水平力 $F$。

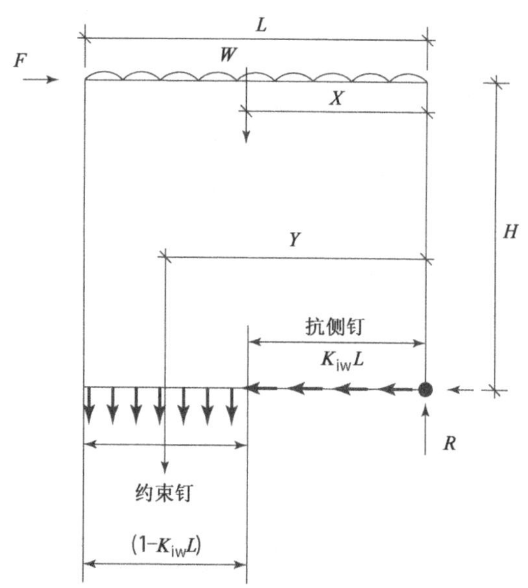


图 13.7　墙体横隔的抗侧分析[根据 PD 6693-1(*图4*),经 PD 6693-1 许可转载,©British Standards Institute,2012]

失稳力会导致背风角 $R$ 的转动,由墙板在力臂 $X$ 处的稳定重量 $W$ 抵抗,一组覆板钉在力臂 $Y$ 的作用下给出了竖向约束。剩下覆板钉用于抵抗水平抗侧力 $F$。有可能通过 $L$、$H$、$W$ 和 $f_p$ 确定 $F$,同时确定钉单位长度的承载力,从而确定 $K_{iw}$ 以及钉在抗侧上的比例。PD 6693-1 中的模型分析假定覆面板是完全刚性的,横隔上的所有荷载传递到下风角。本指南还提出了一个偏不保守的假定,即可以忽略横隔长度范围内覆面板与墙骨柱间竖向连接的剪切破坏。

对于较短的横隔,或者有明显的约束要求时,这种分析结果与测试结果吻合。对于较长的横隔,或迎风端有相对较小的上拔力,该方法在背风端会产生较大的竖向剪力,并且考虑横隔长度内由屈服效应引起的折减,在 PD 6693-1 条款 21.5.2.10中给出了设计的最大背风荷载表达式。

$K_{iw}$的表达式在 PD 6693-1 条款 21.5.2.5 中给出,表达式中各参数如下所示:

■ **紧固件强度**($f_{pd}$):覆面板紧固件单位周长的抗剪承载力设计值在条款 21.5.2.4 的表达式中给出,上述条款将单个紧固件的承载力提高了 20%(钉在 50mm c/c 宽的墙中)~30%(钉在 150mm c/c 宽的墙中)。这是一个通过横隔墙测试结果得出的相关系数。当使用多于一个的覆面板时,其紧固件单位周长的抗剪承载力设计值($f_{pdt}$)由条款 21.5.2.2 的表达式给出。

■ **底部横档-基础连接的影响**：覆面板-下横档连接($f_{pdt}$)和底部横档-基础张力连接($f_{wd}$)为"同一个链中的两个连接"，$\mu$ 为它们的强度比。框架提供的下横档的默认固定通常为 300mm 中心处的钉，钉在拔出时，$f_{wd}$的值较小。如果面板的抗侧计算中发现 $K_{iw}$ 小于 1，则意味着需要使用迎风侧的部分覆板钉抵抗上拔力(图 13.7)，为了获得单位长度的最大抗拉承载力，要求采用 $f_{wd}=f_{pdt}$ 的下横档固定。这种情况下，$\mu=1$。如果预计没有上拔力，如在接近抗侧结构顶部的横隔中，采用底部横档的默认固定，则 $f_{wd}$ 等于单位长度默认固定的抗拔承载力设计值，同时 $\mu$ 值小于 1 适用。

■ **附加覆面层**：起初在同侧或对侧，可能会增加额外的抗侧承载力，但附加隔热层对抗侧承载力提高的贡献需要通过条款 21.5.2.2 中的系数 $K_{comb}$ 进行修正。

■ **侧向挠度的限值**：条款 21.5.2.3 中的关系式有效地修正钉的抗侧强度，将高度为 $H$ 横隔的侧向挠度限制在约 $H/300$ 以内。

■ **开口**：如本指南第 13.6.1 节所要求的，重要的开口比如门洞或者大的窗洞，可以有效地将抗侧墙分成多个单独的横隔，如条款 21.2.2 所示。在这些限制范围内的开口可以通过条款 21.5.2.8 中的表达式评估 $K_{opening}$ 值，对面板的刚度和强度进行折减计算。条款 21.2.4 中定义的小开口，不会削减墙体强度和刚度。

$K_{iw}$ 的计算值可以代入条款 21.5.2.1 的表达式中，从而确定横隔墙的抗侧强度。

### 13.6.3　背风面情况

如第 13.5.1 节所述，临界抗侧和倾覆条件一般为荷载工况 1，包含最小的竖向荷载与所有的侧向荷载。但是，有额外竖向荷载的荷载工况 2 通常会在横隔墙的背风面产生临界荷载。对于上述提及的抗侧，考虑横隔长度范围内由屈服效应引起的下风侧墙骨柱的压应力折减，采用 PD 6693-1 中条款 21.5.2.10 给出的关于 $F_{c,d,leewd}$ 的公式。在面板端部 0.1L 内所有墙骨柱允许采用 $F_{c,d,leewd}$。在同一条款中，允许不超过 50% 的荷载重新分配到墙体，前提是证明他们直接的连接是足够的。

一般情况下，特别是背风面，应检查面板墙骨柱的主轴，包括因风荷载作用而产生的任何弯曲力。弱轴假设由覆面板稳固。但是，更多常见的临界情况发生在底板处，因为龙骨柱作用在横档上。

### 13.6.4　楼板区域的力传递

二层及以上的横隔底部的力必须通过楼板区域传递，这种情况必须由设计人员进行核验。在多层框架中，楼板区域通常由实木建造[图 13.1d)]，所以压力的传递不太可能成为问题。如第 13.1 节所述，拉力可以简化为通过螺栓传递。楼板区域会因建筑物干燥而容易收缩，因此建筑落成后重新紧固螺栓是不可行的。第二层和底层之间拉力传递的可行方案如下面的算例所示。

**示例 13.1:多层横墙分析**

在图 13.8 中展示了墙体布置,墙体由四堵横隔墙组成,它们有类似的尺寸并且在同一竖直平面内墙体在其西端连接到立面墙 B,东侧东端紧靠一扇大窗,这是一种抗侧不连续。C 墙也是一堵抗侧墙。

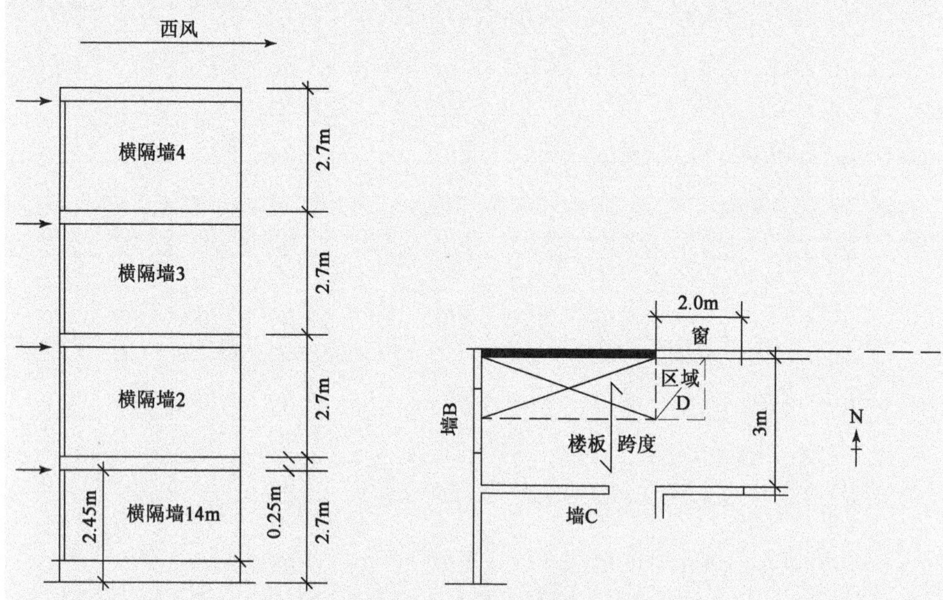


图 13.8　多层建筑的墙角设置

楼板横跨墙 A 和墙 C,区域 D 的荷载作用在墙 A 的东侧端部墙骨柱。

由于墙 A 是外墙,固其结构功能属于服役等级 2。

建筑物有轻质覆面层,对永久荷载有利,但是不会为结构提供抗风保护。一圈竖直的女儿墙保护了墙 A 附近的屋面不被风掀起。

**1. 一般规定**

本算例的分析是基于由西向东的风,为了涵盖与这些墙体相关的所有设计方法,认为风由东向西的设计效果是相同的。

**2. 荷载标准值与设计值**

**荷载标准值与设计值**　　表 13.1

| 组　成 | $W$(kN/m²) | 面积 $A$(m²) | 荷载标准值 $WA$(kN) | 荷载设计值 $\gamma WA$(kN) | | |
|---|---|---|---|---|---|---|
| | | | | $\gamma_G=1.0$ | $\gamma_G=1.35$ | $\gamma_Q=1.5$ |
| 墙 A(永久) | 0.7 | 4×2.7=10.8 | 7.56 | 7.56 | 10.21 | — |
| 墙 B(永久) | 0.7 | 2.7×1.5=4.05 | 2.84 | 2.84 | 3.83 | — |
| 楼板/屋盖(永久) | 0.8 | 4×1.5=6 | 4.8 | 4.8 | 6.48 | — |
| 楼板(施加) | 1.5×0.8[a] | 6 | 7.2 | — | — | 10.8 |
| | 1.5×0.7[b] | 6 | 6.3 | | | 9.45 |
| 楼盖(施加)雪 | 0.6 | 6 | 3.6 | — | — | 5.4 |
| | 0.6×0.5[b] | 6 | 1.8 | | | 2.7 |

风荷载:图 13.9a)给出了建筑物上风荷载的分配方式。

[a]楼板数量的折减系数。

[b]伴随变量的 Psi 系数

**3. 材料规格和性能**

墙骨柱和横档：140mm × 38mm，C16 级，墙骨柱最大间距 600mm c/c。

覆面板：定向刨花板（OSB/3），9mm 厚。

覆板钉：长 50mm，直径为 2.85mm 的光滑钉。

框架钉：强度标准值（基于本指南第 8 章的规定）= 0.57kN（通过单块覆面板）

$k_{mod}$值（基于本指南第 2 章的规定）（强度等级 2 级，荷载瞬时持续）：

$k_{mod,1}$（实木）= 1.1

$k_{mod,short}$（OSB）= 0.9

$k_{mod} = \sqrt{k_{mod,1} \times k_{mod,2}} = 0.99$　　[EN 1995-1-1，条款 2.3.2.1(2)]

强度设计值 = 0.57 × 0.99/1.3 = 0.43(kN)

基于 PD 6693-1 条款 21.5.2.4，钉单位长度的抗剪承载力设计值($f_{pd}$)为：

间距 150mm：0.43 × (1.15 + 0.150)/0.150 = 3.73(kN/m)

间距 75mm：0.43 × (1.15 + 0.075)/0.075 = 7.02(kN/m)

间距 50mm：0.43 × (1.15 + 0.050)/0.050 = 10.32(kN/m)

2 块覆面板/间距 50mm：[0.43 × (1.15 + 0.050)/0.050] × 1.5 = 15.48kN/m

**4. 西风作用下的墙体分析**

如第 13.6.1 节所述，需要分析 3 种荷载工况：

■ **荷载工况 1：仅永久荷载和风荷载。**针对抗侧、倾覆和滑移的临界工况。荷载取自表 13.1，其中 $\gamma_G = 1.0$，风荷载系数 $\gamma_Q = 1.5$，荷载持续作用是瞬时的。抗侧计算在本例第 5.1 节中给出。该方程还量化了所有迎风侧竖向约束的需要（如 $K_{iw}$小于 1），也可用来评估倾覆和抗侧条件。滑移计算在下面第 5.2 节的算例中给出。

■ **荷载工况 2：所有荷载。**背风面墙骨柱的压力临界工况为 $\gamma_G = 1.35$，$\gamma_Q = 1.5$，荷载持续作用是瞬时的。计算见本例第 6 部分。

■ **荷载工况 3：所有竖向荷载。**这种工况会出现横隔中心区域墙骨柱的临界荷载。计算在本例的第 7 部分给出。

**5. 荷载工况 1**

抗侧横隔墙如图 13.8 所示，每一层的荷载标在如图 13.9a）所示的墙高处。在这一阶段，有必要进行简单的分析，基于面板是完全刚性的，仅在其两端通过抗压或抗拉连接件连接[图 13.9b）]。对于这种情况，由于任何上拔都是基于横隔板一端的单一力来计算的，所以它的值小于其所代表的排钉。因此，这里给出了载荷模式的大致情况，特别是在迎风端可能发生的拔起程度。考虑到

图 13.7,横隔 1 底部横档的覆板钉提供大约 34kN 的抗侧力以及至少 14.2kN 的抗拔力。因此,总承载力须至少为(34 + 14.2)/4(kN/m)(比如,$f_{ptd}$为 2kN/m 左右)。这个数值很大,但可以通过使用第二层覆面板提高,它给出了代入 $K_{iw}$公式的基准值。

### 5.1　抗侧与抗倾覆

**横墙 1**

$H = 2.45\text{m}$

$L = 4\text{m}$

$\mu$ 取最大值 1.0,正如预测的那样,会有较大的抗拔力。

$M_{d,stb} = 4 \times 12.36 \times 2 = 98.88$

$2.84 \times 4 \times 4 = \underline{45.44}$

$144.32\text{kN}\cdot\text{m}$

$K_{iw}$的表达式在 PD 6693-1 条款 21.5.2.5 中给出,所用的函数值为:

$M_{d,dst,top} = 4.86 \times 3 \times 2.7 = 39.37$

$9.72 \times 2 \times 2.7 = 52.49$

$9.72 \times 2.7 = \underline{26.24}$

$118.1\text{kN}\cdot\text{m}$

因此

$M_{d,stb,n} = M_{d,st} - M_{d,dst,top} = 144.32 - 118.1 = 26.22(\text{kN}\cdot\text{m})$

从上述$f_{ptd}$的预估值,试在钉间距为 50mm c/c 的钉处,在同一个中心处再钉一层覆面板(见 PD 6693-1 条款 21.5.2.2)。得到强度值$f_{ptd} = 15.48\text{kN/m}$。

把上述值代入 PD 6693-1 条款 21.5.2.5 的 $K_{iw}$关系式中:

$K_{1w} = \min\{1, [1 + (H/\mu L)^2 + (2M_{d,stb,n}/\mu f_{d,f,t}L^2)]^{0.5} - (H/\mu L)\}$

$= 1, [1 + (2.45/4)^2 + 2 \times 26.22/(1 \times 15.48 \times 4^2)]^{0.5} - (2.45/4)$

$= 1, (1 + 0.375 + 52.44/247.68)^{0.5} - 0.613$

$= 1, (1.587)^{0.5} - 0.613 = 1.26 - 0.613 = 0.647$

因此横隔墙中无开口时,$K_{opening} = 1$。

从 PD 6693-1 条款 21.5.2.1 可知,抗侧强度设计值 $F_{1,V,Rd}$为:

$F_{1,V,Rd} = K_{opening}K_{iw}f_{pdt}L = 1 \times 0.647 \times 15.48 \times L = 40.06(\text{kN})$

所需抗侧强度 = 34.02kN[图 13.9b)],满足要求。

所需抗拔强度设计值(见 PD 6693-1 图 2):

$\mu(1 - K_{iw})f_{pdt}L = 1 \times 0.353 \times 15.48 \times 4 = 21.86(\text{kN})$

这种上拔的阻力必须通过将底部横档锚固在地基上来提供。

横隔墙设计见本例的第 8 部分。

*适用性验算*。适用性要求在 PD 6693-1 条款 21.5.2.3 中给出,其中

$K_{1w} f_{p,d,t} \leqslant 8(1+K_{comb})(L/H)$

$0.647 \times 15.48 \leqslant 8 \times (1+0.5) \times (4/2.45)$

通过检查满足要求。

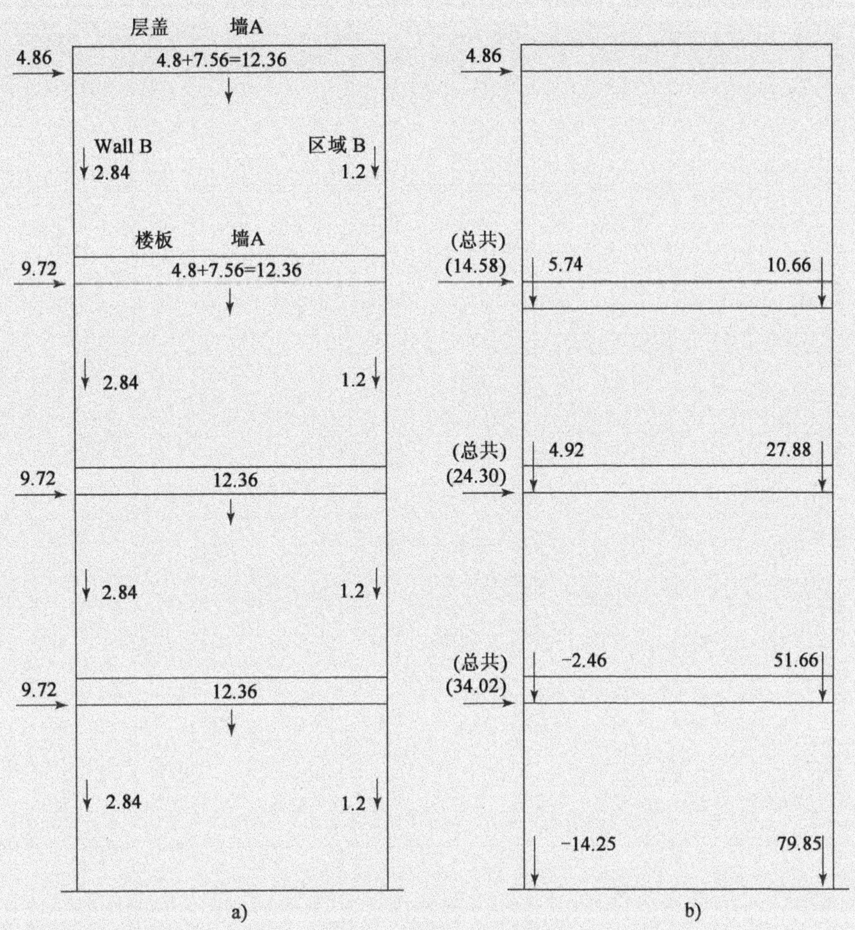


图 13.9　a)荷载工况;b)简化刚体分析(单位:kN)

**横隔墙 2**

图 13.9b)中,所需抗侧承载力为 24.3kN,同时迎风侧有超过 2kN 的上拔力。这样,底部横档所需钉的总承载力至少需要 24 + 2 = 26(kN),或 26/4 = 6.5(kN/m)。

试算单层覆板钉的钉间距 75mm,则 $f_{pdt} = 7.02$kN/m。

$$
\begin{aligned}
M_{d,stb} &= 3 \times 12.36 \times 2 = 74.16 \\
&\quad 3 \times 2.84 \times 4 = \underline{34.08} \\
&\qquad 108.24\text{kN} \cdot \text{m}
\end{aligned}
$$

$$
\begin{aligned}
M_{d,dst,top} &= 4.86 \times 2 \times 2.7 = 26.24 \\
&\quad 9.72 \times 2.7 = \underline{26.24} \\
&\qquad 52.48\text{kN} \cdot \text{m}
\end{aligned}
$$

因此

$M_{d,stb,n} = 108.24 - 52.48 = 55.76(\text{kN} \cdot \text{m})$

如前所述,

$H=2.45\text{m}, L=4\text{m}, \mu=1$

$K_{2w}=1, [1+(2.45/4)^2+(2\times55.76/1\times7.02\times4^2)]^{0.5}-(2.45/4)$

$=1.539-0.613=0.926$

这样,本横隔墙的抗侧强度设计值为:

$F_{2,V,Rd}=1\times0.926\times7.02\times4=26.0(\text{kN})$

满足要求。

所需抗拔强度设计值(见 PD 6693-1 图 2)为:

$\mu(1-K_{2w})f_{pdt}L=0.074\times7.02\times4=2.08(\text{kN})$

满足要求。

横隔墙设计见本例的第 8 部分。

**横隔墙 3**

图 13.9b)中,所需抗侧承载力为 14.58kN。须测没有上拔力,所以 $K_{3w}$ 可以取 1,因此底部横档中所有的钉都用来抗侧。其计算过程如下所示。

图 13.9a)中所需抗侧承载力 = 14.58kN。

试算钉间距 150mm( 本例第 2 部分 $f_{ptd}=3.73\text{kN/m}$ )。

这样,该横隔墙的抗侧强度设计值为:

$F_{3,V,Rd}=1\times1\times3.73\times4=14.92(\text{kN})$

满足要求。

**横隔墙 4**

这堵墙没有上拔力,比横隔墙 3(中心间距为 150mm 的钉)承受更小的抗侧力。采用中心间距为 150mm 的钉,因为这是该方法允许的最大间距(PD 6693-1 条款 21.1.3.2)。

**5.2 抗滑**(PD 6693-1 条款 21.4.2)

基础上抗侧力≤摩擦阻力 + 固定基础横档的横向阻力。

在基础处的设计滑动力 = 34.02kN。

墙上传递到在地基上的总压力为:永久荷载(65.6kN) + 拉拔力的反力(21.86kN) = 87.46kN。

摩擦阻力设计值 = 0.4 × 87.46kN = 34.98(kN)。

不要求没有提供抗拉承载力的基础横档固定件提供侧向阻力。

**6. 荷载工况 2**

这种工况下,横隔墙背风侧会出现临界墙骨柱荷载。每一层的荷载标在如图 13.10a)所示的墙高处,基于表 13.1 中的分项荷载。简化刚体分析见图 13.10b)。

从本质上讲,水平荷载保持不变,但竖向叠加荷载已经增加。此外,采用 $\gamma_G=1.35$ 计算永久荷载设计值。在迎风面存在较小的压应力,则背风面的压应力显著提高。

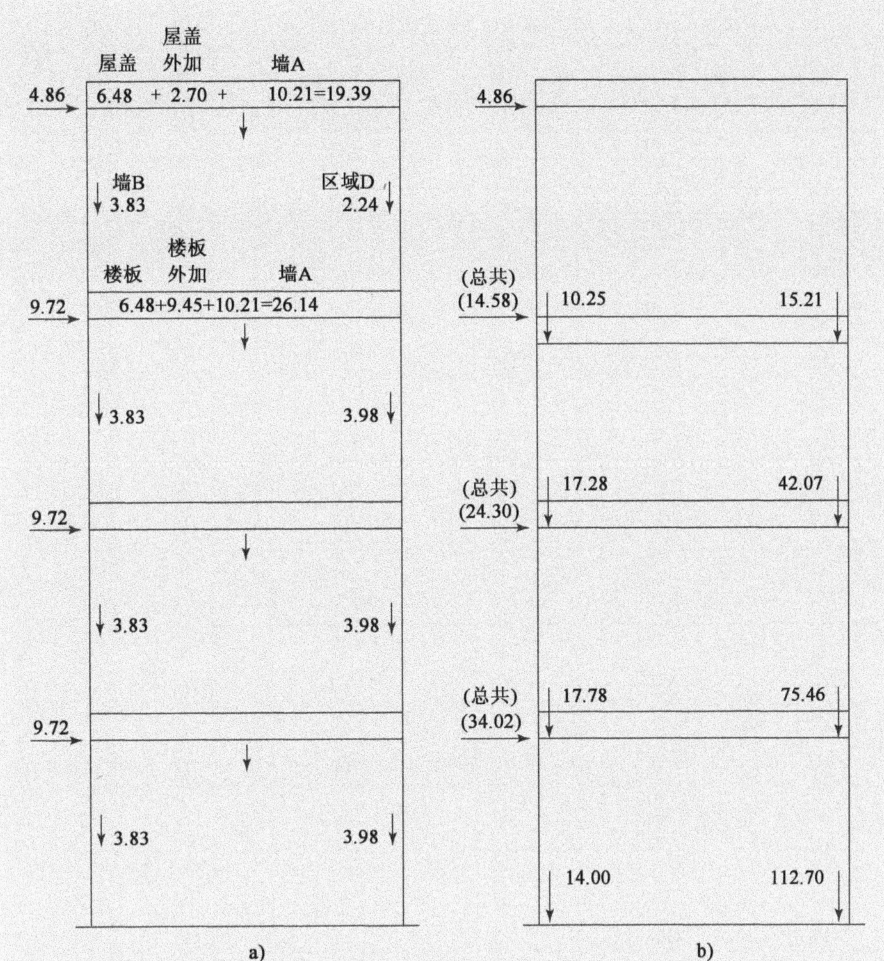


图 13.10　a) 荷载工况；b) 简化刚体分析 (单位：kN)

## 6.1　背风面墙骨承载力

横隔墙背风面压力 ($F_{c,d,leewd}$) 通过 PD 6693-1 条款 21.5.2.10 中的公式给出。

$$F_{c,d,leewd} = 0.8W_{v,t,d}[(M_{d,dst,base}/M_{d,stb}) + (0.6/L)]$$

这个力由横隔墙背风面 $0.1L$ 内的墙骨柱的抗压承载力来抵抗。

**横隔墙 1**

输入 $F_{c1,d,leewd}$ 表达式的有：

- $W_{vtd}$ 为作用在墙上的总竖向荷载设计值。
- $M_{d,stb}$ 为设计竖向荷载绕墙体背风端的稳定力矩设计值。
- $M_{d1,dst,base}$ [图 13.9a) 中]：

$4.86 \times 10.55 = 51.27$

$3 \times 9.72 \times 5.15 = \underline{150.17}$

$201.44\text{kN} \cdot \text{m}$

- 因此，$F_{c1,leewd} = 0.8 \times 127.37 \times [201.44/256.9 + (0.6/4)]$

$= 101.90 \times (0.78 + 0.15) = 94.77\text{kN}$

横隔墙设计见本例第 8 部分。

横隔墙 1 的荷载和倾覆力矩 表 13.2

| 表 13.1 中的荷载 | 楼层荷载(kN) | 楼层层数 | 总荷载(kN) | 力臂(m) | 力矩(kN·m) |
|---|---|---|---|---|---|
| 永久荷载 | | | | | |
| 墙 A | 10.21 | 4 | 40.84 | 2 | 81.68 |
| 墙 B | 3.83 | 4 | 15.32 | 4 | 61.28 |
| 楼板 | 6.48 | 4 | 25.92 | 2 | 51.84 |
| 区域 D | 1.62 | 4 | 6.48 | — | — |
| 外加荷载 | | | | | |
| 楼盖 | 2.7 | 1 | 2.7 | 2 | 5.4 |
| 楼板 | 9.45 | 3 | 28.35 | 2 | 56.70 |
| 层盖区域 D | 0.68 | 1 | 0.68 | — | — |
| 楼板区域 D | 2.36 | 3 | 7.08 | | |
| | | $W_{vtd}$ | 127.37 | $M_{d,stb}$ | 256.9 |

**横隔墙 2**

与横隔墙 1 一样,输入 $F_{c2,d,leewd}$的表达式。

横隔墙 2 的荷载和倾覆力矩 表 13.3

| 表 13.1 中的荷载 | 楼层荷载(kN) | 楼层层数 | 总荷载(kN) | 力臂(m) | 力矩(kN·m) |
|---|---|---|---|---|---|
| 永久荷载 | | | | | |
| 墙 A | 10.21 | 3 | 30.63 | 2 | 61.26 |
| 墙 B | 3.83 | 3 | 11.49 | 4 | 45.96 |
| 楼板 | 6.48 | 3 | 19.44 | 2 | 38.88 |
| 区域 D | 1.62 | 3 | 4.86 | — | — |
| 施加荷载 | | | | | |
| 楼盖 | 2.7 | 1 | 2.7 | 2 | 5.4 |
| 楼板 | 9.45 | 2 | 18.9 | 2 | 37.8 |
| 楼盖区域 D | 0.68 | 1 | 0.68 | — | — |
| 楼板区域 D | 2.36 | 2 | 4.72 | | |
| | | $W_{vtd}$ | 93.42 | $M_{d,dst}$ | 189.3 |

■ $M_{d2,dst,base}$[图 13.9a)中]:

$4.86 \times 7.85 = 38.15$

$9.72 \times 5.15 = 50.06$

$9.72 \times 2.45 = \underline{23.81}$

112.02kN·m

■ 因此,$F_{c2,leewd} = 0.8 \times 93.42 \times [112.02/189.3 + (0.6/4)] = 55.44(\text{kN})$

横隔墙设计见本例的第 8 部分。

**横隔墙 3**

与横隔墙 1 一样,输入 $F_{c3,d,leewd}$的表达式。

横隔墙 3 的荷载和倾覆力矩　　表 13.4

| 表 13.1 中的荷载 | 楼层荷载(kN) | 楼层层数 | 总荷载(kN) | 力臂(m) | 弯矩(kN·m) |
|---|---|---|---|---|---|
| 永久荷载 | | | | | |
| 墙 A | 10.21 | 2 | 20.42 | 2 | 40.84 |
| 墙 B | 3.83 | 2 | 7.66 | 4 | 30.64 |
| 楼板 | 6.48 | 2 | 12.96 | 2 | 25.92 |
| 面积 D | 1.62 | 2 | 3.24 | — | — |
| 施加荷载 | | | | | |
| 楼盖 | 2.7 | 1 | 2.7 | 2 | 5.4 |
| 楼板 | 9.45 | 1 | 9.45 | 2 | 18.9 |
| 楼盖面积 $D$ | 0.68 | 1 | 0.68 | — | — |
| 楼板面积 $D$ | 2.36 | 1 | 2.36 | | |
| | | $W_{vtd}$ | 59.47 | $M_{d,dst}$ | 121.7 |

■ $M_{d3,dst,base}$[图 13.9a)中]：

$$4.86 \times 5.15 = 25.03$$

$$9.72 \times 2.45 = \underline{23.81}$$

$$48.84\text{kN}\cdot\text{m}$$

■ 因此，$F_{c3,leewd} = 0.8 \times 59.47 \times [48.84/121.7 + (0.6/4)] = 26.23(\text{kN})$

横隔墙设计见本例的第 8 部分。

**横隔墙 4**

由于背风侧压力[图 13.10b)]只有 15kN 左右，无须特殊计算。

PD 6693-1 条款 21.5.2.10(注 2)，允许两层及以下的住宅可以不检查背风侧墙骨柱应力，前提是至少有 2 根墙骨柱在背风端 0.1$L$ 内。这项规定也适用于四层住宅楼的上部两层。

**7. 荷载工况 3**

假如针对墙骨柱靠近横隔墙中心的设计工况，则只需要考虑竖向荷载。由于没有侧向荷载，则可以假设纵向载荷只是沿墙骨柱向下传递。主要活载是楼板外加荷载，为中期荷载持续作用。

墙 A 的荷载包括其自重、半跨楼板和屋盖的荷载。

**7.1　中心墙骨柱的承载力**

在第 1 层，墙体 600mm 长时的荷载设计值为：

| | 荷载 | × | 面积 | × $\gamma$ | × 楼层 | | |
|---|---|---|---|---|---|---|---|
| 墙 A | 0.7 | × | (2.7×0.6) | × 1.35 | × 4 | = | 6.12 |
| 楼板 | 0.8 | × | (1.5×0.6) | × 1.35 | × 4 | = | 3.89 |
| 楼板(外加) | (1.5×0.8) | × | (1.5×0.6) | × 1.35 | × 3 | = | 4.86 |
| 屋盖(外加) | (0.6×0.5) | × | (1.5×0.6) | × 1.5 | × 1 | = | 0.41 |
| | | | | | | | 15.28kN |

单根墙骨柱(140mm×30mm)的承载力可通过在横纹受压横档上的承载力确定。假设墙骨柱中心间距为600mm,根据EN 1995-1-1条款6.1.5墙骨柱每端的支撑长度增加30mm,则墙骨柱的有效长度为98mm。

这样,墙骨柱的有效承载面积为140×98=13720(mm²)。

横纹压应力设计值为:

$f_{c,90,d}=f_{c,90,k}k_{mod}/\gamma_m=2.2\times0.8/1.3=1.35(N/mm^2)$

则设计承载力有效值为:

13720×1.35=18.57(kN)

满足要求。

(因风压引起的附加侧向弯曲,请参阅下面的说明。)

**8. 横墙设计**

在本例中,每一堵墙都必须根据第5、6、7部分的临界荷载进行设计,从而确定:

- 覆面板和钉间距(上述的5.1部分)。
- 墙骨柱布置。单个墙骨柱的设计承载力是由其作为墙骨柱时的强度(主轴屈曲)或其在横档上的端部承载力确定的。对140mm厚且楼层高的墙骨柱而言,端部承受的荷载通常是极限设计条件(对于外墙上的墙骨,也应考虑由于风压引起的附加侧向弯曲的影响)。
- 必要的基础锚固。在一层,假定下部结构(或者等效的结构)为混凝土结构。在上部楼层,假设楼板区域用实木制作。

**横隔墙1**

*覆面板和钉间距*。根据本例的第5.1节,要求的设计强度$f_{ptd}$可以通过两层覆面板获得,每层钉中心间距50mm。

*墙骨布置*。按照上述的6.1节,横墙的设计受压荷载为94.77kN,墙骨距离墙端为$0.1L=400$mm。设计受压荷载作用在墙骨的基础上,因为墙骨荷载随着高度增加而减小,主要是由自面板钉向下的力来分担,将附加的竖向剪力传递到横墙上的水平侧向风荷载。图13.11给出了一种可能的设置形式,该种布置使用6根墙骨柱。

墙骨有效接触长度的规定见EN 1995-1-1条款6.1.5(1)和图6.2。此时,总有效长度为:

(3×38)+30+(3×38)+(2×30)=318(mm)

因此,墙骨的有效接触面积为:

318×140=44520(mm²)

在特定的墙骨布置下,通过EN 1995-1-1条款6.5.1(3)和条款6.5.1(4)的规定可以增加压应力设计值$f_{c,90,d}$。图13.11中的布置中,参数可以取为1.25。

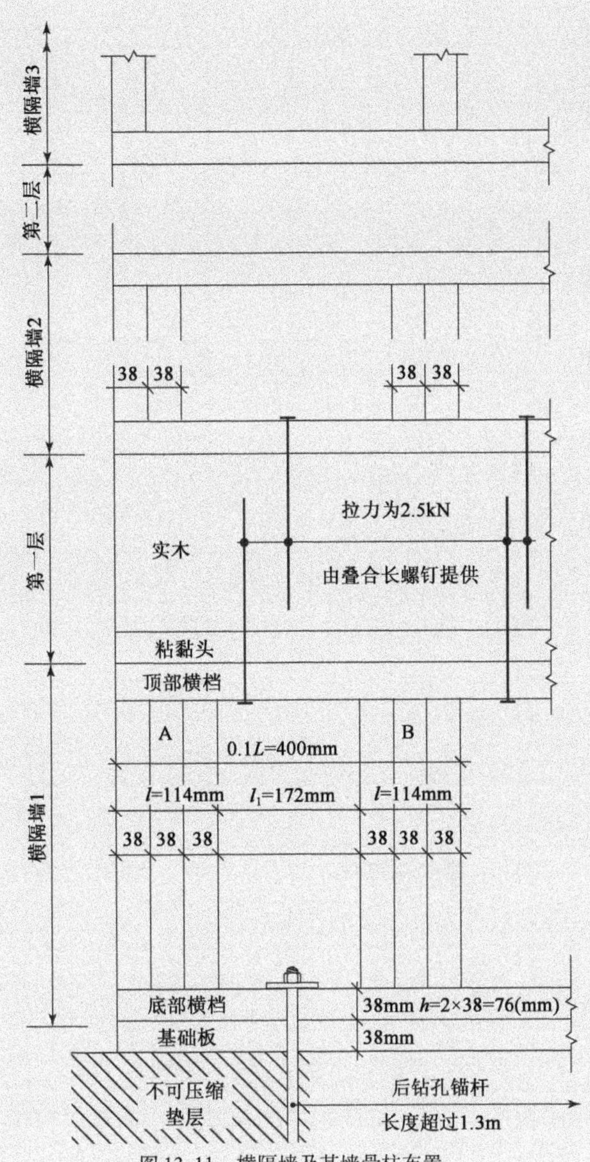


图 13.11　横隔墙及其墙骨柱布置

因此该墙骨柱的抗压强度设计值为：

$A_{ef} f_{c,90,k} k_{c,90} k_{mod} \gamma_m = 44250 \times 2.2 \times 1.25 \times 1.1/1.3/1000 = 103.59(\text{kN})$

满足要求。

*下部横档锚固*。如图 13.11 所示，钻孔混凝土锚杆通过底部横档安装，并进入混凝土下部结构中，且进入长度超过 1.3m。锚杆应设计为总抗拔承载力超过 21.86kN。

**横隔墙 2**

*覆面板和钉间距*。根据本例的第 5.1 部分，所需强度设计值可以通过钉上中心间距为 75mm 的单层覆面板达到。

*墙骨柱布置*。按照上述的第 6.1 部分，横隔墙的设计受压荷载为 55.44kN，在距离墙端为 400mm 内时。

图 13.11 给出了一种可能的布置形式，该种布置使用双倍数量的墙骨柱。

如前所述,墙骨柱的总有效长度为:

(2×38)+30+(2×38)+60=242(mm)

因此,墙骨柱的有效接触面面积为:

$242\times140=33880(mm^2)$

这种布置情况下,$k_{c,90}=1.0$。

因此,该墙骨的抗压强度设计值为:

33880×2.2×1.0×1.1/1.3/1000=62.92(kN)

满足要求。

**横隔墙 3**

*覆面板和钉间距*。根据本例的第 5.1 部分,所需强度设计值可以通过钉上中心距为 150mm 的单层覆面板达到。

*墙骨柱布置*。按照上述的第 6.1 部分,横隔墙的设计受压荷载为 26.23kN,在距离墙端为 400mm 时。图 13.11 给出了区域范围内的两根墙骨柱。

如前所述,墙骨柱总有效长度为:

38+30+30+38+30=166(mm)

因此,墙骨的有效接触面面积为:

$166\times140=23240(mm^2)$

因此,墙骨柱的抗压强度设计值为:

23240×2.2×1.1/1.3/1000=43.26(kN)

满足要求。

(如第 6.1 部分所述,验证通过。)

**横隔墙 4**

根据本例的第 5.1 部分可知,所需抗侧强度设计值可以通过钉上中心间距为 150mm 的单层覆面板达到。墙体端部无上拔,竖向荷载不会引起临界情况或破坏。

可以使用最大间距为 600mm 的墙骨柱,面板通过标准钉连接底部横档。

## 参考文献

Gulvanessian H, Formichi P and Calgaro J-A(2008) *Designers' Guide to Eurocode 1: Actions on Buildings: EN 1991-1-1 and-1-3 to-1-7*. ICE Publishing, London.

Kallsner B and Girhammar UA(2004) Influence of the framing joints on plastic capacity of partially anchored wood-framed shear walls. *Working Commission W18—Timber Structures, Meeting 37*, Edinburgh.

Lancashire R and Taylor L(2011) *Timber Frame Construction*, 5th edn. TRADA Technology, High Wycombe.

# 附录 A　EN 1995-1-1 可能的更改

**一般规定**

EN 1995-1-1 的下一次全面修订定于 2015 年以后出版。但是在 2010 年，负责本标准事宜的欧洲标准化委员会（CEN）的技术委员会 CEN/TC 250，根据国家标准委员会的工作安排，已经确定了关于标准中的一些错误及需要说明、澄清的事宜。所确定的要点仍待充分讨论，在细节和内容上可能有所更改。经商定后的修改将在标准下一次全面修订之前以更正（修订）声明或声明的形式印发。

下列各节将简要提及对设计有重要意义并可能列入修正说明的事项。提供这些信息是为了帮助读者理解和解释本标准，但需明白在 EN 1995-1-1 的正式修正案发布之前或在 PD 6693-1 中被提及之前，这些信息不具有任何指导意义。

**可能更改的条款**

每一项都参考使用了 EN 1995-1-1：2004 + A2：2012 相应条款的编号。

条款 1.2

用 EN 10346 代替 EN 10147。

条款 2.2.3(3)，条款 2.2.3(4)和条款 2.3.2.2(1)

*条款2.2.3(3)*和*条款2.2.3(4)*的规定相互矛盾，为了阐明要求，这些条款以及 *条款2.3.2.2(1)*作如下修订：

*条款2.2.3(3)*：

“(3)最终变形 $u_{fin}$ 见图 7.1，通过叠加采用作用准永久组合计算的蠕变变形 $u_{creep}$［EN 1990，6.5.3(2)(c)］和根据 2.2.3(2)计算的瞬时变形 $u_{inst}$ 得到。蠕变变形采用适当的弹性模量、剪切模量和滑移模量以及由表 3.2 给出的相关 $k_{def}$ 值的平均值计算得到。”

*条款2.2.3(4)*：

“(4)如果结构由具有不同蠕变性能的构件或部件组成，应根据 2.3.2.2(1)中适当的弹性模量、剪切模量和滑移模量的最终平均值计算准永久组合下的长期变形。由于荷载的标准组合和准永久组合对长期变形的影响不同，最终变形 $u_{fin}$ 可由叠加瞬时变形得到。”

*条款2.3.2.2(1)*：

“(1)对于正常使用极限状态，如果结构由具有不同时变的构件或部件组成，则应使用式(2.7)、式(2.8)和式(2.9)计算得到的弹性模量 $E_{mean,fin}$、剪切模量

$G_{mean,fin}$和滑移模量 $K_{ser,fin}$的最终平均值,来计算荷载准永久组合[见 EN 1990:2002,6.5.3(2)(c)]下的长期变形。”

条款4.2,表4.1

注 a 下的注释应修订为:

“如果钢板采用热浸锌涂层,须按照 EN 10346 将 Fe/Zn 12C 替换为 Z275,将 Fe/Zn 25C 替换为 Z350。如果销类紧固件采用热浸镀涂层,须按照 EN ISO 1461 将 Fe/Zn 12C 替换为最小 39μm 的镀锌层,将 Fe/Zn 25C 替换为最小 49μm 的镀锌层。”

条款6.1.5(4)

目前的描述包括除局部荷载外的均布荷载对构件的影响,计划对其修订。对原条文的拟定修订为:

“(4)对于不连续支撑构件,当分布荷载和/或集中荷载距支座超过 $l_1 = 2h$ 时,见图6.2b),$k_{c,90}$值应取:

- $k_{c,90} = 1.5$,对针叶材实木;
- $k_{c,90} = 1.75$,对于针叶材胶合木,当 $l \leqslant 400$mm 时。

其中,$h$ 是构件的高度,$l$ 是接触长度。

(注:在近中心处的一系列点荷载(例如:搁栅或椽中心间距 < 600 mm)可以视为均布荷载。)”

条款6.1.8

考虑形状的参数 $k_{shape}$被代替为:

“对圆截面,$k_{shape} = 1.2$;

对矩形截面,$k_{shape} = \min\begin{Bmatrix} 1 + \dfrac{0.05h}{b} \\ 1.3 \end{Bmatrix}$。”

条款6.2.3(2)

本条款不包括构件在主轴弯曲作用下会发生侧向扭转失稳破坏的情形。作为扭转失稳应用时的保守近似,本指南建议忽略拉力的影响,采用*条款6.3* 的设计规定对构件进行弯曲校核。下列注释将会增加在 *条款6.2.3(2)*后:

“注:失稳验算方法见6.3,取 $\sigma_{t,0,d} = 0$。”

条款6.5.2,式(6.60)

函数 $b$ 应该取*条款6.1.7(2)*中的 $b_{eff}$。

条款8.3.2(4)

$t_{pen}$的定义可以按照如下分类:

“$t_{pen}$是指构件中除钉尖以外的贯入深度或螺纹部分长度。”

条款8.3.2(6)

由 *式(8.25)*和 *式(8.26)*可知,标准拉拔强度和标准 pull-through 强度的单位为 $N/mm^2$。

条款 8.4(6)

每个钉腿的标准屈服弯矩修订为“$M_{y,Rk}=150d^3$”。

条款 8.4(7)

本条删除“——$n_{ef}$根据 8.3.1.1(8)”,由“——$n_{ef}=n$”代替。

条款 8.6(3)

表 8.5 中,非受力端最小边距 $a_{3,c}$改为:

“$90°\leqslant a\leqslant 150°$ $a_{3t}|\sin a|$

$150°\leqslant a<210°$ max(3.5$d$; 40mm)

$210°\leqslant a\leqslant 270°$ $a_{3t}|\sin a|$”

条款 8.7.1

当采用螺钉时,为了阐明要求,条款(1)P、(4)、(5)的替换和条款(6)的修改如下:

“(1)P 在确定螺纹部分的屈服弯矩和销槽承压强度时,应考虑螺钉螺纹部分的影响,采用有效直径 $d_{ef}$确定承载能力。应采用螺纹外径 $d$ 确定间距、边距和端距以及螺钉有效数量。

(4)当螺钉有效直径 $d_{ef}>6$mm 时,条款 8.5.1 的规定适用。

(5)当螺钉有效直径 $d_{ef}\leqslant 6$mm 时,条款 8.3.1 的规定适用。

(6)对 6mm $<d_{ef}\leqslant$ 8mm 的螺钉,间距、边距和端距的最小值应根据表 8.2 和表 8.4 之间的线性插值确定。”

条款 8.7.2(4)

第一行应理解为:

“(4)根据 EN 14592,针叶材中的螺钉连接”。

条款 8.8.5.1(1)

设计荷载 $F_{A,Ed}$和 $r$ 值重新定义,如下所示:

“$F_{A,Ed}$是作用于单齿板有效面积中心处的荷载设计值,受拉为正(即木构件中总力的一半)。

$r$ 是齿板有效面积的重心到部分面积 d$A$ 的距离。”

条款 8.8.5.1(2)

条款 8.8.5.1(2)增加了注释说明,说明仅应减少 $F_{Ed}$垂直于木材表面的分量。

条款 8.8.5.1(4)

前三行及式(8.50)按照如下更改:

“(4)当 $F_{Ed}\leqslant 0$ 时,通过设计单齿板的荷载设计值 $F_{A,Ed}$和弯矩设计值 $M_{A,Ed}$,可根据下式考虑受压弦杆拼接木构件间的接触应力:

$$F_{A,Ed}=\frac{F_X}{|F_X|}\sqrt{F_X^2+(F_{Ed}\sin\beta)^2} \tag{8.50}$$

式中

$$F_X = \frac{F_{Ed}\cos\beta}{2} + \frac{3|M_{Ed}|}{2h}$$

条款 8.8.5.2(1)

为了澄清,增加了注释说明:

“注:可通过 8.8.5.1(3)确定的接触应力来对 $F_{Ed}$进行折减。”

条款 8.9,表 8.7

表8.7 的$a_{3,t}$这一行,删除最后一列的“$1.5d_c$”,换成“$2.0d_c$”。

条款 8.10,表 8.8

表8.8 的 $a_{3,t}$这一行,删除最后一列的“$2.0d_c$”,换成“$1.5d_c$”。

附录 A(资料性):群销类钢-木连接的块剪和塞剪破坏

结合模式(d)/(g),将 式(A.7)替换为:

$$“t_{ef} = t_1\left(\sqrt{2 + \frac{4M_{y,Rk}}{f_{h,k}dt_1^2}} - 1\right)”$$

附录 B(资料性):机械连接梁

在 条款B.4 式(B.9)中,将$(h_2)^2$替换为$(h)^2$。